触 媒 劣 化
―原因，対策と長寿命触媒開発―

Catalyst Deactivation
-Fundamentals, Prevention and Development of Long Life Catalysts-

《普及版／Popular Edition》

監修 室井髙城，増田隆夫

シーエムシー出版

巻頭言

　工業触媒はエネルギー，石油化学，ファインケミカルなどの産業分野や，自動車排ガス浄化などの環境浄化分野にとって欠くことのできない材料である。19世紀以降，工業触媒の発見によって人類が進歩してきたと言っても過言ではない。歴史的には硫酸製造の白金触媒や塩酸の酸化による塩素の回収に塩化銅（デーコン触媒）が用いられたのが工業触媒の始まりであるが，いずれも最初は原料中の硫黄により触媒が短期間で劣化して工業化できなかった。アンモニア合成では苦労してFe系触媒を発見したが，当初，従来の鋼鉄の反応器では水素脆性を生じて使用できなかった。カーボンの少ない軟鉄を用いた二重管の反応器が開発されてアンモニア合成が工業化された。石油の脱硫では最初，触媒が原油中のVなどの重金属で容易に劣化してしまい重質油の脱硫ができなかった。石油の分解触媒は開発当時，活性白土を用いて固定層で行われていたが，劣化が早く触媒の取り換えが頻繁であったため流動層プロセスが開発され，現在のFCCプロセスへと発展している。自動車排ガス浄化触媒は1970年当時，ガソリンにオクタン価向上剤として添加されていた鉛により容易に劣化して使用できなかった。その後，ガソリン中の鉛の添加は規制され，耐久性向上を目的とする様々な触媒調製技術が開発されたことで自動車排ガス触媒は広く普及し，さらに今では白金の使用量も大幅に低減されている。耐熱性触媒や貴金属削減技術に関しては自動車触媒の開発により大きく進歩した。最近開発されているゼオライトを用いた多くのプロセスでは触媒の再生技術の開発が必須で，触媒再生プロセスをインテグレートした触媒プロセスが工業化されている。

　このように，過去において実用触媒プロセスの開発は劣化との戦いであった。それは現在も変わらない。工業触媒は目的のための手段であり材料であることから前処理技術や長寿命触媒の調製技術，反応器の設計などの開発が必須である。欧米では，触媒の劣化対策に関して専門の研究会があり報告書が多く出版されているが，日本では従来，触媒の劣化対策に関してはプロセスや触媒開発のノウハウとして厳守されることが多く，開示されることが少なかった。しかし，触媒学会の工業触媒研究会と化学工学会の触媒反応工学分科会は既に10年以上，触媒劣化対策の必要性を認識し，工業触媒研究会は劣化対策事例のデータベース化，触媒反応工学分科会は毎年触媒劣化セミナーを開催し，触媒劣化対策の研究を続けている。

　本書の刊行に当たっては触媒学会の工業触媒研究会のメンバーと化学工学会の触媒反応工学分科会の先生方に執筆と多大なご協力をいただいた。

　現在，我々は地球温暖化やエネルギー，人口増加など多くの問題に直面している。これらの問題を解決するためにメタンやバイオマスの利用，水素製造，二酸化炭素の利用，人工光合成などの再生可能エネルギーなどの分野において，AIによる開発手段を加えた触媒開発が望まれている。本書がこれらの課題の解決に何らかの示唆になることができれば幸いである。

2018年1月

室井髙城

普及版の刊行にあたって

　本書は2018年に『触媒劣化—原因，対策と長寿命触媒開発—』として刊行されました。普及版の刊行にあたり内容は当時のままであり加筆・訂正などの手は加えておりませんので，ご了承ください。

2025年2月

シーエムシー出版　編集部

執筆者一覧 (執筆順)

室井 髙城	アイシーラボ　代表
中村 吉昭	日揮ユニバーサル㈱　プロセス技術・触媒本部
	触媒技術サポートグループ　グループリーダー
冨重 圭一	東北大学　大学院工学研究科　応用化学専攻　教授
関根 泰	早稲田大学　先進理工学研究科　教授
堀 正雄	ユミコア日本触媒㈱　技監
久保田 岳志	島根大学　総合理工学研究科　准教授
関 浩幸	JXTGエネルギー㈱　中央技術研究所　フェロー
荒川 誠治	日揮触媒化成㈱　R&Dセンター　触媒研究所　触媒研究所長付
長井 康貴	㈱豊田中央研究所　環境・エネルギー1部　燃料電池第2研究室
	主任研究員
中坂 佑太	北海道大学　大学院工学研究院　応用化学部門
	化学システム工学研究室　助教
増田 隆夫	北海道大学　大学院工学研究院　応用化学部門
	化学システム工学研究室　教授
岡部 晃博	三井化学㈱　生産技術研究所　プロセス基盤技術グループ
	主席研究員
藤川 貴志	アルベマール日本㈱　石油精製触媒部　技術担当部長
畠山 望	東北大学　未来科学技術共同研究センター　准教授
三浦 隆治	東北大学　未来科学技術共同研究センター　助教
鈴木 愛	東北大学　未来科学技術共同研究センター　准教授
宮本 明	東北大学　未来科学技術共同研究センター　教授
角 茂	千代田化工建設㈱　研究開発センター　応用化学グループ
	グループリーダー

里川 重夫	成蹊大学 理工学部 物質生命理工学科 環境材料化学研究室 教授
霜田 直宏	成蹊大学 理工学部 物質生命理工学科 環境材料化学研究室 助教
菊地 隆司	東京大学 大学院工学系研究科 化学システム工学専攻 准教授
江口 浩一	京都大学 大学院工学研究科 物質エネルギー化学専攻 教授
坂 祐司	コスモ石油㈱ 安全技術統括ユニット 研究部 研究企画グループ長代理 博士(工学)
渡部 光徳	日揮触媒化成㈱ R&Dセンター 触媒研究所 触媒研究所長代行
佐野 庸治	広島大学 大学院工学研究科 応用化学専攻 教授
鈴木 賢	旭化成㈱ 研究・開発本部 化学・プロセス研究所 無機・フッ素化学開発部 部長;プリンシパルエキスパート
常木 英昭	㈱日本触媒 事業創出本部 技監
山本 祥史	宇部興産㈱ 研究開発本部 基盤技術研究所 革新触媒研究グループ グループリーダー
井伊 宏文	宇部興産㈱ 化学カンパニー 電池材料・ファイン事業部 ケミカル開発部 ケミカルグループ グループリーダー
佐藤 智司	千葉大学 工学研究院 教授
赤間 弘	日産自動車㈱ 総合研究所 先端材料研究所
薩摩 篤	名古屋大学 工学研究科 応用物質化学専攻 教授
松田 臣平	㈲マツダリサーチコーポレーション 代表取締役
戸根 直樹	日揮ユニバーサル㈱ 研究所 開発センター 環境触媒研究グループ
梨子田 敏也	日揮ユニバーサル㈱ 研究所 開発センター 環境触媒研究グループ グループリーダー

難 波 哲 哉	(国研)産業技術総合研究所　福島再生可能エネルギー研究所	
	再生可能エネルギー研究センター　水素キャリアチーム	
	上級主任研究員	
永 長 久 寛	九州大学　大学院総合理工学研究院　物質科学部門　教授	
濱 田 秀 昭	(国研)産業技術総合研究所　触媒化学融合研究センター	
	名誉リサーチャー	
志 知　　明	㈱豊田中央研究所　社会システム研究領域	
	エネルギーシステムデザインプログラム　プログラムマネージャー	
井 上 朋 也	(国研)産業技術総合研究所　集積マイクロシステム研究センター	
多 湖 輝 興	東京工業大学　物質理工学院　応用化学系　教授	
中 嶋 直 仁	クラリアント触媒㈱　テクニカルセンター	
松 下 康 一	JXTGエネルギー㈱	
今 川 健 一	千代田化工建設㈱　研究開発センター　水素Gr　グループリーダー	
清 水 研 一	北海道大学　触媒科学研究所　触媒材料研究部門　教授	
今　　喜 裕	(国研)産業技術総合研究所　触媒化学融合研究センター	
	革新的酸化チーム　研究チーム長	
中 村 陽 一	(国研)産業技術総合研究所　触媒化学融合研究センター	
	革新的酸化チーム　特別研究員	
川 原　　潤	三井化学㈱　研究開発本部　生産技術研究所	
	プロセス基盤技術グループ　主任研究員	
二 宮　　航	三菱ケミカル㈱　大竹研究所　化成品研究室　MMAグループ	
	主席研究員	
木 村　　学	広栄化学工業㈱　研究開発本部　研究所	
米 本 哲 郎	住友化学㈱　石油化学品研究所　触媒・プロセスIユニット	
	石油化学品チーム　主席研究員	

執筆者の所属表記は，2018年当時のものを使用しております。

目次

【第1編 基礎】

第1章 工業プロセスにおける触媒劣化と対策

1 触媒劣化 …………… **室井髙城** … 3
  1.1 はじめに ……………………… 3
  1.2 劣化現象 ……………………… 3
  1.3 触媒毒と選択性付与剤 ……… 4
  1.4 工業触媒の寿命 ……………… 4
  1.5 触媒劣化 ……………………… 5
  1.6 触媒毒 ………………………… 6
  1.7 シンターリング ……………… 8
  1.8 触媒自体の変化 ……………… 9
  1.9 磨耗，粉化 …………………… 9
  1.10 劣化対策 …………………… 9
  1.11 おわりに …………………… 10
2 前処理 ……………… **室井髙城** … 11
  2.1 はじめに ……………………… 11
  2.2 微量S除去 …………………… 11
  2.3 一酸化炭素の除去 …………… 12
  2.4 酸素除去 ……………………… 13
  2.5 ハロゲンの除去 ……………… 13
  2.6 アセチレン，オレフィンの選択水素化除去 ……………………… 14
  2.7 脱メタル触媒 ………………… 15
  2.8 ダミー触媒 …………………… 17
  2.9 使用済み触媒による前処理 … 18
  2.10 おわりに …………………… 18
3 触媒調製法による劣化対策
  ………………………… **室井髙城** … 20
  3.1 はじめに ……………………… 20
  3.2 耐硫黄触媒 …………………… 20

3.3 耐熱触媒（シンターリング防止触媒） ………………………… 21
3.4 溶出防止触媒 ………………… 23
3.5 カーボン析出防止触媒 ……… 23
3.6 担体の強度向上 ……………… 24
3.7 脱硫触媒における重金属対策 … 24
3.8 ゼオライト触媒 ……………… 25
4 反応器の最適設計による劣化対策
  ………………………… **室井髙城** … 28
  4.1 はじめに ……………………… 28
  4.2 反応器 ………………………… 28
  4.3 反応流 ………………………… 29
  4.4 発熱反応 ……………………… 30
  4.5 カードベット反応器 ………… 32
  4.6 連続再生装置 ………………… 33
  4.7 おわりに ……………………… 35
5 反応装置の運転法による劣化対策
  －接触改質プロセスの進化を例に－
  ………………………… **中村吉昭** … 36
  5.1 初めに ………………………… 36
  5.2 接触改質プロセスの役割 …… 36
  5.3 接触改質プロセス発展の経緯 … 36
  5.4 触媒の機能（反応メカニズム） … 37
  5.5 接触改質プロセスの進化 …… 38
  5.6 既設接触改質装置における運転可能期間と再生能力の改善 … 40
6 再生処理法 ………… **室井髙城** … 43
  6.1 はじめに ……………………… 43

6.2	洗浄再生 …………………… 43	6.6	連続再生 …………………… 48
6.3	湿式還元再生 ……………… 44	6.7	金属の再分散 ……………… 49
6.4	水素ストリッピング ……… 45	6.8	おわりに …………………… 50
6.5	カーボンバーン（デコーキング）… 45		

第2章　触媒劣化現象

1 水蒸気改質におけるNi系触媒の活性劣化
　………………………**冨重圭一** … 51
2 シフト反応における貴金属系触媒のシン
　タリング………………**関根　泰** … 58
　2.1 シフト反応における貴金属触媒の
　　　位置づけ ……………………… 58
　2.2 金を担持した触媒の劣化挙動 … 59
　2.3 白金を担持した触媒の劣化挙動 … 60
　2.4 考えられる劣化抑制対策 ……… 60
3 自動車排ガス浄化触媒の劣化と対策
　………………………**堀　正雄** … 62
　3.1 自動車排ガス浄化触媒の概要 … 62
　3.2 自動車触媒の劣化モード ……… 63
　3.3 各種劣化の実態と対策 ………… 64
4 水素化脱硫触媒とその劣化

　………**久保田岳志，関　浩幸** … 70
　4.1 緒言 ……………………………… 70
　4.2 Co-Mo系脱硫触媒とその活性構造
　　　……………………………………… 70
　4.3 脱硫触媒の活性構造形成過程と高
　　　活性化 …………………………… 72
　4.4 水素化精製触媒の劣化とその要因
　　　……………………………………… 73
　4.5 おわりに ………………………… 75
5 FCC触媒のコーク生成，金属堆積による
　劣化と対策……………**荒川誠治** … 77
　5.1 はじめに ………………………… 77
　5.2 FCC触媒の劣化要因 …………… 77
　5.3 FCC触媒の劣化対策 …………… 80
　5.4 まとめ …………………………… 84

第3章　劣化触媒の解析

1 固体触媒のキャラクタリゼーション
　………………………**室井髙城** … 86
　1.1 はじめに ………………………… 86
　1.2 物性測定装置 …………………… 86
　1.3 粒度分布 ………………………… 86
　1.4 機械的強度 ……………………… 87
　1.5 表面積と細孔分布 ……………… 87
　1.6 金属表面積の測定 ……………… 88
　1.7 蛍光X線分析（XRF）…………… 90
　1.8 Electron Probe Microanalyzer

　　　（EPMA）………………………… 90
　1.9 TG（示差熱天秤）……………… 90
　1.10 アンモニアTPD（昇温脱離，
　　　Temperature-Programmed
　　　Desorption）…………………… 91
　1.11 AES（オージェ電子分光分析，
　　　Auger Electron Spectroscopy）… 91
　1.12 XPS（X-ray Photoelectron
　　　Spectroscopy）………………… 92
　1.13 X線解析（XRD：X-Ray Diffraction）

II

………………………… 92	4 ゼオライト成形体触媒のコーク析出に
1.14 電子顕微鏡………………… 92	よる劣化と対策………岡部晃博… 112
1.15 Cl, S, P の化学分析 ……… 93	4.1 はじめに………………… 112
1.16 おわりに………………… 93	5 軽油超深度脱硫触媒の劣化と寿命推定
2 自動車排気浄化用触媒における貴金属	……………………藤川貴志… 120
粒子と担体との相互作用，粒成長現象	5.1 はじめに………………… 120
の解析……………長井康貴… 94	5.2 軽油脱硫触媒の劣化メカニズム … 120
2.1 はじめに………………… 94	5.3 触媒上の堆積コークの特徴 … 121
2.2 セリア担体上での Pt 粒成長抑制機	5.4 触媒の長寿命化………… 122
構 ………………………… 95	5.5 触媒寿命推定…………… 123
2.3 Pt-各種担体との相互作用と Pt 粒	5.6 おわりに………………… 124
成長 ……………………… 98	6 シンタリングによる触媒劣化のシミュ
2.4 セリア担体上での Pt 粒子の還元挙	レーション
動 ………………………… 99	畠山 望, 三浦隆治, 鈴木 愛, 宮本 明
2.5 おわりに………………… 101	………………………………… 126
3 炭素析出によるゼオライト触媒の劣化と	7 迅速寿命試験……………室井髙城… 132
再生………中坂佑太，増田隆夫… 103	7.1 はじめに………………… 132
3.1 はじめに………………… 103	7.2 触媒の劣化現象の理解… 132
3.2 炭化水素の拡散係数 ……… 103	7.3 実際の反応試験………… 133
3.3 ZSM-5 に析出したコークの燃焼速	7.4 触媒試験………………… 136
度解析 …………………… 107	7.5 触媒寿命の推定法……… 137
3.4 おわりに………………… 110	7.6 おわりに………………… 139

第 4 章　触媒の長寿命化

1 合成ガス製造プロセスにおける触媒劣化	2.2 大型装置用触媒の劣化と対策 …… 147
要因と対策について………角 茂… 140	2.3 小型改質器用触媒の劣化と対策 … 148
1.1 合成ガス製造プロセス ………… 140	2.4 貴金属触媒の劣化と対策 ……… 149
1.2 CO_2 リフォーミング（CT-CO_2AR®）	3 スピネル複合触媒によるジメチルエー
技術 ……………………………… 140	テル水蒸気改質反応
1.3 接触部分酸化（D-CPOX）技術 … 142	……霜田直宏, 菊地隆司, 江口浩一… 153
1.4 まとめ ………………………… 144	3.1 ジメチルエーテル水蒸気改質反応と
2 水蒸気改質触媒の耐久性	触媒 ……………………………… 153
……………………里川重夫… 146	3.2 アルミナ複合 Cu 系スピネル触媒
2.1 水蒸気改質触媒の劣化機構 …… 146	………………………………… 155

3.3　触媒劣化と再生 …………… 156
3.4　触媒寿命の予測 …………… 158
3.5　触媒耐久性の向上 ………… 159
3.6　まとめ ……………………… 160

4　流動接触分解装置における劣化要因およびその対応策………………坂　祐司… 162
4.1　FCC 装置の概要 …………… 162
4.2　FCC 触媒の概要 …………… 162
4.3　FCC 触媒の劣化要因 ……… 163
4.4　当社での取り組み ………… 165
4.5　総括 ………………………… 166

5　直脱／RFCC のインテグレーション
………………………渡部光徳… 168
5.1　諸言 ………………………… 168
5.2　直脱および RFCC の概要 … 168
5.3　触媒劣化に対する原料油性状因子
……………………………… 169
5.4　直脱触媒の劣化対策 ……… 170
5.5　RFCC 触媒の劣化対策 …… 174
5.6　直脱−RFCC のインテグレーション
……………………………… 176
5.7　結言 ………………………… 177

6　高圧・超臨界流体反応場による炭素析出抑制…………中坂佑太, 増田隆夫… 178
6.1　はじめに …………………… 178
6.2　重質油の軽質化反応 ……… 178
6.3　2-メチルナフタレンのメチル化反応
……………………………… 182
6.4　おわりに …………………… 185

7　高水熱安定性ゼオライト触媒の開発
…………………………佐野庸治… 187
7.1　はじめに …………………… 187
7.2　脱アルミニウム挙動 ……… 187
7.3　アルカリ土類金属修飾 MFI ゼオライト触媒の開発 ………… 190

7.4　ゼオライト水熱転換によるリン修飾 CHA ゼオライト触媒の開発 …… 192
7.5　おわりに …………………… 194

8　メタクリル酸メチル製造用金−酸化ニッケルコアシェル型ナノ粒子触媒の開発
………………………鈴木　賢… 196
8.1　はじめに …………………… 196
8.2　金−酸化ニッケルナノ粒子触媒の開発 ……………………… 196
8.3　長期触媒寿命を保証する工業触媒の開発 ……………………… 198
8.4　本技術の実用化 …………… 199
8.5　おわりに …………………… 200

9　エチレンイミン製造用触媒の開発と長寿命化………………常木英昭… 202
9.1　緒言 ………………………… 202
9.2　触媒・反応プロセスの概要 … 202
9.3　触媒劣化と対策 …………… 204

10　亜硝酸メチルを用いた気相カルボニル化触媒の開発
………………山本祥史, 井伊宏文… 209
10.1　緒言 ………………………… 209
10.2　MN による気相カルボニル化 … 209
10.3　気相カルボニル化触媒の開発 … 210
10.4　まとめ ……………………… 212

11　固体酸触媒プロセスにおける触媒活性劣化の抑制……………佐藤智司… 214

12　自動車触媒の耐熱性向上による触媒の長寿命化……………赤間　弘… 221
12.1　はじめに …………………… 221
12.2　高温暴露による触媒劣化；シンタリング現象 ………………… 221
12.3　担持貴金属触媒の耐熱性向上技術
……………………………… 222

13　自動車排ガス浄化用 Ag 触媒の高活性

IV

	化とシンタリング抑制……薩摩 篤…227	14.1	はじめに……………………………233
13.1	はじめに……………………………227	14.2	窒素酸化物（NO_x）除去プロセス
13.2	NO還元活性の還元剤依存性と水素		……………………………………233
	添加効果…………………………227	14.3	SCR用の脱硝触媒の開発………234
13.3	NO還元活性の反応雰囲気および	14.4	酸性硫安の析出による酸化チタン
	担体依存性………………………228		系触媒の活性低下………………238
13.4	Ag種のシンタリング抑制の例–	14.5	まとめ……………………………238
	Ag/Al_2O_3 ……………………230	15	環境浄化触媒の劣化要因と対策
13.5	Ag種のシンタリング抑制の例–		…………戸根直樹，梨子田敏也…240
	Ag/CeO_2 ……………………231	15.1	はじめに……………………………240
13.6	Ag種のシンタリング抑制の例–	15.2	触媒燃焼法の特長………………240
	Ag/SnO_2 ……………………232	15.3	環境浄化触媒の種類……………240
14	アンモニア脱硝触媒の開発と長寿命化	15.4	劣化要因と対策…………………242
	……………………………松田臣平…233	15.5	おわりに…………………………247

【第2編　劣化対策事例】

第5章　環境触媒　　難波哲哉，永長久寛，濱田秀昭，志知 明 ……………251

第6章　石油・エネルギー　　井上朋也，多湖輝興，中嶋直仁，松下康一，今川健一

………………………………………………………………………………………261

第7章　石油化学・合成化学
清水研一，今 喜裕，中村陽一，川原 潤，二宮 航，木村 学，米本哲郎 ……………278

第1編
基　礎

第1章　工業プロセスにおける触媒劣化と対策

1　触媒劣化

室井髙城*

1.1　はじめに

　劣化しない工業触媒はない。工業触媒の歴史は，触媒劣化との戦いであった。1831年に開発されたPt網触媒による硫酸の製造は，原料のSO_2に含有するAsなどの不純物のため1899年まで工業化することはできなかった。デーコンプロセスの$CuCl_2$/軽石触媒は原料のHClに含有していた硫黄化合物のため最初工業化できなかった。アンモニア合成触媒は電解法の水素では問題なかったが，石炭ガス原料水素では含有する一酸化炭素が触媒毒として働き触媒寿命は極めて短かった。触媒劣化は原料や溶媒などに含まれる微量の金属や硫黄化合物などの触媒毒によるものの他に，反応器の材質や反応中に副反応として生じる微量の金属や有機化合物も原因となる。固体触媒はナノサイズであるため熱によるシンタリング現象や低温でも凝集現象を生じやすい。触媒の劣化現象は触媒によっても反応によっても大きく異なる。

1.2　劣化現象
1.2.1　触媒劣化

　固体金属による触媒反応は金属粒子の最外殻のd-電子の共有結合によって進行する。最外殻のd-電子は活性であり水素や酸素あるいは反応基質と容易に結合する。吸着と呼ばれているが物理吸着とは異なる。このd-電子がなんらかの現象により基質と結合し難くなるか強く結合するようになると触媒は機能を失う。最外殻のd-電子の動きは非常に複雑で未だ解明されていない。触媒は一般的には反応の場が大きくなければならないので大きな表面積を持ったものである。つまり固体としては多孔質なものでなければならない。当然であるが，表面に何かの物質が付着すると基質は触媒表面に到達することができなくなり劣化現象を生じる。ゼオライトなどの固体酸触媒では水蒸気や熱による脱アルミが生じ構造が壊れる。錯体触媒ではリガンドが分解し外れることにより劣化現象を生じる。

1.2.2　劣化現象

　触媒の劣化現象は，懸濁床の場合は触媒の繰り返し使用が困難となり触媒の使用量を異常に増加しないと予定時間内に反応が完結しないという形で現れる。固定層の場合は発熱反応であれば反応器内の温度プロファイルが入口側から移動してくる。また，ある日突然未反応物がリークしてくることになる（図1）。

　＊　Takashiro Muroi　アイシーラボ　代表

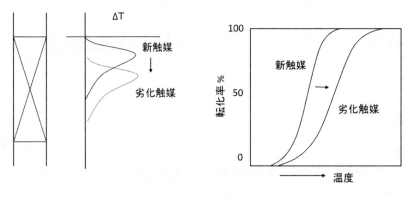

図1 劣化現象

　何種類かの反応が同時に進行する場合の劣化現象は触媒によって異なるが，例えば，コークス炉ガスのPd/Al$_2$O$_3$による水素化精製では，まず水素化脱ハロゲン反応，つぎにオレフィンの水素化反応，最後に脱酸素反応が抑制されるようになる。

1.3 触媒毒と選択性付与剤

　触媒に選択性を付与するためにPbやSbなどの重金属や硫黄，窒素化合物が用いられる。例えばアセチレン化合物をオレフィン化合物に選択水素化するリンドラー触媒は5%Pd-2.7%Pb/CaCO$_3$である。ハロゲン化ニトロ化合物のハロゲン化アミノ化合物の水素化では2%Pt-0.2%S/カーボンが用いられている。ところがオレフィンの完全水素化に用いられるPd/Al$_2$O$_3$は，ppbオーダーのPbが付着することにより劣化現象を生じる。Pd/Al$_2$O$_3$によるα-メチルスチレンの水素化ではppmオーダーのSの存在で芳香環の水素化は全く起こらなくなる。ビニルアセチレンのブタジエンの水素化では%オーダーのCOの存在でブテン-1のブテン-2への異性化が抑制されているが，オレフィンの水素化ではCOは触媒毒である。Ptは硫黄化合物に弱いとされているが300℃以上では水素化脱硫反応を生じS化合物は触媒毒にならない。水素化反応では触媒毒となるPbやSは，液相酸化反応では反応促進剤として知られている。触媒劣化の原因である触媒毒は反応，触媒，反応条件によって触媒毒となる場合もあるが選択性付与剤としても用いられている。

1.4 工業触媒の寿命

　工業触媒の劣化原因は千差万別である。工業触媒の寿命は原料や反応，プロセスによって異なる。アンモニア合成触媒は10年以上用いられている。一般的に，工業触媒は前処理により触媒毒が除去されている。触媒によっては再生が可能であるものもある（表1）。

第1章　工業プロセスにおける触媒劣化と対策

表1　代表的触媒寿命

反応	反応条件 ℃	反応条件 MPa	触媒	寿命年	劣化原因	再生
アンモニア合成	450-500	8-50	Fe-Al$_2$O$_3$-K$_2$O	10-20	Sintering	否
水素化脱硫	290-450	0.4-20	Co-Mo/Al$_2$O$_3$	2-5	Sintering, 重金属, C付着	可
自動車排ガス浄化	200-800	0.1	Pd-Pt-Rh/CeO$_2$-Al$_2$O$_3$	10	Sintering	否
脱NO$_x$	300-400	0.1	V$_2$O$_5$-TiO$_2$	5	Sintering, Dust付着	否
脱臭・VOC除去	200-500	0.1	Pt/Al$_2$O$_3$	2-10	Dust, Tar付着	可
エチレンオキシド	220-280	1.5-3	Ag-α Al$_2$O$_3$	1-4	Sintering	否
水蒸気改質	500-900	<2	Ni/Al$_2$O$_3$	2	C生成, Sintering	可
燃料電池電極	80-100	0.1	Pt/C	5-10	Pt凝縮, 電解質の酸化	否

表2　触媒の劣化原因

劣化原因	劣化源	劣化要因
触媒毒	原料	S, P, ハロゲン化合物, 重金属, 高分子物質, アミン, 水, CO
	材質	重金属
高分子化合物	反応中生成	重合物質, カーボン質, 水
触媒自体の変化	熱, 酸	凝集, シンタリーング, 化学変化, 修飾剤の脱離
物理的原因	振動, 移動	磨耗, 破砕

1.5　触媒劣化
1.5.1　劣化原因

　触媒の劣化原因は原料等に含有する触媒毒，反応中生成する高分子化合物（カーボン質），触媒自体の変化，物理的理由によるものである。実際にはこれらの原因が複合して劣化が生じる。付着物の場合は細孔内に一度吸着されてしまうと脱着は容易ではないが，原理的には付着物を取り除けば活性は回復する。しかし重金属の付着やシンタリーングや凝集による場合や触媒自体が変化した場合は，再生は不可能である（表2）。

1.5.2　触媒表面の汚染

　固体触媒表面の細孔が原料から来る高分子化合物（Tar状物質）の付着により覆われて活性が低下するケースである。配管や反応器などの前工程からのスケールなどの金属酸化物などもこのケースである。空気中にはSiO$_2$などのダストが含まれている。空気を用いる酸化反応ではこのダスト類が問題になる。触媒センサーでは空気中のSi化合物により劣化する。高純度N$_2$は空気の深冷分離に製造されているが残留するCOの酸化にPt/Al$_2$O$_3$を用いて空気が導入されるが空気中のSO$_2$やSiO$_2$により被毒される。あらかじめ吸着材やフィルターで完璧に除去しなければならない。また，プロセスでは消泡剤としてシリコーン化合物やリン化合物が用いられることがあるが，同伴して触媒を劣化した例もある。

1.5.3　触媒の変化

　触媒に選択性を持たせるために金属や硫黄化合物，アミン，アルカリ金属などで修飾し選択性

を上げ反応を促進させるケースがある。これらの物質は反応中離脱すると活性や選択性が変化する。エチルベンゼンの脱水素によるスチレンの合成ではKなどの塩基がカーボンの生成を抑制している。高温でのKの離脱が劣化原因となる。

1.5.4 担体の変化

大部分の金属触媒はAl_2O_3やSiO_2などの担体上に分散されて用いられる。金属が変化しなくても担体が熱や酸などにより結晶変換を生じたり溶出したりすると触媒は劣化する。γ-Al_2O_3はCl^-やSO_4^{2-}により$AlCl_3$や$Al_2(SO_4)_3$を生成する。γ-Al_2O_3は600℃以上で結晶変換を生じα化し、著しく表面積を失い金属は担体中に埋没し反応できなくなってしまう。また、水蒸気の存在下で1 MPa以上に加圧すると120℃でもγ-Al_2O_3は容易に結晶変換を生じα化する。脱ハロゲン反応のようにHClが生成する場合は、担体は酸で侵食され$AlCl_3$を生成し活性を失う。

1.5.5 高分子化合物

芳香族ニトロ化合物の水素化やオレフィンの水素化、アミン、カルボニルなどの反応の場合、原料中にTar状の高分子化合物が微量含有するケースが多い。ニトロ化合物やアミン化合物の場合は原料に微量アニリンブラックのような化合物を含み黒色に着色していることがある。着色成分は触媒表面に吸着し活性点を被覆する。オレフィンの水素化では原料の蒸留カットの巾を広げると高分子化合物が混入し触媒細孔を閉塞し基質の触媒表面への拡散を阻害してしまう。オレフィン、アミン、カルボニルなどの反応の場合の触媒劣化原因の大半は高分子化合物の付着が原因である。Pd/Al_2O_3粉末でニトロベンゼンを水素化すると副生する水が触媒に吸着され触媒毒となる。

1.5.6 カーボン付着

高温の反応や脱水素反応、アルキレーションなどの反応では反応中脱水素環化の反応が生じカーボン質が触媒表面に析出し触媒を劣化させる。ゼオライトを用いたMTG (Methanol to Gasoline) プロセスやMTO (Methanol to Olefins)、MTP (Methanol to Propylene) プロセスではカーボン析出が生じやすく、スウィングリアクターや流動層による再生がプロセスに組み込まれている。

1.6 触媒毒

1.6.1 一次被毒と永久被毒

触媒毒には触媒を一時的に被毒するものと永久に被毒させてしまうものとがある。一酸化炭素やS化合物は一時的に触媒に吸着して触媒毒となるが反応温度を高くするか一酸化炭素の分圧を下げると活性は回復する。Ni触媒の場合800℃以上でNi_3S_2は分解し再生できるが高温であるためシンタリングを生じてしまう。一般的な一次触媒毒の許容量を示す（表3）。飽くまでも一般的な目安である。触媒や反応温度により大きく異なることと反応によっては触媒毒とならずむしろ選択性を向上させている例もあるので絶対的な数字ではない。

永久触媒毒の許容量の目安を示した（表4）。この数字も触媒によって異なることと反応条件

第1章　工業プロセスにおける触媒劣化と対策

表3　一次触媒毒許容量目安

触媒毒成分	許容量
一酸化炭素	100 ppm 以下（40℃） 1,000 ppm 以下（70℃）
ハロゲン，ハロゲン化合物	0.1 ppm 以下
硫黄，硫黄化合物	1.0 ppm 以下
窒素化合物	100 ppm 以下
水	飽和以下

表4　永久触媒毒許容量目安

触媒毒成分	許容量
リン，リン化合物	0.01 ppm 以下
シアン化合物	0.01 ppm 以下
Hg, As, Sb, Bi	20 ppb 以下
Pb	50 ppb 以下
Fe, Fe, Ni, Cr	100 ppb 以下

や固定層触媒の場合は触媒寿命をどの位の期間でみるかなどによって大幅に変わるので絶対的な数字ではない。実際の反応では劣化した触媒をよく調べ触媒毒の許容量を把握しておかなければならない。

1.6.2　一酸化炭素

　一酸化炭素は室温で触媒に吸着する。高温では貴金属触媒は触媒毒にならないがNi, Fe, Coはカルボニル化合物を生成し触媒毒となる。水素中の一酸化炭素は一般的にはメタンにすることにより無害化されている。改質装置で製造されている水素は，Ni/Al_2O_3 や Ru/Al_2O_3 触媒によるメタネーションプロセスが付加されているのでCOは除去されているが10 ppm程度は残留していると考えた方が良い。水素化反応では系内で水素は消費されるがCOは消費されないので濃縮され触媒に強く吸着され触媒毒として作用してしまう。低温での水素化反応では注意しなければならない。

1.6.3　硫黄化合物，リン化合物

　石化原料は，脱硫処理はされているが微量の硫黄化合物が残留している。バイオマス原料には硫黄化合物とリン化合物が含有する。チオフェン構造や多環のS化合物は数ppmで触媒毒となる。反応と触媒によっては，0.1 ppmでも影響を受ける。硫黄化合物でも硫酸は触媒毒にはならない。硫酸はローンペアの電子を持たないからである。硫酸中の SO_2 が触媒毒になる場合は，過酸化水素で酸化し無毒化することができる。リン化合物も同様，リン酸は触媒毒にはならないが PH_3 は強い触媒毒である。ポリプロピレンの重合プロセスの前処理には脱Sプロセスとして NiやPbの吸着剤が用いられている。均一系で用いられるトリフェニルホスフィンは固体触媒にとっては強烈な触媒毒である。

1.6.4 ハロゲン

　ガソリンの改質では触媒に固体酸の機能を持たせるために系内にハロゲン化合物が注入されているので副生する水素には塩素が数 ppm 含まれている。この水素は直接使うことはできない。Cl_2 は微量でも触媒毒となるからである。モノマーの重合には重合触媒として $AlCl_3$ 等の酸が用いられるため生成したポリマーには塩化物が含まれている。フッ素化合物は安定であるため触媒毒とはなり難い。p-フロロニトロベンゼンは Pt/C を用いて水素化すると容易に p-フルオロアニリン化合物とすることができる。しかし，臭化物，ヨウ化物は強い触媒毒として働く。Br 化合物や I 化合物が容易に脱ハロゲンし触媒に化学吸着するからである。

　　　F ＜ Cl ＜ Br ＜ I

1.6.5 重金属

　重金属（Hg，Pb，As，Bi，Sb）などは原料中に ppb オーダーを有していても触媒に蓄積してくると問題となる。微量で劣化現象を生じ，一般的には再生は不可である。原油中に含まれている微量重金属は後工程で問題となる。原油によっては As が含まれているが，As は蒸留により分離濃縮されて C3，C4 留分やナフサに含有されてくる。これらは重合触媒や水素化触媒に蓄積し触媒毒となる。そのため前段階で過酸化物を導入し砒素を酸化物として蒸留塔で分離する技術が開発されている。脱塩素の反応では触媒だけでなく反応器が酸で溶出して反応器の材質が触媒毒となることもある。

　FCC 触媒では Ni が触媒表面に蓄積してくると過剰に分解反応が生じるのでパッシベーターと呼ばれる触媒毒である Sb 化合物を加えて活性を制御している。廃水処理の場合，生成する CO_2 により水中に含まれる Ca イオンが反応し $CaCO_3$ を生成して触媒が劣化する。

1.7　シンターリング

1.7.1　熱劣化

　金属粒子は高温で成長し劣化現象を示す。小さな水滴が大きな水滴に変わるのと同じ現象である。低温の場合は金属イオンを経由して凝集し同様の現象を示す。酸素，水の存在で促進される。

1.7.2　凝集または溶出

　金属の粒子は極微粒子であるために不安定である。金属では溶出しないが微粒子だと溶出しやすくなる。また，溶出まで至らなくても溶出しやすい条件では容易にイオンを経由して凝集を生じる。Pd や Pt でも酸化雰囲気や酸性条件では室温であっても金属イオンを経由して凝集する。酢酸化のような反応や NaOH 水溶液での酸化反応では Pt も溶出する。Pd/カーボン粉末は 10% NaOH 水溶液で，リフラックス下で 1 時間煮沸すると数％の Pd が溶出する。

第1章 工業プロセスにおける触媒劣化と対策

図2 錯体劣化モデル

1.8 触媒自体の変化

1.8.1 酸化,還元
反応中または反応のスタート時に酸素が導入されると金属は酸化されて活性を失う。酸化触媒では反応中または再生時に還元状態になり活性を失うことがある。

1.8.2 金属の価数の変化
レドックスの反応では金属は価数を維持してなければならない。宇部興産の開発したDMC（炭酸ジメチル）は，前駆体のシュウ酸ジブチルエステルは亜硝酸とCOとブタノールから得られるが，Pdは0価でなければならない。しかしDMCはPd^{2+}が触媒である。Pd^{2+}が維持されていれば活性は劣化しないが，長期間の使用によりPdは徐々に価数を失う。そのためHClが系内に添加されている。

1.8.3 錯体触媒の劣化
錯体触媒の場合はリガンドと基質の置換反応であるのでリガンドが酸化や分解により破壊すると反応は抑制されてしまう（図2）。

1.8.4 固体酸触媒の劣化
固体酸は原料から来るアミンなどの塩基によって酸点が中和されることによって劣化する。また，再生時での熱処理によって結晶中の水の脱離や結晶構造の破壊により劣化する。ゼオライトは格子内のAlが脱Alされることにより活性を失う。そのため脱Alを抑制する方法が開発されている。

1.9 磨耗, 粉化
磨耗に強い触媒というのは通常考えられない。一般的には強い触媒ほど磨耗には弱い。触媒に要求される強度は0.4 kg/粒以上あれば十分である。簡単につぶれる麦粒が10 m以上の高いサイロに積んでも自重で潰れることはない。これは粒子間の摩擦と加重の分散の為である。触媒は通常ダウンフローで用いられる。しかし，触媒が振動するような条件でのアップフローの反応に耐える触媒は無いと考えるべきである。

1.10 劣化対策

1.10.1 劣化現象と貴金属使用量
自動車触媒や燃料電池電極触媒は10年以上長期に使用される。使用中に熱によるシンタリ

ングやPtの凝集により触媒が劣化するためにPtは過剰に用いられている。劣化が抑制できれば貴金属量を1/2～1/5に低減することができる。触媒寿命を延ばすことはPt量の削減に直結する。

1.10.2 前処理対策

原料中の硫黄化合物は脱硫後ZnOで吸着除去するプロセスやNi/Al$_2$O$_3$で分解吸着する方法が用いられている。極微量の硫黄化合物はPd/Al$_2$O$_3$で吸着除去されているプロセスもある。酢酸中に含有する微量のIはAg/イオン交換樹脂で除去されている。

1.10.3 調製法による劣化対策

Ni/Al$_2$O$_3$による水素化ではNiの金属粒子を小さくしSの吸着容量を増加させた長寿命触媒が開発されている。触媒サイドからいえば必ずしも高活性触媒が長寿命触媒とはならない場合もある。低活性触媒を開発することや不活性なセラミック球などで触媒層を希釈することも必要である。自動車排ガス浄化触媒ではシンタリングを防止するためにペロブスカイト構造に金属を取り入れた触媒やPtと担体の相互作用を用いシンタリングを抑制した触媒やPtを孤立化させた触媒が開発され実用化された。

1.10.4 反応器の設計による劣化対策

原料中に触媒毒がある場合は前段にアルミナなどのダミー触媒層を設け，SiO$_2$などのダスト類を除去し触媒寿命を長くすることはVOC除去触媒などで広く行なわれている。発熱が大きくシンタリングやカーボン生成が大きい反応では，液リサイクルや水素リサイクルが行われている。

1.10.5 担体の改良

原油中にはVやNiなどの重金属が含まれている。触媒の細孔径と細孔容量を大きくすることにより蓄積するVの容量を増やした長寿命触媒が開発された。アンモニアを用いた脱硝では，随伴するSO$_x$による硫酸塩が生成して触媒が劣化するので，低温で硫酸塩を生成しないTiO$_2$担体が採用され工業化された。

1.11 おわりに

触媒は必ず劣化するものである。劣化現象を反応や物性の微妙な変化から予測し劣化原因を推定し対策を講じなければならない。そのためには，まず劣化現象をよく理解することが必要である。

2 前処理

室井髙城*

2.1 はじめに

原料に微量含有する触媒毒成分により触媒は大きく影響を受ける。原料に含まれている微量触媒毒成分を触媒層に導入する前に除去する前処理技術は触媒プロセスにとって不可欠な技術である。

2.2 微量S除去

2.2.1 水素化脱硫

ほとんどの原料には0.1～1ppm程度のS化合物が含有している。S化合物は，貴金属触媒は高温（＞300℃）では影響は少ないが反応温度が低いと徐々に蓄積し触媒を劣化させる。ベースメタル触媒では低温で吸着し高温では硫化物となり触媒を劣化させる。水蒸気改質では天然ガスに含有するppmオーダーのSは$CoMoO_x/Al_2O_3$で水素化脱硫し硫化水素としてからZnOに吸着除去されている。直留ガソリンの改質には$PtRe/Al_2O_3$や$PtSn/Al_2O_3$が用いられているが脱硫触媒（$CoMo/Al_2O_3$）により硫黄化合物は除去されている。

2.2.2 硫黄化合物の吸着除去

工業化されている硫黄化合物の吸着材と反応を示す（表1）。

2.2.3 燃料電池原料水素の精製

燃料電池に用いられる水素中のS分は改質触媒，シフト触媒を劣化させるためppbオーダーまで除去されなければならない。大阪ガスはCu-Zn-Ni/FeまたはCu-Zn-Al-Ni/Fe（Ni-Feま

表1 硫黄化合物の吸着材

対象	吸着材	使用温度℃	反応	備考
コークス炉ガス メタン発酵ガス 天然ガス等	ZnO	350～400	$ZnO + H_2S \rightarrow ZnS + H_2O$	再生不可
	Fe_2O_3	r.t～100	$Fe_2O_3 + 3H_2S \rightarrow Fe_2S_3 + 3H_2O$	酸化再生可
エチレン, プロピレン	ZnO	r.t～100	$H_2S + ZnO \rightarrow ZnS + H_2O$	気相
	CuO/カーボン粒	r.t～50	$H_2S + CuO \rightarrow CuS + H_2O$	液相
	Pb/Al_2O_3	90～150	$H_2S + PbO \rightarrow PbS + H_2O$	液相
	$Ni-NiO/SiO_2-Al_2O_3$	r.t	$COS + H_2O \rightarrow CO_2 + H_2S$ $2H_2S + Ni + 2NiO \rightarrow Ni_3S_2 + 2H_2O$	液相 COS＜50 ppb AsH_3同時除去
H_2, CO	Cu（還元）	150～300	$H_2S + CuO \rightarrow CuS + H_2O$ $COS + CuO \rightarrow CuS + CO_2$	S＜1 ppb
炭化水素	Ni/Al_2O_3	150～200	$2H_2S + Ni + 2NiO \rightarrow Ni_3S_2 + 2H_2O$	S＜0.1 ppm
H_2	Ag/Yゼオライト	r.t～100	$H_2S + AgO \rightarrow Ag_2S + H_2O$	燃料電池
	$CoS-MoS_3$	300～400	$RCH_2SH + H_2 \rightarrow RCH_3 + H_2S$	気相

* Takashiro Muroi アイシーラボ 代表

たは Ni, Fe）を開発し実用化した。GHSV=1,200h^{-1}, 水素／都市ガス（13A ガス）= 0.01（モル比），0.02 kg/cm^2・G, 250℃の条件でガス中硫黄含有量は，8,000 時間の運転中常に 0.1 ppb 以下に吸着除去されている[1]。

ベンゼン中の微量硫黄化合物は Pd/Al$_2$O$_3$ により吸着除去できる。1%Pd/Al$_2$O$_3$ を用いてチオフェンと二硫化炭素をそれぞれ 100 ppm 含有するベンゼンを 150℃，2 hrs，オートクレーブ処理するとベンゼン中の硫黄は 87% 除去され，S を吸着した Pd/Al$_2$O$_3$ は NaOH 水溶液，常温，24h，浸漬，洗浄，80℃，真空乾燥により再生されベンゼン中の硫黄を 82% まで除去することができる[2]。

2.2.4 ポリオレフィン重合触媒の前処理

ポリオレフィン重合触媒には Ziegler-Natta タイプの TiCl$_4$/MgCl$_2$ が用いられている。微量の S 化合物が原料に混入すると高価な触媒の使用量が増加する。触媒あたりのポリマー生成量は 20,000〜50,000 g/g・cat である。そのため原料のエチレンやプロピレン中の COS は Pb/Al$_2$O$_3$ や Ni-NiO/SiO$_2$-Al$_2$O$_3$ により 50 ppb 以下に除去されている[3]。

COS は Ni/Al$_2$O$_3$ により水と反応し CO$_2$ と H$_2$S に分解し H$_2$S は Ni に硫化物として吸着除去される。

2.2.5 過酸化水素による無毒化

水素化反応では SO$_2$ は触媒毒であるが，ローンペアを持たない SO$_4^{2-}$ は触媒毒ではない。原料の硫酸中に含有する触媒毒である SO$_2$ を過酸化水素で処理することにより無害化することができる[4]。

2.3 一酸化炭素の除去

一酸化炭素は水素化反応やアンモニア合成では触媒毒である。固体高分子型燃料電池の Pt 電極触媒では水素中の一酸化炭素は 10 ppm 以下にしなければならない。

水素中の一酸化炭素除去は CO の濃度が高ければ低温で酸素を用いて選択的に一酸化炭素を酸化する方法が行われている（PROX：Preferential Oxidation と呼ばれている）。アンモニア合成では Sn や Co で修飾した Pt/Al$_2$O$_3$ が約 40℃ で用いられている。低温であるため湿気分で劣化するため定期的に脱湿による再生が行われている[5]。PEFC では Ru/Al$_2$O$_3$ が開発されメタネーション反応により除去されている[6]。

$$CO + 1/2\, O_2 \rightarrow CO_2 \quad (H_2 \text{気流中}) \tag{1}$$

アンモニアプラントでは CO$_2$ を除去した後，残留する一酸化炭素は Ni/Al$_2$O$_3$ によるメタネーションの反応で 10 ppm 以下に除去されている。300〜350℃，GHSV 1,000〜2,000 で 10 ppm 以下まで除去される。水素中の CO 濃度を 1 ppm 以下にする必要がある場合は 0.5%Ru-Al$_2$O$_3$ を用い 250〜300℃，VHSV 4,000〜5,000 hr^{-1} で行われる。この反応は CO だけでなく CO$_2$ もメタン化される。

第1章　工業プロセスにおける触媒劣化と対策

表2　一酸化炭素の除去

対象	触媒	使用温度℃	反応	備考
H_2	Pt/Al_2O_3	<40	$CO + 1/2O_2 \rightarrow CO_2$	アンモニアプラント 燃料電池
オレフィン，ジエン	Pd/Al_2O_3	<50	$CO + 1/2O_2 \rightarrow CO_2$	エチレン プロピレン
エチレン，プロピレン	CuO-ZnO	60〜90	$3CuO + 2CO \rightarrow Cu_2O + Cu + 2CO_2$	吸着除去，再生可

表3　酸素の吸着材

対象	触媒または吸着材	使用温度℃	反応	備考
エチレン，	$Ag-Al_2O_3$	60〜110	$Ag + 1/2O_2 \rightarrow AgO$	還元再生可
プロピレン	$Cu-Al_2O_3$	60〜110	$4Cu + 3/2O_2 \rightarrow 2CuO + Cu_2O$	還元再生可

$$CO + 3H_2 \rightarrow CH_4 + H_2O \tag{2}$$

$$CO_2 + 4H_2 \rightarrow CH_4 + 2H_2O \tag{3}$$

エチレン，プロピレン，ブテンやブタジエンに含まれている微量のCOは低温でPdに吸着し酸素が微量存在すると酸化されCO_2として除去することができる。また，エチレン，プロピレン中のCOはCu-ZnOにより酸化除去することができる。Cuは酸化により再生可能である（表2）。

2.4　酸素除去

水素中の酸素は水素化反応では容易に水となり反応を阻害することが多いために事前に酸化除去される。Pd/Al_2O_3が用いられている。反応は常温でも進行するが水滴を生じないように100℃以上で行われ，生成水は冷却除去されている。水素中の酸素は容易に0.1 ppm以下とすることができる。

$$O_2 + 2H_2 \rightarrow 2H_2O \tag{4}$$

重合に用いられるエチレン，プロピレン中のO_2はAg/Al_2O_3やCu/Al_2O_3で吸着除去される（表3）。

2.5　ハロゲンの除去
2.5.1　塩素除去

ガソリンの製造では前述したように$PtRe/Al_2O_3$や$PtSn/Al_2O_3$を用いた脱水素反応による改質反応でオクタン価の向上が行われているが，異性化能を上げるために微量の有機塩素化合物が添加されている。そのため改質装置から副生する水素には0.1 ppm程度の塩素が含有する。塩素は水素化反応では触媒毒となるため除去されなければならない。通常はAl_2O_3により吸着除去さ

表4　ハロゲンの吸着材

対象	吸着材	使用温度℃	反応	備考
H_2	Al_2O_3	r.t～160	$3Al_2O_3 + 18HCl \rightarrow 6AlCl_3 + 9H_2O$	
	ZnO	r.t～160	$ZnO + 2HCl \rightarrow ZnCl_2 + H_2O$	
	MgO	r.t～160	$MgO + 2HCl \rightarrow MgCl_2 + H_2O$	
ガス	Fe	r.t	$Fe_2O_3 + 6HCl \rightarrow 2FeCl_3 + 3H_2O$	
	$Ca(OH)_2$	r.t	$Ca(OH)_2 + 2HCl \rightarrow CaCl_2 + 2H_2O$	
	$Na_2O\text{-}Al_2O_3$	～400	$HCl + Na_2O \rightarrow 2NaCl + H_2O$	
炭化水素	ZnO	r.t～160	$ZnO + 2HCl \rightarrow ZnCl_2 + H_2O$	気相, 液相
	MgO	r.t～160	$MgO + 2HCl \rightarrow MgCl_2 + H_2O$	液相

れている。

2.5.2 ヨウ素除去

(1) 酢酸中 I_2 の除去

　酢酸は主にメタノールのカルボニレーションにより製造されている。カルボニレーションにはRhのヨウ化カルボニル錯体とヨウ化メチルの存在で行われている。そのため酢酸中には微量のヨウ化物が存在し, 酢酸ビニル触媒の触媒毒になってしまう。そのためヨウドの吸着材としてAg/イオン交換樹脂が用いられている[7]。

(2) 放射性ヨウドの除去

　原子炉内では異常時の水素爆発を防止するために Pd/Al_2O_3 が用いられている。異常時には放射性ヨウドにより触媒が劣化するため Pd/Al_2O_3 とともにヨウドを吸着する Ag/Al_2O_3 や Ag/ゼオライトが用いられている[8]。

$$I_2 + 2Ag \rightarrow 2AgI \tag{5}$$

(3) 残留酸触媒の除去

　フリーデルクラフツ触媒を用いた重合反応では触媒である $AlCl_3$ や BF_3 が洗浄後も微量残留し触媒に蓄積すると, その後のポリマーの水素化では副反応の水素化分解を生じるようになってしまう。触媒層上部に Al_2O_3 や MgO を充填することにより寿命を延ばすことができる。

2.6 アセチレン, オレフィンの選択水素化除去

2.6.1 アセチレン化合物の選択還元除去

　アセチレン化合物は重合しやすく, 残留していると水素化反応ではタールを生成し水素化触媒の寿命を短くする。ポリスチレン原料のスチレンはエチルベンゼンの $Fe\text{-}K\text{-}Cr\text{-}Al_2O_3$ による脱水素で製造されるがフェニルアセチレンが100 ppm程度含有する。フェニルアセチレンはスチレンの重合前に除去されなければならない。フェニルアセチレンの水素化であるので選択水素化が要求される。Pd/Al_2O_3 を Cu, Ag, Pb や Sb で修飾した触媒が用いられる。スチレン60 wt%, エチルベンゼン40 wt% フェニルアセチレン95 ppmの水素化精製では0.1%Pt-

第1章 工業プロセスにおける触媒劣化と対策

0.01%Cu-Al$_2$O$_3$ を 20℃, 2 kg/cm^2 G で用いるとフェニルアセチレン転化率 96% でスチレンロスは 0.5% 以下である[9]。

2.6.2 オレフィン類の除去

分解ガソリンに含有する BTX はジエン, オレフィン類を水素化除去した後, 抽出分離され製造されている。発熱が大きくカーボン質が生成しやすいので二段で水素化されている。一段目は 90℃以下の低温で Pd/Al$_2$O$_3$ により主にジオレフィンが水素化され二段目で CoMoO$_x$/Al$_2$O$_3$ によりオレフィンの完全水素化と脱 N, 脱 S が行われる。Pd/Al$_2$O$_3$ による一段目の水素化が無いと二段目の CoMoO$_x$/Al$_2$O$_3$ 触媒の寿命は極めて短く 1 ヵ月に一度のデコーキングによる再生処理が必要である。

2.7 脱メタル触媒

2.7.1 脱硫触媒における脱メタル

広く行われている石油の水素化脱硫では原料中の V や Ni などの金属成分により触媒が劣化するので細孔径の大きい脱メタル触媒を反応器の入口側に充填し脱硫触媒を保護している (図 2)。プロセスによっては触媒塔を数塔設置し前段で夾雑物除去, 脱メタル, 後段に脱硫塔を行ってい

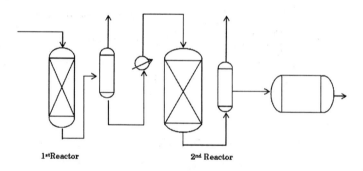

図 1 分解ガソリンの 2 段水素化

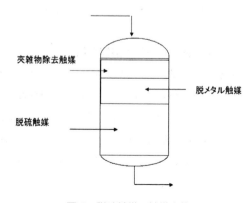

図 2 脱硫触媒の触媒充填

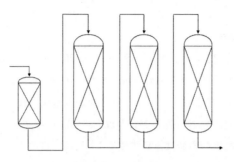

図3　連続多塔式脱硫プロセス

表5　重金属の吸着材

対象	重金属	吸着材	温度(℃)	反応	備考
ガス	AsH$_3$ PH$_3$	Fe$_2$O$_3$-MnO	r.t		
エチレン プロピレン	AsH$_3$ PH$_3$	CuO	r.t.	3CuO + 2AsH$_3$ → Cu$_3$As + As + 3H$_2$O	ポリマー原料の精製，気相，液相（PP）
		Ag/Al$_2$O$_3$		AsH$_3$ + 3Ag → Ag$_3$As + 3/2H$_2$	
天然ガス LPG，ナフサ	Hg	MS$_x$/Al$_2$O$_3$ M：Cu，Mo	r.t.	Hg + MS$_x$ → HgS + MS$_{x-1}$	<0.01 μg/Nm^3 <1 wt%ppb
液状炭化水素	Hg 化合物	NiS$_x$/Al$_2$O$_3$ CuS$_x$/Al$_2$O$_3$ 活性炭	180-250	R-Hg-R' → Hg + R-R' R-Hg-SR' → Hg + RS-SR' Hg + MS$_x$ → HgS + MS$_{x-1}$	分解＋吸着 <0.01 μg/Nm^3 <1 wt%ppb

る（図3）。金属成分の多い原油によっては前段の脱メタル触媒の割合を増加するか脱メタル触媒の取替え頻度を多くすることにより設備と触媒を有効に利用している。

2.7.2　重金属の吸着材

AsやHgなどの重金属の吸着材としてCuS$_x$やMoS$_x$が開発されている（表5）。

2.7.3　Cuの除去

原料が水溶液であればイオン交換樹脂で微量の溶解金属を除去することができる。

コハク酸のマレイン酸への水素化では水溶液で0.8 MPa，80℃の反応条件で行われる。酸性水溶液での反応であるのでPd/カーボン粉末が用いられている。触媒の使用量はマレイン酸に対し0.45%程度である。原料のマレイン酸には着色防止剤としてCu化合物が0.11 ppm含まれている。そのため触媒は繰り返し25回程度以上使用できない。イオン交換樹脂により精製するとCuの含有量は0.01 ppmとなり50回以上触媒を繰り返し使用することができる[10]。

2.7.4　As除去

ポリエチレンやポリプロピレンの重合ではエチレンやプロピレン中の重金属をppbオーダー

第1章　工業プロセスにおける触媒劣化と対策

まで除去しなければならない。COSと同時に除去されている。Ni-NiO/Al_2O_3やCuOが用いられている。AsH_3はCuOによりCu_3Asとして除去されている[11]。

$$3CuO + 2AsH_3 \rightarrow Cu_3As + As + 3H_2O \quad (6)$$

輸入原油にはヒ素を含有するものがある。重金属類はダウンストリームで濃縮され水素化触媒である Pd/Al_2O_3 やプロピレンの重合の触媒毒となる。パーオキサイド類を添加することにより酸化しその後の蒸留塔で除去する方法が開発されている[12]。

2.7.5　水銀除去

天然ガス，LPG，ナフサに含有する単体HgはCuやMo硫化物に吸着させることにより 1wt%ppb以下に除去される。原油やコンデンセートに含有するHg化合物は分解し単体Hgとしてから吸着除去される。AxensはNiS_x/Al_2O_3とCuS_x/Al_2O_3を用い，130～250℃，35bar，水素を流通させてHg化合物を分解している[13]。日揮は活性炭を用い水素無しの条件で，170～200℃で分解するプロセスを開発している[14,15]。Asも同時に除去される。

$$R\text{-}Hg\text{-}R' \rightarrow Hg + R\text{-}R' \quad (7)$$
$$RS\text{-}Hg\text{-}SR \rightarrow Hg + RS\text{-}SR' \quad (8)$$

2.8　ダミー触媒

固定層反応の場合で原料中に不明な触媒毒がある場合，特に重金属類は触媒層の前段に付着しやすいので触媒と同じ担体や劣化触媒を触媒層の前段に置く方法が取られる。製缶工場や塗装工場の乾燥炉から発生するVOC（Volatile Organic Compounds）の完全酸化除去の例でスリック剤といわれる有機シリコーン化合物が触媒毒となるためダミー触媒層が設けられている。ダミー触媒層では有機シリコーン化合物は燃焼しSiO_2となり，ダミー触媒層に吸着される。本来のVOCは本来の触媒層で完全に酸化除去される[16]。ダミー触媒はSiO_2が蓄積すると劣化するので定期的に取り替えられている。多くの反応で材質から来るFeやCrなどにより触媒が劣化する場合は，触媒に用いられている担体を触媒層前段に1/3置くことにより，触媒寿命が2倍近く延命されている例もある（図4）。

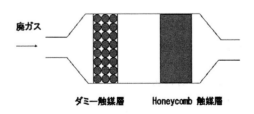

図4　SiO_2を含むVOC除去の酸化除去例

図5 使用済み触媒で前処理した固定床触媒プロセス

2.9 使用済み触媒による前処理

原因不明または極微量のS化合物やTar成分が触媒毒として原料に含有する場合は使用済み触媒で原料を前処理する方法があり工業化されている（図5）。

2.10 おわりに

工業触媒は原料に含まれる微量触媒毒によって劣化する。劣化現象は触媒や反応，反応条件によっても異なる。目的反応にあった原料の精製技術を用いることにより触媒寿命を格段と伸ばすことができる。先例を学ぶことが必要である。

文　献

1) 特開平 11-61154，大阪ガス
2) 特開昭 62-65751，旭化成
3) 特開 1995-197037，フイナ
4) 特許 2591786，ノランコ
5) 室井高城，「Selectoxo Process」石油プロセスハンドブック，石油学会，Vol.3 (1986)
6) 特開 2002-356310，大阪瓦斯
7) 特開平 5-246935，Celanese
8) 特開 1998-62594，日立製作所
9) 特開昭 62-149635，三菱油化
10) 特開昭 61-204148，川崎化成
11) FINA, Oil & Gas Journal Oct. 10 (1994)
12) 特開昭 53-143607，三菱油化
13) 特開 1994-207183, Axens
14) 小谷，渋谷，PETROTECH, 35,12, 877-881 (2012)

第1章　工業プロセスにおける触媒劣化と対策

15) 特開 1993-171160，日揮
16) 特開平 9-85087 日揮ユニバーサル

3 触媒調製法による劣化対策

室井髙城*

3.1 はじめに

劣化原因は，原料や目的反応によって大きく異なる。基本は，原料の精製と触媒の安定性の向上であるが，原料に含まれる精製困難な微量不純物が原因の場合や高温または，水蒸気や酸素雰囲気での反応では触媒が変化しやすいため調製法により劣化対策が行われている。

3.2 耐硫黄触媒

3.2.1 硫化触媒

Mo，Re は硫化物の形で活性がある。そのため Mo は脱硫触媒として用いられている。硫黄化合物の水素化には Mo や Re の硫化物を用いることができる。貴金属触媒は高温では触媒毒にならない。

3.2.2 金属表面積の増加

原料中の硫黄化合物は前処理により除くことが鉄則であるが，極微量の硫黄化合物は除去することは困難である。触媒の硫黄の吸着サイトを増加させることにより触媒寿命を延ばすことができる。流動パラフィンは芳香族を含むため環境対策として Ni/Al$_2$O$_3$ 触媒を用いて水素化除去されるが，原料中の硫黄化合物により劣化し触媒寿命は1年程度である。Ni 表面には250℃以下ではS化合物の状態で吸着し250℃以上では硫化 Ni の形で吸着する。担持 Ni の粒子径を小さくし硫黄化合物の吸着容量を増加させると硫黄化合物を吸着する面積が増加し触媒寿命を2年以上と長くすることができる（図1右下図)[1]。

3.2.3 ハイブリッド触媒

ライトナフサは異性化により高オクタン価ガソリンとされる。異性化触媒として Pt-SO$_4$/ZrO$_2$-Al$_2$O$_3$ が優れているが，ライトナフサには S が含まれているため容易に劣化してしまう。Pd-SO$_4^{2-}$/ZrO$_2$-Al$_2$O$_3$ は劣化が少ないが少しずつ劣化する。Pt-SO$_4^{2-}$/ZrO$_2$-Al$_2$O$_3$ に Pd/Al$_2$O$_3$ を加えたハイブリッド触媒は劣化が少ない。Pt と Pd は合金ではなく混合状態である。Pd/Al$_2$O$_3$ は

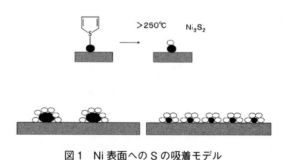

図1　Ni 表面への S の吸着モデル

---

*　Takashiro Muroi　アイシーラボ　代表

第1章 工業プロセスにおける触媒劣化と対策

水素化脱硫触媒として働き Pt の硫黄被毒を保護し，Pt/SO_4^{2-}/ZrO_2 は異性化触媒として働き Pt はコークの堆積を抑制していると説明されている[2]。

3.2.4 合金化

脱芳香族燃料の製造では芳香族の水素化が行われるが微量の硫黄化合物を含有するため Pd，Pt 共に高温が必要である。高温では平衡上，脱水素が生じやすい。SiO_2-Al_2O_3 に合金担持された Pt-Pd/SiO_2-Al_2O_3 は低温での芳香環の水素化が可能である[3]。また Pd-Pt を希土類で修飾した USY は耐硫黄性があり芳香環の水素化に有効である[4]。

3.2.5 耐硫黄担体

排煙脱硝では NH_3 を用いた NO_x 選択還元が広く行われているが，最初 Fe_2O_3 が活性であることが見つけられたが廃ガス中に含有する SO_3 により $Fe_2(SO_4)_3$ または $FeSO_4$ が生成し寿命は極めて短かった。硫酸製造に用いられている V_2O_5-Al_2O_3 も耐硫黄性があり NH_3 による選択還元特性があるが触媒寿命は十分ではなかった。劣化した触媒を分析した結果，$Al_2(SO_4)_3$ の生成が認められた。TiO_2 の硫酸塩の分解温度は 150℃ であることから TiO_2 は硫酸塩を作り難いと考えられ V_2O_5/TiO_2 触媒が開発された[5]。

3.3 耐熱触媒（シンターリング防止触媒）

金属粒子は熱によりシンターリングを生じ活性を低下させるが，金属粒子の成長を抑制する調製法が開発されている。抑制方法は①表面積の大きい担体を用いる，②金属濃度を低くする，③金属と相互作用の強い担体を用いる，④金属粒子の間に酸化物などの遮蔽物を置き孤立させる，⑤合金化させる，などである。

3.3.1 金属と担体との相互作用

自動車排気ガス浄化触媒として用いられる Pt/Al_2O_3 の Pt 粒子は 800℃ 大気中 5 時間耐久後では，シンターリングが生じ 3～150 nm に成長する。Pt 粒子の成長は Pt と担体との相互作用により異なる。Pt との相互作用の強さは次のとおりである。

$$CeO_2 > TiO_2 > ZrO_2 > Al_2O_3 > SiO_2 \tag{1}$$

50%CeO_2，46%ZrO_2，4%Y_2O_3 を担体とした Pt/CZY（CZY：50%CeO_2，46%ZrO_2，4%Y_2O_3）では 800℃ 大気中 5 時間耐久後でも Pt 粒子の成長は観察されない。Pt と担体との間に強い相互作用 SOSI（Strong Oxide Support Interaction）が働き Pt の凝集（シンターリング）が生じ難い。Pt/Al_2O_3 上の Pt の酸化数は Pt 金属箔に類似しているが Pt/CZY 上の Pt は PtO_2 に類似している。Pt は CZY 上で酸素を介在して結合しているため安定である。これらのことは XAFS により解析されている[6]。Rh では Nd_2O_3 との強い相互作用があることが分かり工業化されている[7]。また Rh は高温で Al_2O_3 と反応し $Rh_2Al_2O_4$ を形成し活性を低下させるが ZrO_2 上では安定である[8]。

エチレンの酸化によるエチレンオキシドの製造触媒は Ag-α Al_2O_3 が用いられている。触媒

寿命は2～4年である。触媒の劣化原因はAgのシンターリングである。反応前後のAg粒子径は大きく異なっている。AgとCsを担持後，熱処理，HTT（High Temperature Treatment）するとCsはAgの近傍の表面に留まり劣化が少ない[9]。

3.3.2　ペロブスカイトの利用

PdOはシンターリングを生じないが800℃以上では分解しPd^{0}となりシンターリングを生じる。Pdをペロブスカイトの構造に取り組むことにより酸化雰囲気でのシンターリングを抑制する技術が開発され実用化された。酸化雰囲気で高温になるとPdはペロブスカイトの格子内に入りシンターリングが生じ難い。還元雰囲気ではペロブスカイトから外れて外にでる。この現象はXAFSで確認されている[10]。Pt，Rhでも同様の現象が見受けられる。

3.3.3　合金化によるシンターリング防止

任意の割合で混ざり合う金属は固溶体として知られている。混合の割合によって活性や選択性も変わる。調製条件により元素の混合状態は一様ではなく一つの金属が合金の表面に偏ってしまうことがある。エチレンのアセトキシレーションによる酢酸ビニルの合成は酢酸と酸素の共存下での反応であるためPdは酢酸Pdを経由して細孔内で凝縮し活性を失う（Pd^0→Pd^{++}→Pd^0）。そのためAuとの合金触媒であるPd-Au/SiO$_2$が用いられている。Auの役割はPdのレドックスを促進する他Pdと固溶体を形成しPdの凝集を抑制している。

水蒸気改質触媒は2 MPa，850℃という高温で行われるためカーボン析出とNiのシンターリングが主な劣化原因である。Niに10 atom%のカーボンを固溶させるとシンターリングが生じ難い。Ni-C固溶体はα-Al$_2$O$_3$にNiを担持後，空気中950℃で熱処理しNi/Al$_2$O$_3$とした後，750℃で水素処理後，常圧，600℃，メタン処理することによって得られる[11]。

3.3.4　金属粒子の孤立化

自動車触媒では長期間使用するとシンターリングが生じるため貴金属の使用量を削減し難い。Al$_2$O$_3$上での貴金属（PM）はシンターリングしやすいことから，あらかじめCeO$_2$にZr，Ba塩を含浸焼成後にPM塩を含浸焼成してからベーマイトを加えハニカムにウォッシュコートする方法でPMをAl$_2$O$_3$と仕切り，PMの使用量を約50%削減することができている[12]。

また，PMをあらかじめZrO$_2$-CeO$_2$に担持させておいてからAl$_2$O$_3$スラリーと混合することによりPM/ZrO$_2$-CeO$_2$をAl$_2$O$_3$に担持させた触媒も開発され工業化した[13]。

3.3.5　担体の耐熱性向上

固体触媒として多く用いられているγ-Al$_2$O$_3$は600℃以上で徐々に表面積の少ないα-Al$_2$O$_3$に結晶変換する。γ-Al$_2$O$_3$にCeO$_2$とBa(OH)$_2$，Zr(AcO)$_4$を添加すると耐熱性が向上する[14]。Ce，Ba，Zrの添加はAl$_2$O$_3$担体の安定化またはPtとの相互作用を生じていることが考えられる。多孔性SiO$_2$は高温水蒸気下で一次粒子が会合し表面積は低下する。酸化反応では水が生成するのでSiO$_2$ベースの触媒は劣化が進行する。ナフタレンの酸化による無水フタル酸の合成では流動床でSiO$_2$をベースにしたV$_2$O$_5$-アルカリ-硫黄化合物触媒が用いられているが，触媒にSbを添加するとSiO$_2$の一次粒子の会合を抑制できる[15]。

第 1 章　工業プロセスにおける触媒劣化と対策

3.4　溶出防止触媒

合金触媒は一般的には共沈法により調製されるが金属塩によっては含浸の速度が異なることや還元のしやすさが異なるため均一になりがたい。逐次含浸法が良い場合もある。合金化は一般的に還元雰囲気での熱処理が行われる。ブタジエンの1,4-ジアセトキシブテン（1,4-ブタンジオールの中間体）へのアセトキシレーションは酢酸中の酸化反応であるためPdが溶出し寿命が短い。そのためPd-Te合金触媒が開発されている。酸に溶出しないPd_4TeというPdともTeとも異なる金属間化合物が生成されていると解釈されている[16]。

ビニルアセチレンの選択水素化によるブタジエンの回収ではPdはアセチリドを生成し溶出するがPd-Te/Al_2O_3では溶出しない[17]。

3.5　カーボン析出防止触媒

3.5.1　合金化によるカーボン析出防止

改質触媒ではPt/Al_2O_3は寿命が数ヵ月であったがPt-Re/Al_2O_3が開発され寿命は10倍近く延長した。改質反応はナフテンの脱水素とパラフィンの異性化が主反応である。吸熱反応でカーボンの生成が生じやすい。Reは酸化物の形でPt粒子を孤立させ、また、Ptの表面で連続的に生じる脱水素環化によるカーボン質生成を抑制している。

エチレン中のアセチレンの選択水素化除去にはPd/Al_2O_3が用いられているがAgの添加により重合反応が抑制されている[18]。

3.5.2　最適担体の利用によるカーボン質の付着防止

カーボンを生成しやすい多くの反応で塩基性担体の使用や塩基を添加したAl_2O_3担体が用いられている。水蒸気改質ではNi/Al_2O_3触媒が広く用いられているが、低S/Cでの炭素析出を抑制するためにNi/Al_2O_3にKなどのアルカリ金属やBa, Mg, Srなどのアルカリ土類の添加が効果があり、Al_2O_3にCaOを添加したカルシウムアルミネートを担体にした触媒が開発されている[19]。軽油の水蒸気改質にはRu/ZrO_2が開発されている。メタノールの改質ではRu/Al_2O_3にMgOを添加するとカーボン生成が抑制できる[20]。

3.5.3　アルカリ添加によるカーボンの生成の抑制

エチルベンゼンの脱水素によるスチレンの合成ではK_2CO_3を添加したFe_2O_3触媒が用いられている。K_2CO_3は高温でカーボンと反応し水を介してCO_2とH_2に分解する。

$$K_2CO_3 + 3C \Leftrightarrow 2K + 3CO \tag{2}$$

$$2K + H_2O \Leftrightarrow 2KOH + H_2 \tag{3}$$

$$CO + H_2O \Leftrightarrow CO_2 + H_2 \tag{4}$$

$$2KOH + CO_2 \Leftrightarrow K_2CO_3 + H_2O \tag{5}$$

吸熱反応であるため550～620℃という高温でカーボンの析出と酸化鉄の還元防止と熱の供給の目的でスチームが用いられている。触媒の寿命は1～2年である。Fe-K-Cr系触媒にMgを

添加すると触媒の安定性が増す。Mg を添加すると細孔径の変化は少なく表面積が増大する。Mg の添加は活性種 $K_2Fe_2O_4$ の生成量を増加させ活性と安定性を向上させ酸化鉄の粒成長を抑制している[21]。

3.5.4 酸強度の調整

エチレンと酢酸から酢酸エチルの直接製法が開発され工業化されている。SiO_2 にヘテロポリ酸担持された触媒（$H_4SiW_{12}O_{40}/SiO_2$）が用いられている。ブテン類の生成とブテン類の二量化，更に重合による活性点の被毒が触媒劣化の主原因であることが分かり，ヘテロポリ酸に Li を微量添加してブテン類の生成を抑制した触媒が開発され工業化された[22]。

3.5.5 水素化触媒の添加

ジシクロペンタジエンの水素化によって得られるテトラヒドロジシクロペンタジエン（THDP）を異性化することによりアダマンタンが合成される。HY ゼオライトは活性が高いが寿命は極めて短い。HY に Pt を担持させ水素を共存させることによりコークの前駆体が水素化分解されコークの生成を抑制したプロセスが開発されている[23]。

$$CH_x + H_2 \rightarrow CH_4 \tag{6}$$

MOR を用いたジクロロベンゼンの異性化による 2,6-ジクロロメタンの製造では，メチル基の水素の引き抜きによる脱クロルによりジフェニルメタン誘導体が生成し触媒を劣化させる。水素化触媒と水素を供給することにより脱メチルは抑制される。Pt は水素化分解が生じるが Re を担持させることにより長寿命化された[24]。

3.6 担体の強度向上

重質油の水素化脱硫では触媒の強度が弱く再生時粉化が生じ再生使用が困難であった。触媒担体に Mg を加えると強度が増し粉化が少なく再生できることを見つけられている。Mo，Ni を含浸する前の担体に Mg が加えられている[25]。

o-キシレンの部分酸化による無水フタル酸の流動層酸化触媒は，例えば微粒子シリカゾルをスプレードライ乾燥焼成して製造された $V_2O_5 + K_2SO_4 + SO_3 + SiO_2$ が用いられるが，水酸化 Ti ゲルをベースにスプレードライ乾燥焼成した $TiO_2 + V_2O_5 + K_2SO_4 + SO_3$ は磨耗強度が 2 倍近く上がる[26]。

3.7 脱硫触媒における重金属対策

産地によって異なるが原油中には多量の V，Ni が含有する。脱硫反応と同時にポルフィリンに代表される V，Ni の有機金属は $Co-Mo/Al_2O_3$ によって脱硫，脱窒素とともに脱メタルされ Ni，V の硫化物として触媒表面に蓄積する。脱硫触媒が開発された当時はこれらの金属により脱硫触媒の寿命は数ヵ月であった。触媒中の重金属の蓄積状態を EPMA で観察すると触媒の表面の特に細孔の入口側に金属が蓄積されていることが分かった。細孔の内部には重金属は無く，い

第1章 工業プロセスにおける触媒劣化と対策

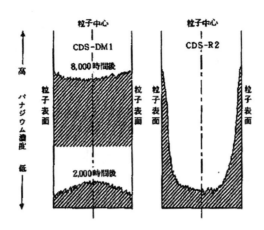

図2 EORにおける脱メタル触媒[30]
脱硫触媒一個の粒子内におけるV, NiのEPMAによる線分析

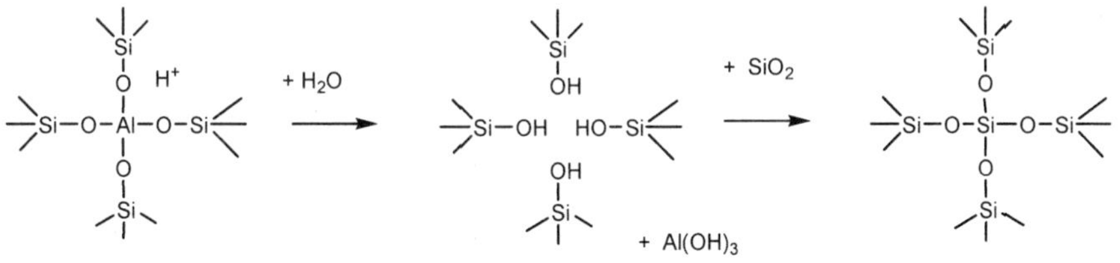

図3 水熱処理による脱アルミニウム機構

まだ活性は十分に残っている。細孔径を大きくすることにより重金属を細孔内部にまで沈着されるようにして長寿命化された[27]。

V/Al_2O_3 は，脱硫活性は低いが脱金属特性が優れていることが発表されている[28]。日揮触媒化成はパイロットプラントによる試験の結果，細孔径を大きくしたMo-Ni-V触媒（脱メタル触媒）はVを細孔内部まで補足することができ触媒寿命を数倍に延ばすことを確認している[29]。蓄積されたV金属は内部まで均一に補足されているのが分かる（図2）。Vなどの脱金属触媒を入口側に充填し，後段に通常の脱硫触媒を組み合わせることによる長寿命化プロセスが実用化されている[30]。

3.8 ゼオライト触媒
3.8.1 スチーム処理

FCC触媒として広く用いられているUSYはY型ゼオライトの水熱処理により脱アルミされて安定化されている（図3）。

メソ多孔体であるMCM-41は，重質油のFCCへの適用が期待されるが，540℃焼成後の比表面積は高いが750℃水熱処理では大きく減少し耐水熱性に劣るために適用できない[31]。

オレフィン30〜60 wt%を含むC_4/C_5ナフサの分解ガスから脱水素環化による芳香族の製造プロセスが開発されている。スチーム処理をしていないH-ZSM-5もZn/H-ZSM-5/Al_2O_3も劣化が早いがスチーム処理したZn/H-ZSM-5/Al_2O_3系触媒は安定である[32]。

3.8.2 非プロトン型触媒

軽質ナフサのC_4ラフィネートからプロピレンの合成プロセスが工業化された。触媒としてAg/ZSM-5が開発されている。オレフィンの付加とβ-開裂によってプロピレンが生成される。水とプロトンがあるとゼオライトは永久劣化の脱Alが生じるがプロトンの無いNa型では生じない。反応中プロトンが生成するがH_2Oが存在しないので脱Alは生じない。

$$2Ag^+ + H_2 \rightarrow 2Ag^0 + 2H^+ \tag{7}$$

再生時には生成したプロトンはAgのレドックス反応により酸化されAg^+に戻される。そのためゼオライトの脱Alは生じない[33]。

文　献

1) 特表 2002-523230, BASF Catalysts
2) 渡辺克哉, PETROTECH, Vol.28, No.10 731 (2005)
3) Marius, Vaarkamp, Chemical Catalyst News Engelhard, Nov. 2000
4) 葭村, 鳥羽, 亀岡, 石原, 触媒, Vol.48, No.4, 234 (2006)
5) 中島史登, 触媒, Vol.32, No.4, 236 (1990)
6) 長井康貴, 触媒, Vol.49, No.7, 591 (2007)
7) 田辺稔貴 他, 触媒, Vol.52, No.6, 465 (2010)
8) 青野紀彦, 触媒の劣化原因解析と防止対策, 技術情報協会, 209, (2006)
9) 高田 旬, 触媒劣化メカニズムと防止対策, 技術情報協会, 173, (1995)
10) H.Tanaka, I.Tan, M.Uenish, M.Taniguchi, Y.Nishihara, J. Mizuki, *Key Engineering Materials*, Vols. 313-318 (August 2006), pp.827-832
11) 沼口徹, 触媒, Vol.43, No.4, 287, (2001)
12) 特開 2008-284534, 日産自動車
14) 特開平 5-168926, エヌ・イーケムキャット
13) 特開 2004-223403, マツダ自動車
15) 特開平 11-5031, 川崎製鉄, 触媒化成工業
16) 竹平, 石川, PETROTECH, Vol.4, No.1, 36 (1981)
17) 特公昭 62-23726, 日本合成ゴム
18) US4404124 Phillips Petroleum
19) 特開平 9-299798, 東洋エンジニアリング, 東洋シーシーアイ
20) 特開昭 61-138535, 三菱重工

第1章　工業プロセスにおける触媒劣化と対策

21) 運永秀美, 触媒, Vol.33, No.1, 9 (1991)
22) 内田, 中條, 畑中, 辻, 触媒, Vol.49, No.6, 403 (2007)
23) 小島, 斉藤, 緒方, 鶴田, ゼオライト, Vol.21, No.4, 124 (2004)
24) 岩山一由、多田国之 70 th CATSJ Meeting Abstracts: No. 1E 107
25) 特開 2005-254083, 石油産業活性化センター, 出光興産
26) 特公平 7-32875, 川崎製鉄, 触媒化成
27) W. C. Van Zijll Langhout, C. Ouwerkerk, K. M. A. Prok, *Oil & Gas J.* Dec.1, 120 (1980)
28) 特公昭 46-20914, ガルフ
29) 高橋武重, 触媒学会工業触媒研究会, 第2回工業触媒研究会フォーラム, Jan. 29 (2008)
30) 東, 西村, 触媒, Vol.31, 187 (1989)
31) 増田立男, ゼオライト触媒開発の新展開, シーエムシー出版, 40, (2004)
32) 赤石 正, 触媒技術の動向と展望, 触媒学会, 79 (1996)
33) 角田, 関口, 触媒技術の動向と展望, 触媒学会, 76-81 (2007)

4 反応器の最適設計による劣化対策

室井髙城*

4.1 はじめに

最適な触媒が開発されても反応条件や反応装置が最適化されたものでなければ触媒寿命を延ばすことはできない。NiやPd/γ-Al_2O_3であれば耐熱温度は600℃で，それ以上の温度では使用できない。反応器の設計は触媒寿命を延ばすため重要である。

4.2 反応器

4.2.1 ディストリビューター

ダウンフロー反応器では触媒と水素などのガスが充填されている反応器の上部から反応液が滴下されて反応が行われる。いわゆる Trickle bed が用いられている。反応液は反応器上部の液溜めから滴下されるが，通油量が変動すると位置によって偏流し触媒層への基質の分散が不均一（チャンネリング現象）となり，基質の流れが一部の触媒層にのみ多く流れ，使用されない触媒層の部分ができてしまい，結果としてSV（空間速度）が大きいことと同じとなり触媒寿命が短くなってしまう。水素または酸素を反応器下部から基質とともに導入するアップフローの場合は水素や酸素などのガスは基質や溶媒への溶解量が極めて少ないのでガスは気泡状で触媒層内に導入される。そのため反応器下部でガスが反応器の中心部分のみ分散され反応器下部の反応器側面側には分散されないことになり，反応器下部ではSVが大きいことと同じことになってしまい触媒寿命は短くなってしまう（図1）。劣化した時点で，触媒層内部の各部のサンプルを採取し，劣化状態を調べると分かる。

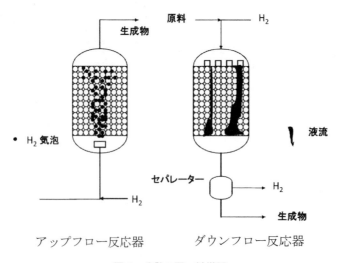

図1 分散の悪い触媒層

---

* Takashiro Muroi アイシーラボ 代表

第1章　工業プロセスにおける触媒劣化と対策

表1　Dense load と Sock load の充填密度比較[1]

	Sock との比較増加充填密度
ビーズ触媒	9～14%
ペレット	16～18%
押し出し成型品	16～22%
三葉および四葉押し出し成型品	16～22%

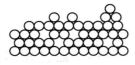 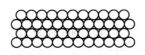

Sock load　　　　　　　　　Dense load

図2　Sock load と Dense load の充填イメージ

4.2.2　固定床の触媒充填

触媒は通常キャンバス製の筒の上に漏斗のついたものを用いて筒を持ち上げながら充填していく。この方法は Sock load と呼ばれている。この方法だと触媒は長期間使用することによって10～15%下方に沈んでしまう。触媒が十分に最密充填されていないからである。充填の際，触媒をプロペラのようなものを用いてパラパラと種を撒くように充填すると触媒が振動しながら充填されるため最密充填される。この方法は Dense load と呼ばれている。Dense load は Sock load よりも 10～20%高い密度で充填され，触媒粒子は最密充填されるので隙間が均等でそのため流体の流れが平均化されるためチャンネリングも生じ難い。結果として触媒の使用効率が高くなる。反応器の大きさは容易に変えられないので同一 SV で通油量を上げるには有効である。また，触媒寿命が延命できる。充填速度は 4 ton/hr 以下，触媒床勾配 6 度以下に保たれている（表1）。図2に Sock load と Dense load の充填イメージ図を示す。

ラジアルフロー反応器や多管反応器の充填もこの方法によって最密充填が可能である。

触媒の最密充填により反応器内に隙間を作らず最大の触媒を充填することにより長寿命が達成される。

4.3　反応流

4.3.1　ダウンフロー

気相反応であればアップフローでもダウンフローでも反応速度は変わらない。しかし，液相で用いる場合は問題になる。液体への水素の溶解量は極めて少ないのでアップフローでは水素は反応器の下方から気泡状で上昇することになる。反応器内部には液が充満していて液はオーバーフローして反応器の上部から出て行く。水素は溶媒または基質に溶解してから触媒表面に到達しなければならないため反応速度は遅い。これに対してダウンフローの場合は滴れ相といういわゆるTrickle bed となる。反応器内部は水素などのガスが充満している。そこに基質の液が滴れ落ち

るように触媒の表面を伝って下方部に流れて行く。そのため水素は触媒表面に到達しやすい。水素または酸素分圧を上げた場合と同じ効果がでるため反応速度が大きくなる。Pt/アルミナによるポリマーの水素化でアップフローでは，1週間しか寿命がなかったものが，同一触媒，同一反応条件でダウンフローにしたことにより1年以上の触媒寿命があったケースがある。アップフローでは触媒の初期活性のみしか利用できなかったと思われる。

4.4 発熱反応
4.4.1 多管反応器（Multi-tubler Reactor）
　発熱の大きい反応では多管の反応器が用いられることが多い。発熱を外部冷却により高温になることを抑制し，触媒寿命を延ばしているのである。しかし，多管の反応器では，反応によって生じる触媒表面の熱を冷却することは困難であることと，チャンネリングなどの管壁の影響を受けやすい，さらに触媒充填に時間を要する。寸胴型の反応器では，液またはガスの循環冷却型はコンプレッサーを必要とする（図3）。

4.4.2 反応器の分割
　o-キシレンの無水フタル酸への酸化反応では多管の反応器が用いられ溶融塩熱媒により温度制御が行われているが，触媒層内に遮蔽板を設け反応層を前段と後段に分けて温度を制御することにより触媒寿命を延ばすことができることが提案されている（図4）[2]。

　V_2O_5-MoO_3-P_2O_5-Na_2O 触媒1.5Lを層長3mの反応管に充填し反応管を前段1m，後段2mの二層温度領域とし最適収率が得られるように温度を制御しながら1年間反応した結果，遮蔽板によりホットスポットもでき難く触媒寿命が延命されている[2]。この反応器はプロピレンの酸化によるアクリル酸の製造にも応用されている。

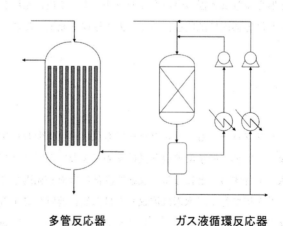

多管反応器　　　ガス液循環反応器

図3　多管反応器と寸胴型反応器

第1章　工業プロセスにおける触媒劣化と対策

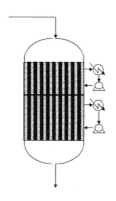

図4　遮蔽版による反応層の分離

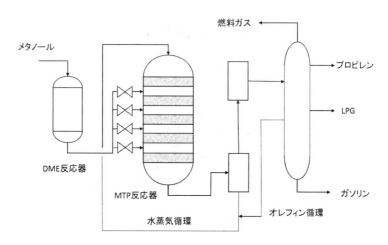

図5　多段触媒層スチーム希釈による発熱抑制 MTP プロセス

4.4.3　多段反応器
(1)　MTP プロセス

　水素化，酸化，アルキル化などの発熱の大きい反応の場合，触媒層を多段にして途中で冷却するように設計されている。発熱を抑制するのに活性の異なる触媒を用いる方法もあるが，触媒は必ず劣化するので良い方法とは言えない。同一の触媒を用い，原料または水素，酸素を分けて触媒層に導入する方法が最良である。Lurgi の開発した MTP（Methanol to Propylene）プロセスでは多段の各反応層にスチームが導入され希釈することにより発熱が抑制されている（図5）[3]。

(2)　メタンの酸化二量化

　メタンの酸化二量化のパイロットプラントが米国 Siluria 社で稼働しているが，発熱を防止するため多段として各触媒層に熱交換器を設け必要な酸素を分けて導入する方法がとられている（図6）[4]。

31

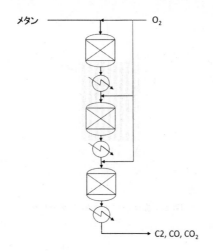

図6　メタンの酸化二量化

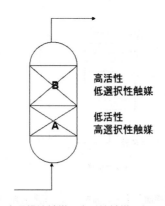

図7　高選択性触媒と高活性触媒の組み合わせ

(3) アクリル酸

アクリル酸はプロピレンの Mo-Bi-Fe 系酸化物触媒による選択酸化によって得られる。K，Rb，Cs，Tl の添加によりプロピレンの転化率は低下するがアクロレインとアクリル酸の合計選択率は向上する。そこで触媒層を二段に分け，入口側に低活性な高選択性触媒，出口側に高活性な低選択性触媒を充填することによりホットスポットを避け収率の向上と触媒寿命の向上が図られている（図7）[5]。

4.5　カードベット反応器

4.5.1　脱硫塔

石油の脱硫反応では，重金属による劣化を防ぐために反応器を数器シリーズに用い最初に脱メタル反応を行い，後段で脱硫が行われている。1基の場合は触媒層を多段として前段で脱メタル触媒が充填されている。脱メタル触媒は定期的に取り換えられている。

第1章　工業プロセスにおける触媒劣化と対策

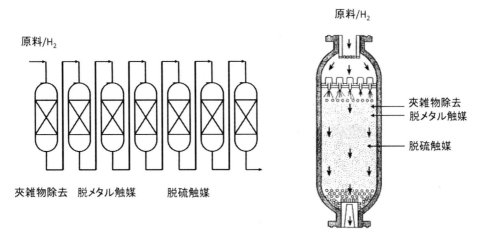

図8　脱硫触媒反応器

4.5.2　シクロヘキサン

　高純度シクロヘキサンの製造には Pt/Al$_2$O$_3$ が用いられているが，原料ベンゼン中の微量の S で被毒される。そのため反応器がシリーズに3基設置されている。最初原料のベンゼンは反応器 #1 → #2 → #3 の順序で水素化されるが，触媒が劣化したら #1 の反応器の触媒を新触媒と取り替えて原料を #2 → #3 → #1 の順序で水素化し再度触媒が劣化したら #2 の反応器の触媒を新触媒と取り替えて原料を #3 → #1 → #2 の順序で水素化するのである。新触媒は絶えず最終の反応器に来るように充填されるのである。このことにより触媒寿命が延命されている。

4.6　連続再生装置

4.6.1　FCC プロセス

　アップグレーディングに用いられている FCC プロセスではカーボン析出による触媒劣化が激しいので流動層による連続的な再生が行われている。多くの解説書があるので，それを参考にされたい。

4.6.2　OCR プロセス

　広く行われている石油の水素化脱硫では原料中の V や Ni などの金属成分により触媒が劣化するので細孔径の大きい脱メタル触媒を反応器の入口側に充填し脱硫触媒を保護している。プロセスによっては触媒塔を数塔設置し前段で夾雑物除去，脱メタル，後段に脱硫塔を行っている。金属成分の多い原油によっては前段の脱メタル触媒の割合を増加するか脱メタル触媒の取替え頻度を多くすることにより設備と触媒を有効に利用している。

　重質油処理では重質油中に含有する重金属による触媒劣化は避けられないために前段の脱メタル反応の触媒を反応器の運転を止めないで反応中連続で触媒を投入し連続で抜き出す方式である OCR（On stream Catalyst Replacement）プロセスが開発されている。

触媒劣化―原因，対策と長寿命触媒開発―

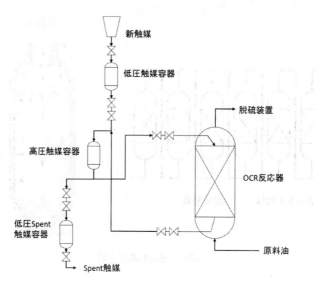

図9　OCR反応器概念図

　ChevronとGulfが開発したもので日本では出光興産が直脱装置をOCRに改造したのが最初である。このプロセスにより後段の脱硫反応塔での触媒寿命を延ばすことができる。
　出光興産は直脱プロセスを改造してOCRを導入した。最初の連続運転期間は1年であったが徐々に連続運転期間を延ばし，現在では4年としている。OCRプロセスは原料に常圧残油，減圧残油，脱瀝油が用いられる。触媒には改良脱メタル触媒で触媒粒径0.8～1.3 mmである（図9)[6]。

4.6.3　H-Oilプロセス

　H-Oilプロセスは1960年代米国のHydrocarbon Research Inc.（HRI社）が開発，Cities Service R&D社と共同で工業化された。Axens社がライセンシングを行っている。重質油のアップグレーディングに用いられる。沸騰床式反応器である。固定床式反応器と異なり，気液混相下で触媒粒子が沸騰状態で反応するためタールやコークの析出が最小限に抑えられる。局部的な発熱反応が抑制されるため反応器内の触媒層温度差が100℃以内に保たれ，等温反応条件反応下で処理を行うことが可能である。流動状態において反応温度は，ほぼ等温度に保たれ，圧力損失は小さく，触媒による閉塞と偏流の問題がない。触媒は運転中に抜き出しと補給が行なわれるので脱硫性能や分解活性を調節することが可能である。触媒は高分解性と高脱硫，高脱窒素能を持つNi-Mo系触媒で形状は0.7～1.6 mmφの押し出し状または球状でNiO-MoO$_3$/Al$_2$O$_3$（Ni：1～5％，Mo：5～20％）が用いられ，重金属による劣化が激しいため触媒の抜き出しと供給は定期的に行われている（図10)[7]。

第1章 工業プロセスにおける触媒劣化と対策

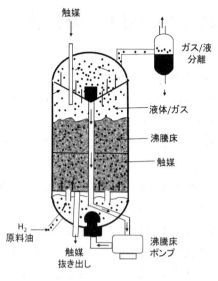

図10 H-Oil 反応器

4.7 おわりに

　反応器の設計は工業触媒プロセスにとって極めて重要な技術である。熱劣化抑制のための反応器の設計，重金属劣化対策として連続触媒投入抜き出しなどの反応器が開発されている。

文　　献

1) TOTAL 社資料「DENSICAT 触媒充填プロセス」
2) 特公昭 60-29290，日本触媒
3) F. B. Novonha, M. Schmal, E. F. Sousa-Aguiar, Natural Gas Conversion VIII, Elsevier (2007)
4) WO2013/177433 A2 Siluria
5) 特公昭 63-38331，三菱油化
6) Chevron Lummus Global
7) 岡崎肇，触媒活用大辞典，工業調査会，114 (2004)

5 反応装置の運転法による劣化対策－接触改質プロセスの進化を例に－

中村吉昭[*]

5.1 初めに

　触媒劣化による運転制約への運転法による対策は，プロセス毎に多様な工夫が行われている。本節では，接触改質プロセスを例に，運転法そして設計の進化を解説する。また，反応と触媒についても必要最小限の解説を加える。

　接触改質プロセスの技術開発の歴史は，高苛酷度（高オクタン価）・低圧運転に伴うコーク生成増加・活性低下速度（劣化速度）加速への対策の歴史である。接触改質プロセスは原料ナフサ中のパラフィンとナフテンを環化・脱水素し，芳香族化する技術であるが，反応過程で触媒上にコークが堆積し，触媒を失活させる。改質油の収率は運転圧力が低いほど高くなるが，運転圧力が低いとコークの生成も多くなり活性が低下し再生頻度を上げる。また目標苛酷度を上げると改質油のオクタン価が上がり芳香族収率が上がるが，コーク生成も多くなる。故に，触媒上のコーク堆積を抑制しつつ改質油の収率を高めるか，または堆積したコークをどう処理するかが，技術開発の鍵である。

　触媒の改良に加え，固定床半再生式から，固定床サイクリック式，そして触媒連続再生式への開発・進化により，コーク処理量増による触媒劣化対策・稼動期間最大化が行われ，より経済性のあるプロセスへと進化してきた。

5.2 接触改質プロセスの役割

　接触改質プロセスは石油精製・石油化学産業で広く採用され，重質ナフサを原料とし触媒の存在下で反応させ，オクタン価が低いパラフィンとナフテンをオクタン価が高い芳香族に改質し，芳香族に富んだ高オクタン価な改質油を生産することを主目的としている。得られた改質油は，ガソリン基材として用いられ，また，精製されてベンゼン，トルエン，キシレンといった芳香族が得られる。原料中のパラフィンとナフテンが芳香族に改質される際に多量の水素が副生され，製油所内の水素ユーザーへ供給される水素源となる。また，副製品として軽質留分も生産される。

5.3 接触改質プロセス発展の経緯[1]

　1925年頃まではガソリンは主として直留ガソリンが用いられていたが，増大する需要を満たすため分解法が開発された。ガソリンのアンチノック性能が認識され始め，比較的重質でオクタン価の低い直留ナフサが，ガソリンの性能を低下させるため，改質プロセスの必要性が生じた。最初の改質プロセスは分解法から発展した熱改質プロセスだったが，過酷な操業条件を必要とし液収率が低かった。やがて石油精製プロセスに触媒が採用されるようになり，1939年に最初の

---

[*] Yoshiaki Nakamura 日揮ユニバーサル㈱ プロセス技術・触媒本部
触媒技術サポートグループ グループリーダー

第1章　工業プロセスにおける触媒劣化と対策

接触改質法であるモリブデン系触媒を用いた[2]ハイドロフォーミングが登場した。

　ハイドロフォーミングはガソリン品質向上の手段として脱水素芳香族化に依存し，異性化や水素化分解反応をも期待しており，副生する水素を循環しようとするなど，今日の接触改質プロセスの持つ要件を備えていた。しかし触媒に欠点があり，コーク堆積速度・触媒劣化速度が著しく速く，頻繁な再生を必要とした。操業が煩雑で第二次世界大戦後は運転が中止された。

　UOPはプラットフォーミング法プロセスを開発し，1949年に商業運転が始まった。新しく白金アルミナ触媒を採用し，長期間再生することなく運転を続けることができ，経済性を向上すると共に，優れた改質油を得ることに成功した。ここで重質低品位のナフサの改善という1925年来の命題がようやく解決されることとなった。その後プラットフォーミング法以外に類似の方法が続々開発されたが，1955年頃より原料ナフサを水素化脱硫するようになり，触媒に害を与える不純物が除去され，触媒を損傷することなく，オクタン価の高い製品が得られるようになった。

5.4　触媒の機能（反応メカニズム）[3]

　接触改質反応について，プラットフォーミング反応に基づき概略の説明を行う。

5.4.1　原料重質ナフサと製品改質油

　原料は水素化装置で前処理され，卑金属，硫黄，そして窒素を除去された，パラフィン，ナフテン，そして芳香族を含む重質ナフサである。

　オクタン価の低いパラフィンとナフテンをオクタン価の高い芳香族に改質した結果，芳香族に富んだ改質油が得られる。パラフィン＜ナフテン＜芳香族の順に密度は高いので，改質油の体積は原料に対し大幅に低下する。

　パラフィンの環化脱水素は転化率が低く，ナフテンの脱水素芳香族化の転化率は高いため，ナフテンを多く含む原料が改質反応には有利である。

　また，パラフィンは分解しやすい。パラフィンを多く含む原料ほど，改質油収率ロスがより顕著である。

5.4.2　接触改質反応

　プラットフォーミング反応は大きく4つに区分できる。脱水素，異性化，環化脱水素，そして分解である。与えられた運転条件，原料の質，そして触媒タイプに依存して，各反応に案分される。

　原料は混合物であり，反応塔では複数の反応が同時に起こる。反応速度は炭化水素の級数に大きく依存し異なる。その為，これらの複数の反応が連続で，そして並行に進む。

　また，その他の反応として，コークが触媒に堆積し活性を低下させ劣化させる。

(1)　ナフテンの脱水素反応

　主要な反応はシクロヘキサン類の脱水素反応である。非常に速い反応であり，大きな吸熱を伴う。高温・低圧を好み，金属能による反応である。芳香族生成と同時に多量の水素を副生するため，ナフテンは最も好ましい原料である。

(2) パラフィンとナフテンの異性化反応

アルキルシクロペンタンは，必ずシクロヘキサン類に異性化した後に，脱水素し芳香族になる。

パラフィンの異性化は速い反応で，温度が高い方が異性化には好ましく，アルキル基が増加し，改質油のオクタン価上昇に貢献する。

異性化反応は酸能により促進される。

(3) パラフィンの環化脱水素反応

促進することが最も難しいのが，パラフィンからナフテンへの分子構造変換によって達成される，パラフィンの環化脱水素反応である。高級なパラフィンほど環化確率が上がるが，水素化分解もし易いので，この効果は部分的に相殺される。開環しパラフィンになる場合もある。低圧・高温を好み，酸能と金属能の両方を必要とする。

(4) 水素化分解と脱アルキル反応

ナフテン異性化とパラフィン環化脱水素が酸能に依存している難しさは，パラフィンの水素化分解も増やしてしまうことである。パラフィンの水素化分解は高温・高圧を好む。一部のパラフィンが分解されることで，改質油の芳香族濃度が上がりオクタン価が上がる。しかしながら，水素を消費し，改質油の収率が低下する。

芳香族の脱アルキル反応は，側鎖アルキル基を小さくする，または完全に取り除く。一例はトルエンがベンゼンになることだが，アルキル基がもっと大きければ，パラフィンの分解反応に似る。脱アルキル反応は高温・高圧を好む。

(5) その他の反応[1]

改質触媒は使用中コークの堆積により劣化する。コークスは反応の中間体であるオレフィンが重縮合して生成する，並びに原料中の重質なコーク前駆体により生成すると考えられている。高苛酷度，低圧，低水素比，および高LHSVな運転条件，ナフテンリーンな，そして蒸留終点が高い原料条件において，コークの堆積が著しく，触媒の活性を低下させ，運転可能期間を短くし，再生頻度を上げざるを得なくなる。

5.5 接触改質プロセスの進化[3]

現在石油精製・石油化学産業で商業的にガソリンおよび芳香族を生産するために採用されている接触改質法装置は全て白金系触媒を用いるものである。運転可能期間の延長，液収率最大化のための低圧運転，そしてオクタン価・芳香族収率最大化のために，触媒の開発が進んだ。しかしながら，コーク堆積増加と結果として運転可能期間の制約を，触媒のみで解決することは出来ず，再生運転方式および装置設計による革新が必要だった。触媒の再生方法により固定床半再生式，固定床サイクリック式，移動床連続再生式装置・運転に分類される。

5.5.1 固定床半再生式

UOPプラットフォーミング装置第一号基は1949年に運転を開始した。固定床の反応塔を持ち，当初は白金のみの単一金属（モノメタル）触媒が用いられた。稼動が進むと触媒上にコーク

第1章　工業プロセスにおける触媒劣化と対策

が堆積し活性が低下するため，定期的に通油を止め，触媒を再生する必要がある。運転圧力が低い方が改質油と水素の収率が高いが，一方コーク生成も増加し活性低下速度が速い。また，目標オクタン価が高いほど改質油の付加価値は上がるが，やはりコーク生成が増加する。その為，初期に設計された装置はコーク堆積による触媒劣化を抑制するために，2.8～3.5 MPaGと運転圧力が高く，また目標オクタン価は低めに設定せざるをえなかった。

1968年にUOPは第二金属としてレニウムを加えたバイメタル触媒を導入した。活性低下速度が大幅に抑制され，その結果，従来よりも低圧な1.4～2.0 MPaG，高オクタン価なRON95～98で，1年間連続運転を可能にした。

5.5.2　固定床サイクリック式

触媒の開発のみではさらなる低圧・高オクタン価・長期運転は困難であり，プロセス面での革新が必要だった。1960年代にはサイクリック式装置が開発され，高苛酷度運転・低圧運転を必要とする場合に採用された。

サイクリック・パワーフォーマーは，連続する4基の反応塔に加えスイング・リアクターと呼ばれる反応塔を1基備える。装置全体では通油を続けながら，スイング・リアクターを用い，反応塔を順に切り離し触媒再生を行い，通油を止めることなく運転継続できる設計としている。触媒上のコーク濃度は低く抑えられ，運転目的，目標苛酷度，運転圧力に応じ再生頻度は変動する。同時に2基またはそれ以上の反応塔の再生実施を避けるために，触媒再生は一般的に事前に定めたスケジュールで行う。たいていの場合，前段の反応塔と比較して後段の反応塔はより頻繁に再生を行う[4]。最大6年間の連続運転が期待できる[2]。

図1に典型的なサイクリック・パワーフォーミング装置のプロセスフロー図を示す。

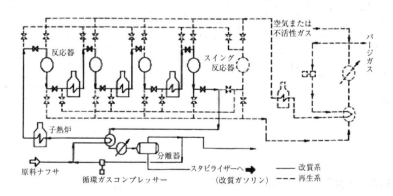

図1　典型的なサイクリック・パワーフォーミング装置のプロセスフロー図[1]

5.5.3　移動床連続再生式

固定床装置用触媒の活性安定性に限界を感じ，UOP社は連続再生式接触改質プロセスであるCCRプラットフォーミング装置を開発，1971年に商業化され，接触改質プロセスは飛躍的進化を遂げた。再生塔で連続的に触媒が再生されるので，過酷な運転によるコーク堆積速度の増大は

もはや問題では無くなった。

装置へ通油し稼動しているあいだ，最終反応塔から使用済み触媒を少しずつ連続で抜き，再生塔へ送り触媒を再生する。再生触媒は第一反応塔へ移送され投入される。触媒は第一反応塔から下流の反応塔へ移動し，再び最終反応塔から抜き出され再生が繰り返される。

CCR触媒は依然として白金を用いているが，白金必要量は大幅に減少している。固定床半再生式とサイクリック式のように安定性確保が制約ではないため，レニウムを用いる必要が無くなった。代わりに，収率選択性を強調するために，スズに代表される他の金属を採用している。

ハイオクガソリン，そして芳香族基礎原料需要を満たすため，運転圧力の低下，目標オクタン価の上昇，並びに処理量の大型化が進み，合わせて再生処理能力も大型化している。また，コーク燃焼効率を向上させた高効率再生塔設計も開発されている。80年代後半以降0.34 MPaGといった低圧運転で改質油の収率を最大化し，原料条件にも依存するがRON108での高苛酷度運転を可能とする装置も建設されている。

300基以上の移動床連続再生式接触改質装置が全世界でライセンスされ，内250基以上はUOP社のCCRプラットフォーミング装置である。

図2に典型的なCCRプラットフォーミング装置のプロセスフロー図を示す。

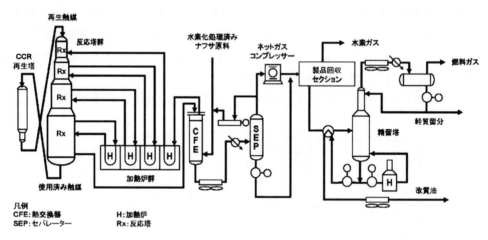

図2　典型的なCCRプラットフォーミング装置のプロセスフロー図

5.6　既設接触改質装置における運転可能期間と再生能力の改善[5]

多くの接触改質装置は運転開始から数十年経過し，構成機器は寿命に達しているか超過している。改質油と水素の需要，原油，そして製品規格の変化に伴い，現在の通油量，原料性状，そして目標苛酷度は，当初の設計条件とは大きく異なっている。UOP社は既設装置の能力や経済性，信頼性を改善するためのプロセスまたは機器の解決策を有している。大きく分けると，運転可能期間の最適化，再生能力の改善，能増，省エネ・高効率化，新設計機器への更新，コントロールシステムや新付帯プロセスの組み込みが挙げられるが，本節では運転法による劣化対策を取り上

第1章　工業プロセスにおける触媒劣化と対策

げているので，運転可能期間と再生能力の改善策について取り上げる。

5.6.1　再生能力の改善

　流動床連続再生式では大部分の触媒再生条件が制御されるのに対し，固定床半再生式では装置毎に再生手順は大きく異なる。全ての再生手順は共通要素であるのに対し，装置構成や通油量の変化の結果，それら手順が何年もの間に変化しているのが普通である。最適ではない次善の再生手順は，再生後の運転に多くの悪影響を及ぼす。装置の運転者は，運転マニュアル，プロセスライセンサー，または触媒供給者に，最新の再生手順と推奨に関する助言を求めることができる。しかしながら，触媒再生の質とスピードは装置の再生機器に制約される。UOPのような技術ライセンサーによる再生改善検討役務を採用し従事することで，著しい改善をもたらす装置構成と機器の最低限な改造案を特定可能である。典型的な改善点は再生ガス循環系，エア注入と中和剤注入とその管理である。

5.6.2　装置最適化

　固定床半再生式と流動床連続再生式装置ともに，もし現在の運転苛酷度または通油量が設計以下の場合，より効果を得られるよう装置を再編成する良い機会である。低圧運転化することで改質油と水素収率の最大化を狙える。改造の主な検討項目は，リサイクルガス系のハイドローリック能力，反応塔と加熱炉内の分散性と能力，反応塔系の熱交換器の見直し等が挙げられる。さらに，流動床連続再生式装置ならば触媒循環速度，固定床半再生式装置ならば最低必要運転可能期間を詳細に検討する必要がある。機器改造検討に加え，改造項目を減らせる新型触媒の採用検討が重要となる。

　もし低圧化・能力増強で，連続再生式装置の再生能力の追加が必要な場合，UOPのCCR再生塔システムは一般的に簡単に触媒循環速度とコーク燃焼能力を増強できる。

5.6.3　連続再生式への転換

　最新設計の連続再生式接触改質装置は最大の収率を達成することが可能であり，既設固定床接触改質装置を流動床連続再生式に転換することで，改質油と水素の収率を，しかも連続生産を可能とし，大幅に改善できる。改造の複雑さは，既設固定床装置の使用年数や運転目的を含めた複数の要因に依存する。

　比較的最近の固定床半再生式接触改質装置ならば，UOPのCCRプラットフォーミング法装置への転換は，新設スタック型反応塔と加熱炉1基そして再生塔1基を加える，正攻法な改造で行われる。しばしば新設コンバインドフィード/エフルエント熱交換器やネットガスコンプレッサーの追加が改造項目に含まれる。

文　　献

1) 改訂新版石油精製プロセス初版, 石油学会, 1974, 5章改質, 5.1 4), 5.2 1) f), & 5.3.2 3)
2) Gasoline Upgrading: Reforming, Isomerization, & Alkylation Chapters 10&11, Colorado School of Mines, Slide#18 (2017)
3) 中村吉昭,「接触改質の基礎とCCR触媒の最新動向」, ペトロテック, 第35巻 第12号 (2012)
4) Aitani, Abdullah M., "Catalytic Naphtha Reforming", Marcel Dekker Inc., 1995, Chapter 13 Catalytic Reforming Processes, page 415, & 424.
5) Poparad, A, Ellis, B, Glover, B, Metro, S, AM-11-59, NPRA 2011, .page 10, 11, & 24

6 再生処理法

室井髙城*

6.1 はじめに

　工業触媒プロセスにとって再生処理は極めて重要な操作である。触媒の再生処理技術が確立されたことにより工業化された触媒プロセスは少なくない。フードリーの接触分解プロセスは，固定層プロセスにより再生を頻繁に行っていたが，流動層による連続再生法が開発され，現在のFCCプロセスに発展した。ガソリンの改質プロセスは，固定層では触媒の劣化を考慮するとシビアリティーを上げることができず高オクタン価ガソリンの収率は低かったが，連続再生プロセス（CCR）が開発され低圧での運転が可能となった。多くのゼオライトを用いたプロセスは再生技術の開発を同時に行っている。

6.2 洗浄再生

　物理的に付着したダストや夾雑物または，摩耗や粉化した触媒は定修時に反応器から取り出してふるいまたは，洗浄により取り除かれている。本質的な触媒毒ではない。薬液洗浄では使用する薬液によっては触媒金属や担体の溶出，さらに洗浄時の触媒の磨耗を考慮しなければならない。有機溶媒での洗浄では触媒が空気中で有機溶媒を発火させる恐れがあり注意を要する。

6.2.1 水洗浄

　触媒に付着した触媒毒が水可溶性の塩であれば温水洗浄により容易に再生できる。Ru/カーボン粉末によるD-グルコースのソルビットへの水素化では反応後，触媒を温水洗浄することにより100回以上繰り返し使用されている。この場合の主な劣化原因はグルコン酸の付着である。高純度テレフタル酸の精製で用いられているPd/カーボン粒触媒は細孔や触媒粒の間に蓄積したテレフタル酸を温水やNaOH水溶液で洗浄することにより再生可能であり一部工業的に行われている[1]。プロピレンの酢酸酸化による酢酸アリルの合成触媒であるPd/SiO$_2$は水洗浄により再生可能であるが，最適な処理温度がある[2]。

6.2.2 アルカリ洗浄

　過酸化水素はアルキルアントラキノンの水素化によるアルキルハイドアントラキノンの空気酸化により製造されている。70～100μmの球形のPd/SiO$_2$やPd/Al$_2$O$_3$が水素化触媒として用いられている。溶媒には1, 2, 4-トリメチルベンゼン，ジイソブチルカルビノールの混合溶液が用いられる。アミルアントラキノンを用いた場合，Pd/SiO$_2$劣化触媒は反応器から取り出した後，バッチの処理装置により25～30℃にてpH12.8のNaOHaqで洗浄することにより再生されている。洗浄処理によりアントラキノンが変性したアミル無水フタル酸などが洗い出されている。純水洗浄，乾燥後XPS元素分析すると触媒表面の炭素質が減少しPd比率が増加していることが確認される[3]。

---

　* Takashiro Muroi　アイシーラボ　代表

触媒が反応器や配管のスケール，コンプレッサーの油分などの付着により劣化した場合はアルカリ洗浄で再生することが可能である。薬液洗浄の場合は一般的には界面活性剤やシュウ酸，重炭酸ソーダなどの弱酸や弱塩基が用いられるが，酸や塩基処理は濃度が高過ぎたり，条件が厳しいと担体が侵食されたり，触媒金属の溶出により活性劣化が生じる。また，再生毎に担体の侵食や触媒金属が微量溶出するので何度も再生はできない。VOC の酸化除去に用いた Pt/ハニカム触媒の再生では酸処理よりもアルカリ処理が適している[4]。アルカリ洗浄により P, Sn, Na, Pb が除去され BET 表面積が大きく回復される。

過酸化水素製造の一部では固定床プロセスが稼動している。触媒は 10 mesh φ の Pd/Al$_2$O$_3$ が用いられている。FMC の特許では劣化触媒の再生処理は無水メタノールを用いてソックスレー抽出装置で処理後，NH$_4$OH 水溶液で洗浄，予熱水蒸気と窒素で処理後，空気乾燥し活性を 95% まで再生している。NH$_4$OH 処理をしないと 76% までしか再生されない[5]。

火力発電所の復水処理用イオン交換樹脂の再生に NH$_3$ 水溶液が用いられている。再生に用いられた NH$_3$ 含有排水は Pt/TiO$_2$ により N$_2$ に酸化分解処理されている。

$$2NH_3 + 3/2 O_2 \rightarrow N_2 + 3H_2O \qquad (1)$$

Pt/TiO$_2$ の NH$_3$ 除去率が 70% に低下した時点で NH$_3$ 2,000 mg/L 含有 pH11 の洗浄液を WHSV 6h^{-1}，4 時間劣化触媒に通液洗浄すると NH$_3$ 除去率を 99% まで再生することができる[6]。

6.2.3 液体 NH$_3$ 洗浄

エチレンオキシドと NH$_3$ から ZSM-5 を用いたジエタノールアミンの選択合成プロセスが日本触媒により工業化されている。触媒は ZSM-5 のバインダーレスゼオライトである。触媒の選択性は反応時間と共に徐々に低下し触媒層の入口側からの活性も低下してくる。劣化原因は触媒の細孔が閉塞され無触媒反応が生じていると考えられた。反応温度が高くないことから細孔内蓄積物質はコークではなく反応温度より高い温度にすると細孔外に出てくることが分かり，NH$_3$ 洗浄により除去できることが見つけられ工業化された。再生は数日で繰り返される。再生に用いた NH$_3$ には高沸点化合物が混合しているので蒸留塔で精製してから反応に用いられている[7]。

6.2.4 溶媒洗浄

イソプレンを選択水素化してアミレンとする反応に Pd/Al$_2$O$_3$ 粉末が用いられるが有機溶媒で洗浄することにより繰り返し使用できる。トルエンでの洗浄は効果があるがアセトンでは効果がない。Al$_2$O$_3$ 粉末はカーボン粉末と異なり細孔径が大きいために高分子化合物が生成しても溶媒洗浄により洗い出せる[8]。しかし，有機溶媒洗浄は空気中で発火の危険があるので取り扱いが容易でないことと洗浄液の処理の問題もあり工業的に行われるケースは少ない。

6.3 湿式還元再生

Ru/Al$_2$O$_3$ は水蒸気改質反応を低スチーム比で行うことができカーボンの析出が少ないことが知られている。ナフサの水蒸気改質反応での 8,000 時間後の劣化触媒は NaOH 水溶液または

第1章　工業プロセスにおける触媒劣化と対策

Na_2CO_3 とヒドラジン処理により S が除去され活性が回復する[9]。

6.4　水素ストリッピング
6.4.1　固定床触媒

　高温による水素処理による賦活法は，HHS（Hot Hydrogen Stripping）と呼ばれている。高温の H_2 を触媒層内に導入し，触媒表面に付着した高沸物や S, Cl 化合物などを水素化除去する方法である。反応器に導入する H_2 の流量は GHSV で 200～300 hr^{-1} 程度，最適温度は触媒によって異なるが Pd/Al_2O_3 の場合は 200℃ 前後である。水素で表面の付着物を吹き飛ばすのではなく高温の水素処理である。加熱によって触媒に吸着しているグリーンオイルが最初に反応器の底部から流出除去される。触媒に蓄積した原料中の微量の塩素化合物や硫黄化合物が水素化反応により除去される。

$$R\text{-}Cl + H_2 \rightarrow RH + HCl \tag{2}$$
$$R\text{-}S + H_2 \rightarrow RH + H_2S \tag{3}$$

HCl, H_2S が排出されるので排ガス処理が必要である。カーボンプリカーサーである不飽和化合物も水素化されることにより除去される。

　MoC によるメタンの脱水素環化によるベンゼンの合成が研究されている。産総研の張戦国らは Mo/HZSM-5 を用い 800℃，0.1 MPa. においてメタンの平衡転化率に近い転化率でベンゼン選択率～70%，ナフタレン選択率～15% を得ているが，触媒寿命は数分と短い。しかし，劣化触媒は 700℃ 高温水素で容易に再生できることを見つけた。再生時，水素を導入すると CH_4 が生成してくるので劣化原因は初期に生成する CH_x でコークではない。二塔式循環流動層反応装置による触媒の連続再生プロセスの開発が行われている[10]。

6.4.2　懸濁床触媒

　Pd/カーボンや Pt/カーボンによる液相酸化反応では反応途中で反応が停止することがあるが，酸素の導入を止め水素でバブリングすると活性が回復する。酸素が触媒に強く吸着したためと考えられる。Ru/カーボンによるカルボニルの水素化反応では劣化触媒を酸素でバブリングすると活性が回復する。

　ベンゼンの部分水素化によるシクロヘキセンの合成ではアルカリ金属で修飾した Ru ブラックが開発されている。金属 Ru と助触媒からなる Ru 触媒と ZrO_2，$ZnSO_4$ を触媒としてベンゼンを連続的に反応させ，劣化した触媒を含む油層を除いた水層を 150℃ に昇温し H_2，4 kg/cm^{2}G，4 時間攪拌処理すると活性は回復する[11]。

6.5　カーボンバーン（デコーキング）
6.5.1　オンサイトでのカーボンバーン

　水素化，酸化，アルキル化などの発熱反応や脱水素反応では，反応中にカーボン質が生成し触

45

触媒劣化―原因，対策と長寿命触媒開発―

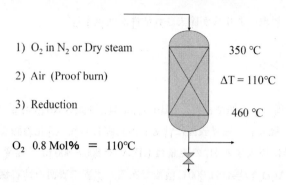

図1 カーボンバーンによる再生

媒劣化を生じる。水素化脱硫反応ではカーボン質の付着が触媒劣化原因の主原因でもある。カーボン質は反応器内で生成するだけではなく原料に含まれるタール成分の付着によっても生じる。オンサイトでの再生は触媒を反応器に充填した状態で触媒を徐々に加温し，酸素を含む窒素やドライスチームで触媒に付着しているカーボン質を燃焼除去する方法である。通常，金属や担体のシンターリングを抑制するために反応器内の温度は450～500℃に抑えて燃焼除去される。反応器内の発熱量は酸素濃度で制御される。0.8 mol%の酸素は発熱温度（ΔT）として約110℃に相当する（図1）。カーボンバーンを高圧のスチームを用いて行うとアルミナやシリカ・アルミナ，ゼオライトなどは短時間で結晶変換を生じ，担体の構造が変わってしまうので，高圧下での再生は絶対に避けなければならない。通常，常圧の加熱蒸気で行われる。カーボンバーンの方法は既刊に記載されている[12]。

6.5.2 工業プロセス

(1) 最近開発されたデコーキングを用いたプロセス

最近開発されたデコーキングが用いられているプロセスを示す（表1）。

(2) MTGプロセス

ExxonMobilの開発したMTG（Methanol to Gasoline）プロセスではZSM-5が固定層で用いられている。発熱反応であるためメタノールは脱水されてDMEとされた後，希釈ガスと混合後, 400～420℃で脱水，縮合，環化されイソパラフィンと芳香族を含むオクタン価92～94のガソリンとされる。反応基は5基でカーボンバーン再生は3～4週間毎，5基のうち1基は交替で触媒の再生が行われる。

(3) MTPプロセス

Lurgiの開発したメタノールからプロピレン合成MTP（Methanol to Propylene）プロセスは，カーボンバーンによる再生は500～600時間毎で行われている。トータルの触媒寿命は約2年と思われる。

(4) OCTプロセス

Lummusがライセンシングしているエチレンとブテン-2からプロピレンを合成するOCT

第1章 工業プロセスにおける触媒劣化と対策

表1 デコーキングによる再生プロセス

プロセス	反応	触媒	再生	開発会社
MTG	CH$_3$OH → Gasoline	ZSM-5	切換	ExxonMobil
アルファ	C4', C5' → Aromatics	Zn/ZSM-5	Swing	旭化成
オメガ	C4' → C3'	Ag/NaZSM-5	Swing	旭化成
シクロヘキサノール	シクロヘキセンの水和	HZSM-5	H$_2$O$_2$酸化	旭化成
DMTO	CH$_3$OH → C2', C3'	SAPO-34	流動層	大連化学物理研究所
SMTO	CH$_3$OH → C2', C3'	SAPO-34	流動層	SINOPEC
MTO	CH$_3$OH → C2', C3'	SAPO-34	流動層	UOP
MTP	CH$_3$OH → C3'	ZSM-5	切換	Lurgi
ACO	ナフサの接触分解	ZSM-5	流動層	SK, KRICT
OCT	C2', C4' → C3'	WO$_3$MgOZrO$_2$/SiO$_2$	切換	Lummus
ピリジン	Chichibabin 反応	ZSM-5	Swing	広栄化学
ε-カプロラクタム	気相ベックマン転移	ZSM-5	流動層	住友化学
アダマンタン	トリシクロデカンの異性化	Pt-la/Y	半再生	出光興産

(Olefin Conversion Technology) プロセスは，付着カーボン質はデコーキングにより30日前後で再生されている。

(5) メタノール-空気によるカーボンバーン

α-ピコリン，β-ピコリン，γ-ピコリンを含むピリジンはアセトアルデヒドとホルムアルデヒド，アンモニアから Chichibabin condensation method により合成される。広栄化学は Pb/ZSM-5 が高収率であることを見つけた。生成物は塩基であるために触媒の酸性表面に吸着し脱水素され高分子化合物となり炭化し活性低下を生じる。ZSM-5 は細孔径が 5.5Å と小さいために酸素の拡散が容易でなく再生は困難であったが，メタノールを含む空気で再生するとピリジン重合物が容易に脱着することを見つけ工業化した。空気＋窒素では再生できない[13]。

(6) 過酸化水素による再生

シクロヘキセンの水和によるシクロヘキサノールの製造プロセスが開発され工業化されている。ハイシリカ ZSM-5 が懸濁床で用いられている。液相均一系の反応と異なり蒸留の際シクロヘキサノールが脱水されることはない。反応の活性劣化原因は高沸物のゼオライト細孔の閉塞とゼオライトからの脱アルミニウムである。粉末触媒は焙焼炉による再生が困難なことと高温酸化処理では脱アルミニウムが生じるため液相での過酸化水素を用いた湿式再生法が開発され，触媒はスラリーのまま酸化再生される。過酸化水素の濃度が高いと爆発の恐れがあるため最適な過酸化水素濃度に制御されている。しかし過酸化水素再生では脱アルミニウムが生じ 100% 再生できない。しかし脱 Al した Al は系外に溶出していないことが分かり，Al をアルミン酸のアニオンにすることにより格子に戻せることが分かり NaOH 処理後，硝酸処理し Al を格子に戻し再生する方法が見つけだされ工業化された[14]。

6.5.3 オフサイト再生

脱硫触媒，水素化分解触媒などはオフサイトで工業的に再生されている。カーボンの付着した

触媒劣化—原因, 対策と長寿命触媒開発—

触媒は触媒再生工場に搬入されバッチまたは連続炉を用いて焙焼処理されカーボン質が除かれている。脱硫触媒である Ni-Mo/Al$_2$O$_3$ 触媒の再生では下記の反応が生じる。

$$MoS_2 + O_2 \rightarrow MoO_2 + 2S \tag{4}$$
$$2NiS + O_2 \rightarrow 2NiO + 2S \tag{5}$$
$$S + O_2 \rightarrow SO_2 \tag{6}$$
$$C + O_2 \rightarrow CO_2 \tag{7}$$

再生温度は Co-Mo 系:460〜550℃, Ni-Mo 系:430〜470℃, Ni-W 系:480〜520℃, Zeolite 系:400〜430℃ である。高温ではシンタリングを生じる。再生はロータリーキルン方式とトンネル炉方式[15]で行われている。脱硫触媒は再生後, 系内で S 処理後, 使用される。

6.6 連続再生
6.6.1 流動床 (FCC)

重質油の接触分解では 70〜100μm の球状の粉末のシリカ・アルミにゼオライトを混合した触媒が用いられている。接触分解反応であるためにカーボン質が生成しやすいため連続再生プロセスが広く行われている。カーボン焙焼を容易にするために Pt/アルミナ粉末触媒が混合されている。新触媒は反応中追加投入され劣化触媒は少しずつ取り出され 2〜3 ヵ月で触媒が入れ替わっている (図 2)。

6.6.2 気相ベックマン転位反応

硫安を副生しない気相ベックマン転位反応による ε-カプロラクタムプロセスが開発されている。ハイシリカゼオライトが流動床で用いられている。再生はメタノールを添加したカーボンバーンで行われている。メタノールを添加しないと再生は十分に行われない (図 3)[16,17]。

6.6.3 金属成分の揮発防止

MoBiFeNiK/SiO$_2$ によるブテンの酸化脱水素によるブタジエン製造プロセスが開発されてい

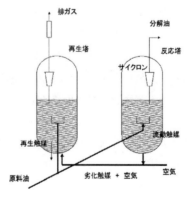

図 2　FCC 連続再生装置

第1章　工業プロセスにおける触媒劣化と対策

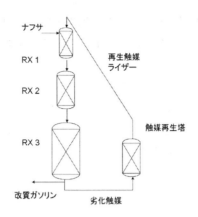

図3　連続再生システム

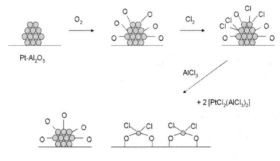

図4　Pt粒子の再分散モデル

る。デコーキングによる再生の際 Mo が還元され再生が十分に行われないため出口酸素濃度を 0.3〜0.7 vol% に調整する方法を見つけている[18]。

6.6.4　移動層（CCR）

　連続再生型の改質装置は，反応器が縦型になっていて触媒は上層の1段目の反応器から徐々に移動してきて最後の3段目の反応器まで移動してくる。3段目の反応器の後は触媒は再生反応器に移動され再生されて，また，1段目の反応器に連続投入される。触媒は約1週間でリサイクルされる。1〜2 mmφのアルミナが担体として用いられている（図4）。

　カーボンが生成しても直ぐ再生されるのでカーボン生成抑制バイメタル触媒である Pt-Re/アルミナは必要でないので，活性の高い Pt-Sn/アルミナや Pt-Ir/アルミナが用いられている。

6.7　金属の再分散

　シンターリングで劣化した触媒は基本的には再生は不可能である。例外的にガソリンの改質装置で半再生型改質装置は，Pt-Re/Al$_2$O$_3$ 触媒が用いられているが，1〜2年に一度，カーボンバーンとその後の Rejuvenation と呼ばれる CH$_3$Cl や CH$_2$ClCH$_2$Cl などの塩素化合物による塩化処理

によってPtの再分散が行われている。PtO$_x$Cl$_y$が担体上を移動し再分散すると推定されている。再生回数は4〜5回でトータルの触媒寿命は5〜10年である（図4）[19]。

6.8 おわりに

再生技術は触媒プロセスの一部である。特にゼオライトを用いた反応では再生技術が開発されたことにより工業化された例がほとんどである。再生技術の理論的解析と体系化が必要である。ノウハウ技術として公開されない時代は過去のことにしたい。

文　献

1) 特開平 2-43957, AMOCO
2) 特開平 4-131136, 昭和電工
3) JP2007-297248A 2007.11.15, 三菱瓦斯化学
4) James Chen, Ronald M. Heck, Robert J. Farrauto, *Catalysis Today*, 11 (1992) 517-545
5) USP 3,901, 822, FMC
6) 特開 2002-177974, 関西電力, 栗田工業
7) 常木英昭, 触媒, Vol.47, No.3, 196 (2005)
8) 特開昭 62-282645, 三菱油化
9) 特公平 3-61498, 大阪瓦斯
10) 張戦国, ファインケミカル, Vol.44, No.8, 19 (2015)
11) 特開平 3-68453, 旭化成
12) 室井高城, 工業触媒の劣化対策と再生, 活用ノウハウ, サイエンス＆テクノロジー, 94, 206, (2008)
13) 清水信吉, ゼオライト触媒開発の新展開, シーエムシー出版, 208, (2004)
14) 石田浩, ゼオライト触媒開発の新展開, シーエムシー出版, 197, (2004)
15) 河原博和, PETROTECH, Vol.22, No.5, 419 (1999)
16) 市橋宏, ゼオライト触媒開発の新展開, シーエムシー出版, 162, (2004)
17) 特開平 3-207454, 広栄化学, 住友化学
18) 特開 2012-92092, 旭化成
19) J. F. Franck, G. Martino, Progress in Catalyst Deactivation, Martinus Nijhoff, 355 (1982)

第2章　触媒劣化現象

1　水蒸気改質における Ni 系触媒の活性劣化

冨重圭一*

　炭化水素や含酸素化合物の水蒸気改質反応は，様々な炭化水素系資源から水素や合成ガスを製造するためのプロセスに必要不可欠なものである。水蒸気改質反応の反応式の例を以下に示す。

$$CH_4 + H_2O \rightarrow CO + 3H_2 \tag{1}$$
$$C_nH_m + nH_2O \rightarrow nCO + (n+m/2)H_2 \tag{2}$$
$$C_nH_mO_l + (n-l)H_2O \rightarrow nCO + (n+m/2-l)H_2 \tag{3}$$
$$CH_4 + 2H_2O \rightarrow CO_2 + 4H_2 \tag{4}$$
$$CH_4 + CO_2 \rightarrow 2CO + 2H_2 \tag{5}$$

反応式(1)，(2)，(3)はそれぞれ，メタン，C2以上の炭化水素，含酸素化合物の水蒸気改質反応の反応式である。反応式(1)の場合の反応では，H_2O/CH_4の分圧比が1：1であるのに対して，メタンに対してスチームを過剰に供給した場合の反応式が反応式(4)となる。これは反応式(2)や(3)の場合でも同様である。また，改質剤としてスチームの代わりに二酸化炭素を用いる炭酸ガス改質も知られている。メタンの炭酸ガス改質は反応式が(5)であり，他に，その他の炭化水素や含酸素化合物でも類似した反応を進行させることが可能である。スチームと二酸化炭素の両方の改質剤を同時に供給する改質反応もよく知られており，特に，生成ガスのH_2/COを調整するために用いられている。相対的にスチーム分圧を高めれば，H_2/COが高くなるのに対して，二酸化炭素分圧を高めれば，H_2/COは低くなる。これらの水蒸気改質反応の共通点として，大きな吸熱反応であることが挙げられる。そのため，工業的に用いられている水蒸気改質反応装置は，触媒反応器外部からの熱供給が反応速度を支配する条件で運転されることが多い。一方で，改質剤とともに酸素を反応器内に導入し，炭化水素等反応物と酸素との反応による発熱反応の反応熱を水蒸気改質反応に利用する方法も用いられている。

　水蒸気改質反応は，金属表面が触媒となる反応である。メタンなどの炭化水素が金属表面で脱水素されて，炭素を含む吸着種が反応中間体として形成する。この反応中間体が表面上に吸着したH_2OまたはH_2Oから生成した酸素吸着種と反応することで，一酸化炭素と水素が生成するとともに金属表面が再生するという触媒サイクルで反応が進行すると考えられている。非常に多くの金属で水蒸気改質反応が進行することが報告されているが，触媒コストと触媒反応速度の観点

＊　Keiichi Tomishige　東北大学　大学院工学研究科　応用化学専攻　教授

から，ニッケルを活性金属として酸化物上に分散させた触媒が最も多く研究・開発されている[1~4]。

水蒸気改質反応用触媒において必要とされる性質のひとつは，耐熱性である。例えば，メタンの水蒸気改質反応（反応式(1)）は平衡反応であり，大きな吸熱反応であるため，メタン転化率は平衡制約を受け，高いメタン転化率を得るためには1,000 K以上という高い反応温度が必要となる。触媒は反応温度レベルでの十分な耐熱性が必要となる。耐熱性の高い酸化物としてよく用いられるのは，α-Al_2O_3，MgO，$MgAl_2O_4$などである。メタン以外の改質反応では平衡制約がなくなるためメタンの改質よりも明確に低い温度（例えば873 K）で行われる。

水蒸気改質反応における触媒活性劣化要因は様々である。酸化物表面に担持されたニッケル金属微粒子を活性点とする触媒を例にとると，水蒸気改質反応はニッケル金属表面上で進行しており，触媒の活性はニッケル金属表面原子数が大きいほど高くなる。そのため，金属微粒子の粒径が小さい，すなわち分散度が高い方が活性が高いことになるが，金属微粒子が凝集して粒子径が大きくなると表面原子数が減少し，活性が低下するため，触媒は劣化したことになる。金属微粒子の凝集の進行しやすさは，ニッケル金属微粒子と酸化物表面との相互作用の強弱による。相互作用が強ければ，小さな粒子径の金属粒子が維持されやすいが，相互作用が弱ければ凝集しやすい傾向となる。例えば，MgOや$MgAl_2O_4$はα-Al_2O_3と比較するとニッケル金属粒子との相互作用が強く凝集が抑制される[5~7]。

炭素析出も水蒸気改質反応の活性劣化の要因の一つである。固体触媒の活性点上に固体が析出すると触媒活性点が物理的に覆われてしまうため，反応基質が触媒活性点にアクセスできなくなるため活性点として機能しなくなってしまう。また，触媒に炭素析出が起こると触媒の体積が増加し，それにより反応器が閉塞してしまう。さらに，炭素析出は焼結させて調製した酸化物成形体を粉化させてしまう。このように炭素析出は極めて深刻な問題として認識されている。改質反応の炭素析出傾向は，触媒層にフィードするガスのO/CとH/Cのモル比である程度整理することができ，O/CおよびH/Cが高いほど，炭素析出は進行しにくくなる。水蒸気改質反応では，基質に対するスチーム分圧を高くすることで，O/CとH/Cを同時に高くすることができるため，炭素析出の抑制は比較的容易である。一方で，スチームを過剰に用いることは，プロセス上は気化熱が多く必要となるため，エネルギー効率の低下を意味することに注意しなければならない。一方で，炭酸ガス改質反応では，O/CおよびH/Cが水蒸気改質の場合と比較して明確に低くなるのと同時に，二酸化炭素分圧を増やしてもO/Cは2以上に上がらずH/Cはむしろ低下するため，炭素析出は炭酸ガス改質反応でより深刻な問題になっている。

改質反応における炭素析出反応は以下の2つである。

$$C_nH_m \rightarrow nC + m/2 H_2 \tag{6}$$

$$2CO \rightarrow C + CO_2 \tag{7}$$

炭化水素の分解反応による炭素生成が反応式(6)であり，大きな吸熱反応である。反応式(7)は一酸

第2章　触媒劣化現象

化炭素の不均化反応による炭素生成であり，比較的大きな発熱反応である。通常水蒸気改質反応は固定床流通式反応器を用いるが，触媒層の入り口付近は炭化水素などの反応基質分圧が高く，生成物である一酸化炭素分圧は低いのに対して，触媒層出口付近では水蒸気改質反応はほぼ終了し，高い転化率が達成され，反応基質分圧はほぼゼロとなり，一方，一酸化炭素分圧が高い。このような状況により，2つの炭素析出反応の寄与は触媒層内での位置に大きく依存し，入り口付近では(6)，出口付近では(7)の寄与が大きい。

ニッケルイオン（Ni^{2+}），マグネシウムイオン（Mg^{2+}），アルミニウムイオン（Al^{3+}）を含むハイドロタルサイト前駆体を焼成，還元して調製したNi/Mg/Al（Ni 12 wt%，Ni：Mg：Al＝9：66：25，(Ni＋Mg)/Al＝3）触媒およびFe^{3+}も含むものから調製したNi-Fe/Mg/Al（Ni 12 wt%，Fe/Ni＝0.25，Ni：Fe：Mg：Al＝9：2.3：66：22.6，(Ni＋Mg)/(Fe＋Al)＝3）触媒を用いたトルエンの水蒸気改質反応試験の結果を図1に示す[8～10]。Ni-Fe/Mg/Al触媒については，Feの添加量依存性を検討し，Fe/Ni＝0.25で最適であることを踏まえている。Ni/Mg/Al触媒では反応時間約20時間後に炭素析出による反応器閉塞が観測された。一方，Ni-Fe/Mg/Al（Fe/Ni＝0.25）触媒ではNi/Mg/Alと比較して高い転化率を示し，20時間の間閉塞することなく安定した活性を示した。この2つの反応後の触媒について，触媒層入り口，中央部，出口の3つに分けて熱重量分析計を用いて炭素析出量を測定した結果を図2に示す[8～10]。Ni/Mg/Al触媒では，触媒層入り口から出口に向かって炭素析出量が増加していく様子が見て取れる。一方で，Ni-Fe/Mg/Al（Fe/Ni＝0.25）触媒では，触媒層全体にわたって炭素析出はほとんど観測されず，Fe添加により，トルエンの分解反応と一酸化炭素の不均化反応の両方による炭素析出が抑制されていることがわ

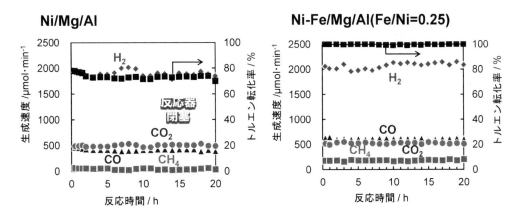

図1　Ni/Mg/Al（Ni 12 wt%，Ni：Mg：Al＝9：66：25，(Ni＋Mg)/Al＝3）（左）および
Ni-Fe/Mg/Al（Ni 12 wt%，Fe/Ni＝0.25，Ni：Fe：Mg：Al＝9：2.3：66：22.6，(Ni＋Mg)/(Fe＋Al)＝3）（右）触媒を用いたトルエンの水蒸気改質反応の経時変化

反応条件：触媒重量 W_{cat}＝100 mg，反応温度 873 K，W/F＝0.11 g h mol^{-1}，steam/carbon＝1.7（toluene/H_2O/N_2＝1/11.8/71.1）
触媒調製および前処理：ハイドロタルサイト前駆体は共沈法で調製，1,073 K 空気焼成，1,023 K，H_2/N_2＝1/1 で還元

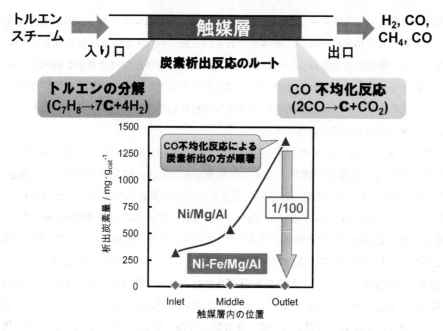

図2 Ni/Mg/Al(Ni 12 wt%, Ni：Mg：Al＝9：66：25, (Ni＋Mg)/Al＝3) および Ni-Fe/Mg/Al(Ni 12 wt%, Fe/Ni＝0.25, Ni：Fe：Mg：Al＝9：2.3：66：22.6, (Ni＋Mg)/(Fe＋Al)＝3) 触媒を用いたトルエンの水蒸気改質反応 20 h 後の析出炭素量
反応条件は図1と同様

かる。

　これらの触媒層位置によって分けた触媒の XRD を図3に示す[8〜10]。比較対象として反応前，すなわち，還元前処理後の触媒についての結果も示す。これらの触媒が，Ni または Ni-Fe 合金と MgO-like な酸化物（MgO に未還元の Ni, Fe, および Al のイオンが固溶したもの）から構成されていることがわかる。Ni/Mg/Al 触媒では，還元後に Ni 金属に帰属されるピークが観測され，反応後には，これに加えて，グラファイトに帰属されるピークが観測され，触媒層の入り口から出口に向けて顕著に増加していることがわかり，これは熱重量分析による析出炭素量の挙動と一致するものである。もう一つの重要な点として，反応後の Ni 金属に帰属されるピークの幅が若干鋭くなっており，これは反応前に Ni 金属粒子の平均粒子径が 7.6 nm であるのに対して，11 nm 程度まで増加していた。これは金属微粒子の凝集が進行したことを意味しており，また，還元温度（1,073 K）が反応温度（873 K）より明確に高いことを踏まえると，凝集は熱により進行しているのではなく，改質反応と関連していることが示唆される。水蒸気改質反応中に Ni 金属粒子上に生成する炭素はカーボンナノチューブのような繊維状の形態を持つことが知られており，先端に Ni 金属微粒子があり，それが炭素を長く成長させる。ここでは Ni 金属表面上に形成した表面カーバイドが粒子内に侵入し，逆の側に析出して炭素が繊維状に成長する機構をとることが知られている。還元後には金属微粒子は酸化物表面と相互作用した安定な状態にある

第 2 章　触媒劣化現象

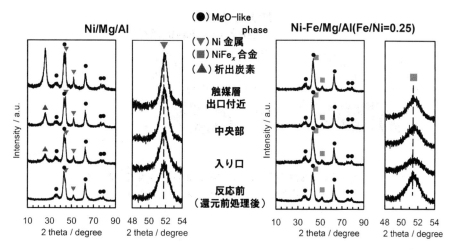

図3　反応前およびトルエンの水蒸気改質反応 20 h 後の XRD
（左）Ni/Mg/Al（Ni 12 wt%, Ni:Mg:Al=9:66:25,（Ni+Mg）/Al=3）
（右）Ni-Fe/Mg/Al（Ni 12 wt%, Fe/Ni=0.25, Ni:Fe:Mg:Al=9:2.3:66:22.6,（Ni+Mg）/（Fe+Al）=3）
反応条件は図1と同様

が，反応中に炭素析出が進行し始めたタイミングでは，酸化物表面との相互作用が弱くなり，凝集を顕著に促してしまうと考えられている。そのため，炭素析出と金属微粒子の凝集は密接に関連するものであるとされている。一方で，Ni-Fe/Mg/Al（Fe/Ni = 0.25）触媒では，Ni-Fe 合金に帰属されるピークはそれほど鋭くなっていないことは，析出炭素のピークが観測されないこと，熱重量分析でも析出炭素がほぼゼロであることと関連している。炭素が析出しないので，酸化物表面との相互作用が強く維持されているため，凝集も抑制されているといえる。ピーク位置は合金中のNiに対するFeの組成によってシフトするが，反応前後で変化していない。FeはNiと比較して酸化されやすい成分であるが，反応中に合金状態が維持されていることもわかる。

　トルエンの水蒸気改質反応中の表面状態を推測するために，Ni-Fe/Mg/Al（Fe/Ni = 0.25）触媒におけるトルエンおよびスチーム分圧に関する反応次数を測定した[8〜10]。反応次数測定のためには，トルエンおよびスチームの転化率が十分に低く抑えられている必要があるため，W/F を $0.014 \text{ g h mol}^{-1}$ と図1の反応条件と比較して極めて小さくした反応条件で反応速度測定を行っている。結果として，トルエン分圧に対して − 0.4 次，スチーム分圧に対して 0.4 次が得られた。これを踏まえると，トルエンの吸着が強く，スチームの吸着が弱いことを示しており，同時に反応中の被覆率は，トルエンに由来するものは高く，スチームに由来するものは低いことがわかる。トルエンはベンゼン環のπ電子をもち，これを用いて金属表面に強く吸着するため，被覆率が高くなったと考えられる。トルエンとスチームの吸着サイトが共通であれば，トルエンの吸着はスチームの吸着を抑制する。スチーム分圧に対する正の反応次数はこのモデルと合致する。スチーム由来の吸着種としては酸素原子が想定されるが，その被覆率が低いことは，反応中合金表面は

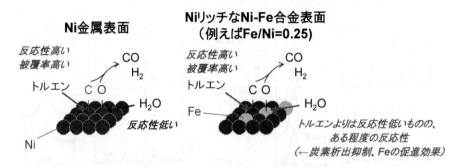

図4 Ni単独金属表面とNiリッチなNi-Fe合金表面における
トルエンの水蒸気改質反応モデル

酸化されずに還元状態を維持していることを意味している。これを踏まえて，Ni単独金属表面とNiリッチなNi-Fe合金表面でのトルエン水蒸気改質反応のモデルを図4に示す。炭化水素の脱水素能はFeよりNiのほうが高く，一方でFeはNiより酸素親和性が高いため，トルエンはNi原子上で，スチームはFe原子上で活性化されることになる。トルエンの脱水素により生じる表面炭素種は高い被覆率になっているものと思われるが，それが表面酸素種と反応してCOとして除去される効率・速度が高ければ，析出炭素前駆体（表面カーバイドや粒子内へ拡散した炭素種）にならず，炭素析出が抑制できることになる。Ni-Fe合金表面では，Ni上の表面炭素原子とFe上の表面酸素原子がよく反応し，COとして除去されていると推測することができる。

最近Ni-Fe合金触媒を用いたメタンの炭酸ガス改質反応についての報告がなされている[11]。トルエンの水蒸気改質反応中と異なり，合金表面中のFe原子は金属状態が維持されず，酸化状態（FeO）であることが確認されている。これはトルエンと比較してメタンの反応性は極めて低く，それにより反応中の表面炭素種の濃度は極めて低くなる。一方で金属状態のFe原子上での二酸化炭素活性化は速く進行するため，定常状態ではFeが酸化された状態になるものと説明できる。重要な点は，酸化された状態のFeもNi粒子と近接しており，炭素析出を抑制する効果を持っているという点である。改質反応においては，炭化水素などの基質の脱水素的な活性化とスチームの活性化のバランスが重要であり，基質の活性化≫スチームの活性化では，触媒表面は還元的になりやすく，基質の活性化≪スチームの活性化では，触媒表面は酸化的になりやすいことになる。以上のNi-Fe合金上で起こる現象に関連して，担体表面上の高分散したニッケル金属微粒子においては，担体上に吸着したスチームや二酸化炭素がニッケル金属―酸化物界面で活性化されるような機能が発現することがある。炭素析出速度はニッケル金属粒子径が大きい方が速いことも知られており，これは担体との境界面が減少することと関連していると考えられている。

第 2 章　触媒劣化現象

文　　献

1) D. Li, Y. Nakagawa and K. Tomishige, *Appl. Catal. A*, **408**, 1-24 (2011)
2) D. Li, L. Wang, M. Koike and K. Tomishige, J. Jpn. Petrol. Inst., **56**, 253-266 (2013)
3) D. Li, M. Tamura, Y. Nakagawa and K. Tomishige, *Bioresour. Technol.*, **178**, 53-64 (2015)
4) K. Tomishige, D. Li, M. Tamura and Y. Nakagawa, *Catal. Sci. Technol.*, **7**, 3952-3979 (2017)
5) O. Yamazaki, K. Tomishige and K. Fujimoto, *Appl. Catal. A*, **136**, 49-56 (1996)
6) K. Tomishige, Y. Chen and K. Fujimoto, *J. Catal.*, **181**, 91-103 (1999)
7) Y. Chen, K. Tomishige, K. Yokoyama and K. Fujimoto, *J. Catal.*, **184**, 479-490 (1999)
8) M. Koike, D. Li, Y. Nakagawa and K. Tomishige, *ChemSusChem*, **5**, 2312-2314 (2012)
9) D. Li, M. Koike, L. Wang, Y. Nakagawa, Y. Xu and K. Tomishige, *ChemSusChem*, **7**, 510-522 (2014)
10) M. Koike, D. Li, H. Watanabe, Y. Nakagawa and K. Tomishige, *Appl. Catal. A*, **506**, 151-162 (2015)
11) S. M. Kim, P. M. Abdala, T. Margossian, D. Hosseini, L. Foppa, A. Armutlulu, W. van Beek, A. Comas-Vives, C. Copéret and C. Müller, *J. Am. Chem. Soc.*, **139**, 1937-1949 (2017)

2 シフト反応における貴金属系触媒のシンタリング

関根　泰*

2.1 シフト反応における貴金属触媒の位置づけ

　水素は工業的には石油精製やアンモニア合成などに用いられており，また近年では燃料電池での利用などが期待されている。水性ガスシフト反応は下記式(1)に示す水素製造における要となる反応である。現在のところ，水素の9割以上は炭化水素（メタンや軽質ナフサ）の水蒸気改質によってつくられており，水性ガスシフト反応は，そこで副生する一酸化炭素を水と反応させて除去し水素へとシフトさせる反応である。この反応は一般には平衡の制約を受け，高温ほど順方向に進みにくくなるため，比較的低温で行われる。この際に，反応速度は温度に依存して上昇するため，工業的にはまず比較的高温（すなわち平衡的には不利な状況）で速度を稼いで，ある程度の反応率とし，次に後段で比較的低温（すなわち平衡転化率が高い状況）にてじっくり反応させて残存する一酸化炭素をほぼ全て二酸化炭素と水素へとシフトさせる。さらに残る一酸化炭素については，別途更に後段で選択酸化（PROxと呼ばれる）やメタン化によって除去され，高純度水素とされた後に，燃料電池などで用いられる。

$$CO + H_2O \rightarrow CO_2 + H_2 \quad \Delta H = -41 \text{ kJ/mol} \tag{1}$$

　大規模な水性ガスシフト反応プラントは，石油精製やアンモニア合成のための水素製造においてすでに実用化されており，シフト反応において，反応器入口側の比較的高温の環境で作動するプロセスを高温水性ガスシフト（High temperature water gas shift；HTS, 300～450℃で作動），出口側の比較的低温の環境で作動するプロセスを低温水性ガスシフト（Low temperature water gas shift；LTS, 200～300℃で作動）と呼んでいる。前者には耐久性に優れ価格の安い鉄系や鉄クロム系などの触媒が，後者には性能は高いが劣化や被毒の影響を受けやすい銅亜鉛系などの触媒が用いられる。

　近年，自動車や家庭などの多様な用途で燃料電池が用いられる局面が増えてきており，従来のような大規模な2段のシフトによる水素製造のみではなく，中・小規模な水素製造が求められるようになると，より高い性能を有する貴金属系触媒が注目をあびるようになった。その中でも，従来は触媒活性がないと言われていた金が，微粒化してセリウム酸化物などに担持すると水性ガスシフト活性を示すことがわかり，これら貴金属触媒が注目されるようになった。従来の大型工業プラントは，一度稼働させると数年間連続で稼働させることが多かったが，こういった新しい中・小規模の水素製造はオンデマンド型であり，数千回の起動・停止サイクルを経ても安定に高い性能を示すことが求められるようになった。従来用いられてきた銅亜鉛系触媒は，起動・停止サイクルにおいて劣化を起こしやすく，温度管理に敏感であった。そのような状況の中で，被毒や起動停止に伴う雰囲気変化にも高い耐久性を示す貴金属触媒が求められるようになった。

　＊　Yasushi Sekine　早稲田大学　先進理工学研究科　教授

第2章　触媒劣化現象

　これら新用途における水素は，固体高分子形燃料電池を出口とした場合には電池自体の劣化を避けるために一酸化炭素をとことんまで除去することが求められ，数十ppm以下に一酸化炭素を低減させることが求められる。また，水性ガスシフト自体が発熱反応であるために，反応率を高くとると大きな発熱により触媒層内にホットスポットが形成され，その部位における熱的劣化（シンタリングに起因する）が起こりやすいことが知られる。

　このような状況の中，貴金属触媒には200℃台で安定して高い性能を示すことを求められてきた。また，そこでの劣化挙動についても多くの研究が行われてきた。とりわけ白金や金を活性点とした触媒に注目が集まってきた。

2.2　金を担持した触媒の劣化挙動

　そもそも金は，前述のように触媒能を有さないとされてきた。春田らが5nmより小さい金粒子を有する触媒を用いると，多様な反応に活性を示すことを発見し[1,2]，それ以降，多くの追随研究がなされた[3,4]。この際に，金を担持する担体としては，チタン酸化物やセリウム酸化物，コバルト酸化物が良いとされた[5,6]。この中でもセリウム酸化物が金を担持した場合に最も高い水性ガスシフト活性を示すことが見出された[7,8]。他にも鉄酸化物やジルコニウム酸化物，セリウム－ジルコニウム複合酸化物などの報告があるが，一方で還元を受けないシリコン酸化物やアルミニウム酸化物は適当な担体となりえないとの報告が多い。活性点としては，金をセリウム酸化物に担持した触媒においては，カチオン性を有する金が活性点であるとの報告がある[9]。一方でCOの活性化は単結晶の金においては端面のみで起こることも見出された[10]。金を担持した触媒の劣化挙動については多くの論文が報告されている[11~16]。金が炭酸塩やギ酸塩を形成して劣化するとする説[15]，金の水酸化物が反応中に生成し，これが脱OHを起こす際に劣化するとする説[11]，生成した水素により担体（この場合はセリウム酸化物）が不可逆的に過剰に還元されることで金が凝集するという説[16]などが報告されている。この中でも，金が炭酸塩やギ酸塩を形成して失活するという報告においては，セリウム酸化物上の酸素欠損において，炭酸塩やギ酸塩が安定化され，高温の空気で焼成することでこれらが脱離して活性が復元することが報告されており，現在最も可能性が高いと思われる。とりわけ熱的に安定な単座の炭酸塩による劣化が顕著に起こりやすいとの報告がなされている。この際に水素が共存するとギ酸塩への反応が進み，ギ酸塩として表面で安定化される。また，炭酸塩やギ酸塩の形成を起こしにくい担体（すなわち水素などの還元ガスによって酸素欠損をつくりにくい担体）を用いることで，劣化を抑制できると考えられる。セリウム－ジルコニウム複合酸化物を担体として用いた場合には，水蒸気濃度と反応温度が劣化の大きな要因となっているとの報告もある[17]。この場合は250℃以上で金が脱OH化により失活しており，粒子成長や炭素析出は原因ではないとされる。OHが配位して酸化状態をとる金粒子が水性ガスシフトに活性を有しており，高温になるとOHが脱離してCO吸着特性が大きく変化することをDRIFTS（拡散反射法による赤外分光）で確認している。この現象は，二酸化炭素の存在によっても大きく影響を受ける。とりわけ二酸化炭素と水蒸気を共存させた場

59

合に高温で失活が顕著となる。一方で少ないながらも，金の粒子成長が活性劣化を引き起こすとの報告もあるが[18〜20]，これは金と担体との相互作用の低下による。

　担体としては，セリウム酸化物を微結晶化したり，他元素をドープすることでより高い金触媒の性能を引き出すことができる[9,21]。また，上述の劣化を抑制するために，微量の酸素を共存させることでこれら炭酸塩などの生成に起因する劣化を抑止できるとの報告もある[22]。

2.3　白金を担持した触媒の劣化挙動

　白金を担持した触媒についても，元来のその触媒活性の高さ故に数多くの報告がなされている。白金をセリウムに担持した触媒においては，高温にさらされることによるシンタリングが主たる要因であるとの報告がある[23]。これは，比較的高温で運転を続けている間にも劣化が認められることから，不可逆なセリウム酸化物の還元に起因して，担体の表面積が縮小し，これにともなって担持している白金が凝集するとの説である[16,24]。この際に，セリウム酸化物のBET比表面積は大きく低下していることから，この説はこのような証拠により裏付けられている。一方で，ここでもやはりセリウム酸化物表面上への炭酸塩の形成が重要な役割を果たすとの報告もある[25]。とりわけ，起動・停止を繰り返す中で，改質原料が供給を停止されている状況での炭酸塩の形成が顕著であり，これがセリウム酸化物表面を被覆し，さらには白金表面をブロックすることで白金の電子状態を酸化側に変える。このことは，劣化が運転停止時の温度が低いときに起こりやすいことに対応している。いずれにせよ，ここでも劣化は白金の凝集ではなく，反応ガスに由来する炭酸塩の生成が重要な役割を果たしている。この場合も金と同様に400℃以上の高温の空気で焼成することにより，表面吸着種である炭酸塩などが分解脱離し，活性が復元される。

2.4　考えられる劣化抑制対策

　これら貴金属を担持した触媒においては，劣化の要因として，炭酸塩・ギ酸塩の生成と蓄積，担体比表面積の低下がおもな要因として考えられる。また，原料に硫化物が含まれる場合は，銅などの卑金属に比べて耐性は高いものの，硫化物の形成が問題となる場合もある。よって，貴金属を担持した触媒による水性ガスシフト反応においては，事前に脱硫をしっかりと行った上で，300℃程度の反応温度を用いて，微量の酸素を共存させることにより，これら劣化を抑制可能であると考えられる。この場合は出口一酸化炭素は平衡制約により比較的高い値となるため，後段で一酸化炭素の選択酸化かメタン化が必要となる。また，セリウム酸化物を担体として用いた場合は，異種カチオンをドープすることで高い性能を安定して維持させうることも報告されており，とくにランタノイドを導入することが効果的とされている。これは金属の電子状態に影響をあたえることによる。

第 2 章　触媒劣化現象

文　　献

1) M. Haruta, S. Tsubota, T. Kobayashi, H. Kageyama, M. J. Genet, B. Delmon, *J. Catal.*, **144**, 175 (1993)
2) M. Haruta, T. Kobayashi, H. Sano, N. Yamada, *Chem. Lett.*, **405** (1987)
3) D. Andreeva, V. Idakiev, T. Tabakova, A. Andreev, *J. Catal.*, **158**, 354 (1996)
4) D. Andreeva, T. Tabakova, V. Idakiev, P. Christov, R. Giovanoli, *Appl. Catal. A: Gen.*, **169**, 9 (1998)
5) M. Haruta, S. Tsubota, A. Ueda, H. Sakurai, *Stud. Surf. Sci. Catal.*, **77**, 45 (1993)
6) M. Haruta, *Catal. Today*, **36**, 153 (1997)
7) D. Andreeva, V. Idakiev, T. Tabakova, L. Ilieva, P. Falaras, A. Bourlinos, A. Travlos, *Catal. Today*, **72**, 51 (2002)
8) Q. Fu, A. Weber, M. Flytzani-Stephanopoulos, *Catal. Lett.*, **77**, 87 (2001)
9) Q. Fu, H. Saltsburg, M. Flytzani-Stephanopoulos, *Science*, **301**, 935 (2003)
10) C. Mohr, H. Hofmeister, J. Radnik, P. Claus, *J. Amer. Chem. Soc.*, **125**, 1905 (2003)
11) C. K. Costello, M.C. Kung, H.S. Oh, Y. Wang, H.H. Kung, *Appl. Catal. A: Gen.*, **232**, 159 (2002)
12) Q. L. Guo, K. Luo, K. A. Davis, D. W. Goodman, *Surf. Interface Anal.*, **32**, 161 (2001)
13) G. Y. Wang, H.L. Lian, W. X. Zhang, D. Z. Jiang, T. H. Wu, *Kinet. Catal.*, **43**, 433 (2002)
14) M. Valden, S. Pak, X. Lai, D.W. Goodman, *Catal. Lett.*, **56**, 7 (1998)
15) C. H. Kim, L. T. Thompson, *J. Catal.*, **230**, 66 (2005)
16) J. M. Zalc, V. Sokolovskii, D.G . Loffler, *J. Catal.*, **206**, 169 (2002)
17) H. Daly, A. Goguet, C. Hardacre, F. C. Meunier, R. Pilasombat, D. Thompsett, *J. Catal.*, **273**, 257 (2010)
18) A. Luengnaruemitchai, S. Osuwan, E. Gulari, *Catal. Commun.*, **4**, 215 (2003)
19) A. Goguet, R. Burch, Y. Chen, C. Hardacre, P. Hu, R.W. Joyner, F.C. Meunier, B.S. Mun, D. Thompsett, D. Tibiletti, *J. Phys. Chem. C*, **111**, 16927 (2007)
20) J. Wang, V. F. Kispersky, W. N. Delgass, F. H. Ribeiro, *J. Catal.*, **289**, 171 (2012)
21) Q. Fu, W. Deng, H. Saltsburg, M. Flytzani-Stephanopoulos, *Appl. Catal. B: Environ.*, **56**, 57 (2005)
22) W. Deng, M. Flytzani-Stephanopoulos, *Angew. Chem. Int. Ed.*, **118**, 2343 (2006)
23) X. Wang, R. J. Gorte, J. P. Wagner, *J. Catal.*, **212**, 225 (2002)
24) A. F. Ghenciu, *Curr. Opin. Solid State Mater. Sci.*, **6**, 389 (2002)
25) X. Liu, W. Ruettinger, X. Xu, R. Farrauto, *Appl. Catal. B: Environ.*, **56**, 69 (2005)

3 自動車排ガス浄化触媒の劣化と対策

堀　正雄*

3.1 自動車排ガス浄化触媒の概要

　自動車排ガス浄化触媒（自動車触媒）は，大気汚染防止の機運と共に1960年代から研究が進み，1970年代に実用化された。現在ではほぼ全ての内燃機関を動力源とする自動車に搭載されている。現在使用されている自動車触媒の概要を図1に示す[1]。触媒としては，固定床の触媒に排気ガスを接触させて反応させる方式であり，一般的にセラミックやステンレス箔をハニカム状に整形したものに，活性物質（Pt, Pd, Rh などの貴金属やその他の金属）と耐熱性無機酸化物（Al_2O_3 や希土類酸化物など）からなるコーティングを塗布したものが用いられる。この触媒をコンバータ内に装填し，エンジン（内燃機関）の排気管に一個〜数個装着して，排気ガスを浄化する。酸化・還元反応が同時もしくは逐次的に進行するものであり，場合によっては異なる触媒を連結して使用する。排気ガスに含まれる以下の有害物質としては，以下のようなものがある。

① 窒素酸化物（NOx）：主にエンジンの燃焼の熱で生成される気体。有毒であり，また光化学スモッグの元となる。排気に共存する還元物質（HC, CO）や排気中に添加した還元剤で還元して H_2O と N_2 とする。

② 一酸化炭素（CO）：エンジンの燃焼の際に不完全酸化により生成する気体。極めて毒性が高い。排気に共存する酸素で酸化して CO_2 とする。

③ 炭化水素（HC）：エンジンの燃焼の際に不完全酸化により生成する気体。有毒であり，また光化学スモッグの元となる。排気ガスに共存する酸素で酸化して H_2O と CO_2 とする。

④ 微粒子物質（PM）：エンジンの燃焼の際に不完全酸化により生成するスス状物質や，燃料および潤滑油の残渣が集合した，固体状の物質である。排気に共存する酸素で酸化して

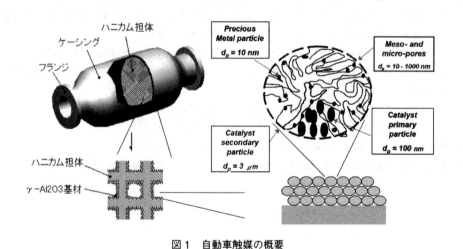

図1　自動車触媒の概要

---

*　Masao Hori　ユミコア日本触媒㈱　技監

第2章 触媒劣化現象

CO_2 とするが，固体成分であるのでガス成分より浄化しにくく，一旦多孔質のフィルターに捕集した，高温で処理して酸化する方法がもっぱら適用される。尚，炭素由来成分以外の微粒子は基本的に触媒で浄化することはできない。

基本的には，排気ガスに含まれる成分だけで反応が完結することが望ましいが，酸化・還元反応それぞれで不足する成分を別途添加する場合がある。また，エンジンでの燃焼で過熱された排ガスの温度で作動することが求められる。

3.2 自動車触媒の劣化モード

自動車触媒は，必ずしも理想的な条件で使用されないこと，様々な反応物質が触媒に流入してくることから，その劣化挙動は複雑である。

図2は一般的な自動車触媒の活性の温度に対する浄化特性と，それぞれのステップでの速度支配因子を示す[2]。HCやCOは酸化反応であり，温度が上昇すると共に浄化率も上昇する。NOxは，条件次第では温度が上がりすぎると浄化率が低下する場合もあるが，いずれの成分に対しても使用温度内で十分な浄化率を示すよう設計される。低温領域での反応の立ち上がりは反応速度律速であり，活性点での反応速度と活性点の数に依存する。温度が上昇し，ある程度活性点での速度が確保されたら，次は活性点と反応物質が接触できるかどうかが速度を決める因子となる。自動車触媒では高表面積を持った無機酸化物に，貴金属をはじめとした活性物質を分散担持したものを用いることが多い。この場合，酸化物の細孔や粒子間の空隙に活性物質が存在することになる。ここに反応物質が到達することが必要になるため，触媒層における内部拡散が律速になると言える。更に温度が上がり，反応も内部拡散も十分に速くなった場合，そもそも触媒層に反応物質が接触できるかどうか，すなわち外部拡散が律速となる。

初期において十分な機能を果たしていた触媒が不全になるということは，各ステップに対する阻害が発生したと考えるべきである。図3は，劣化触媒で見られる挙動をモデル的に示したものである。

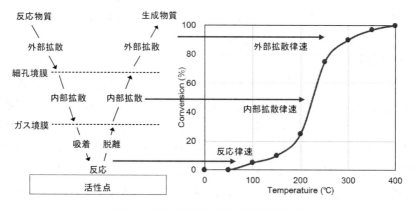

図2 自動車触媒における反応のステップ

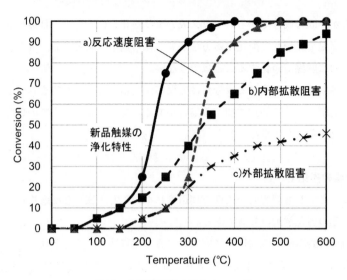

図3　自動車触媒の劣化のモード

a) 反応速度阻害
　　反応速度が低下することにより，反応開始温度が高温にシフトする。活性点の数が減少したり，活性点の特性が変化したりした場合，この挙動を示す。
b) 内部拡散阻害
　　触媒層の内部での反応物質や生成物質の拡散が阻害を受けることにより，反応率の上昇が緩慢になる。細孔が閉塞した場合や，触媒成分の変化により反応・生成物質を過剰に吸着してしまった場合，この挙動を示す。
c) 外部拡散阻害
　　触媒層に反応物質が到達できないまま排出された場合，温度が上昇しても反応が完遂しないような挙動となる。活性点の数が極端に減少した場合や，触媒層を何かが被覆して反応物質との接触が阻害された場合に，このような挙動を示す。

3.3　各種劣化の実態と対策

　実際の劣化挙動は様々な事象が複合的に発現する。劣化要因としては①熱，②被毒・汚染，③物理的破壊が上げられるが，それによって様々な変化が複合的に引き起こされる。以下，それぞれの要因による具体的な劣化現象を列挙し，また基本的な対策を紹介するが，具体的な手法については別稿で解説されるので，ここでは割愛する。

3.3.1　熱による劣化

　自動車触媒はエンジンからの高温の排気ガスに晒されるため，熱劣化はもっとも重要な劣化原因である。エンジン始動直後の低温条件から作動させるため，触媒をエンジンのすぐ近傍に配置することが多いが，エンジンが高速回転・高負荷で運転されると排気ガスの温度は上昇し，触媒にダメージを与える。排気自体の熱だけでなく，反応熱も加わって触媒層の温度は更に上昇する。また，自動車が加速・減速するに伴い，更に温度変動が触媒上で起こる。ガソリンエンジンでもっとも過酷な条件と言われているのは，高速で走行していた後にアクセルを放した時で，高濃度のHC, COと酸素が触媒上で反応した結果触媒床が1,000℃を越えることもある。

第2章 触媒劣化現象

またディーゼルエンジンにおいては，低温で触媒上に付着したHCやPMがある条件で一気に着火することにより触媒床の温度が上昇し，ダメージを与えることもある。

熱による劣化は基本的に不可逆であり，アレニウス則に従う。熱による劣化現象の例を以下に列挙する。

① 活性成分の凝集

自動車触媒の代表的な活性種である貴金属は，数nm～数十nmの微粒子としてアルミナなどの高表面積無機酸化物に分散担持されて用いられているが，高温に晒されると凝集して数十倍の大きさに成長してしまう（図4）。また，非貴金属系の活性種を用いている場合は，酸化物として粒子成長を起こす場合が多い。このとき，反応ガスが接触できる貴金属表面の面積の減少や表面構造の変化により，活性点が減少する。劣化モードとしては反応速度阻害が起こり，低温の活性が低下することが多い。

これを防ぐためには，貴金属粒子と酸化物担体との相互作用を強めて移動を抑制する，粒子間に隔壁を設ける，添加物や合金化などにより微粒子自体の安定性を増す，などの対策が検討されてきた。しかし活性を維持しつつ耐久性を高めることは容易ではなく，更に様々な方法が検討されている。

② 活性成分の昇華

例えばV（バナジウム）系触媒は，ボイラーなどの固定発生源からのNOxに対するアンモニア脱硝触媒として広く使われている。自動車に用いた場合は運転条件によってはVの耐熱限界を超えた高温に晒される可能性がある。高温でVが昇華した場合，活性物質が減少することによる反応速度阻害が起こるだけでなく，重金属が大気中に排出されること自体も問題となる。対策としては，一定以上の温度に晒されないように制御することしかない。

③ 細孔の閉塞，表面積の低下

自動車触媒の活性成分を保持する無機酸化物が，熱により収斂し表面積が低下する過程で，酸化物粒子の細孔や酸化物粒子間の空隙が閉塞していくことがある。これにより活性点までの物質輸送が阻害された場合，内部拡散阻害により性能が低下する。また，酸化物が収斂する過程で活

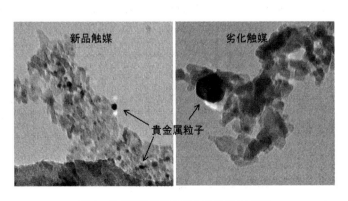

図4　触媒劣化前後の貴金属のTEM画像

性種を埋没させたり，活性種の凝集を促進してしまうこともある。材料の改良が進められている。

④ 触媒成分の相変化，分離，化合，構造破壊

自動車触媒には様々な無機酸化物が使われるが，熱による相変化で機能が低下してしまう物がある。例えば，ガソリンエンジン用の自動車触媒には，雰囲気の変動を緩和し酸化・還元反応の効率を向上させるため，酸素吸蔵（OSC）剤を助触媒として含有している。一般的な OSC 剤はセリウム・ジルコニウム複合酸化物であるが，熱により結晶構造が変化すると酸素吸蔵能力が低下してしまう。また，条件によっては複合酸化物の形態を維持できずに，セリウム酸化物がジルコニウム酸化物と分離し析出してしまうこともある。この場合でも酸素吸蔵能力が低下し，結果として浄化性能が低下する。

活性成分がそれを保持する担体と化合してしまった場合，活性点が消失し反応速度阻害が発生する。例えば，遷移金属を活性種としてアルミナに担持した場合，高温でアルミネート種を形成すると性能が低下する。活性種が貴金属であっても，Rh などは比較的容易にアルミネート種を生成しやすく，高温での性能低下の要因のひとつとなっている。

触媒成分が特定の構造を有しており，それが性能に大きく寄与している場合，熱による構造破壊で性能が低下してしまう。例えば，アルミとケイ素の規則性多孔質酸化物結晶であるゼオライトは，その特殊な構造を利用して，低温始動時の HC の吸着剤やアンモニア SCR 触媒の主成分として自動車触媒にも適用される。しかし，特に水分が共存する条件で高温に晒された場合，特有の結晶構造が破壊されてしまい機能を失ってしまう。また，構造の破壊に伴い，構造の中にイオン交換などで保持していた触媒成分が凝集したり，遊離したケイ素などが他の触媒成分に対して触媒毒として作用することもある。

いずれも，材料の耐熱性向上が本質的な対策である。

3.3.2 被毒・付着による劣化

自動車触媒は，排気ガスに含まれる反応物質やそれ以外の様々な物質に晒されるため，様々な被毒や付着による劣化が発生する。物理的な被毒・付着は温度上昇で解除できるものもあるが，化学的に触媒成分と結合した場合は再生が困難な場合が多い。また，低温では物理的に付着していても，温度上昇に伴い触媒成分と化合物を形成して不可逆的に劣化してしまう場合もある。

① 反応物質による被毒

排ガス浄化反応は，PM 以外は気体の反応物質が固体の触媒表面上で反応するものであり，触媒活性種は反応物質を吸着する特性を何がしか持っている。しかしそれが過剰に働くと，反応を阻害する結果となる。NOx や HC は特に吸着力が強く，活性点に強く吸着しすぎて反応を阻害することがある。また，貴金属は低温で CO を吸着する特性があり，低温で強く吸着した CO が反応開始を阻害することがある。これらは特に低温条件で見られ，反応サイクルが回りだすと解除されるが，低温での反応開始を遅らせる要因となる。

HC は燃料の燃え残りや排気に混入してきた潤滑油に由来するものであり，高沸点のものは活性点だけでなく触媒全体に付着することがある。特にディーゼルエンジンでは，使用する燃料で

第2章 触媒劣化現象

ある軽油がガソリンと比較して重質な炭化水素類を含む上に，潤滑油の排気への混入も起こりやすく，また排気温度が比較的低温であるため，触媒にHCが付着しやすい。この場合，活性点に吸着するだけでなく触媒の細孔を閉塞させ，更には触媒表層をカバーして排ガスが触媒層に到達できない状況が生じることがある。またPMが触媒表面に堆積してしまうことがある。これらの場合は内部拡散・外部拡散とも阻害される。温度が上昇すれば付着したHCやPMが脱離したり燃焼したりして解除されるが，大量のHCやPMが一気に燃焼して触媒を熱劣化させてしまう事もある。

② 酸素

酸素も反応物質のひとつと考えられるが，HC，CO，NOxと異なるのは，エンジンが動いていなくても触媒が晒される可能性があるところである。特にガソリン車用の触媒でNOx浄化に特効的に効果のあるRhは，常温で空気中の酸素を吸着して酸化物の皮膜を表面に形成することがある。駐車からのエンジンスタートや，最近ではアイドリングストップからの発車など，触媒が空気に晒された後に排ガスが流入してきた場合，Rhがうまく機能せずにNOx排出量が増えてしまうことがある。可逆的な劣化ではあるが，活性種が活性な金属種から不活性な酸化物種に変化しているとも言える。対策としては，Rhの還元速度を上げるなどの工夫も必要だが，実用的にはエンジン始動時に排気がやや還元雰囲気になる様にエンジンを制御するなどの方法が取られている。

③ その他の不純物

排気ガスの中には，燃料や潤滑油の添加物や不純物に由来する様々な物質が，触媒劣化の要因となる。

S（硫黄）分は特に，触媒活性種に対して触媒毒として作用する効果が大きい。また，NOxが吸着するところをより強い吸着力でブロックしてしまう。更に，硫酸ミストのような形態で触媒表面に付着して細孔閉塞を引き起こす。場合によっては触媒成分と結合して硫酸塩化させ，化学的なダメージだけでなくコート層の剥離の原因ともなる。

P（リン）分は主に潤滑油に含まれており，Sと同様の劣化を引き起こすが，特に深刻なのは図5の様に触媒の表層を被覆して外部拡散阻害を引き起こすことである（図5）。この被覆は熱によってガラス状の形態になり，より深刻な劣化を引き起こす。また，ディーゼルエンジンではPは同じく潤滑油に含まれるZnやCaなどと結合して固体粒子を形成し，PMの一部として触媒に流入する。これは，PM中の有機成分と異なり，燃焼で浄化することができない。触媒上に堆積した場合はアッシュ（灰分）と呼ばれ，外部拡散阻害を起こす要因となるだけでなく，特にPMフィルターでは排圧上昇の原因となる。

これらの劣化への対策は，本質的には発生源対策しかない。鉛は以前アンチノック剤の成分としてガソリンに添加されていたことがあったが，貴金属と結合して不活性化させてしまう被毒物質として問題となった。鉛自身の毒性も問題になり，現在では鉛は殆ど使われていない。無鉛燃料の普及により，自動車触媒が広く使われるようになったのである。

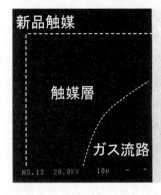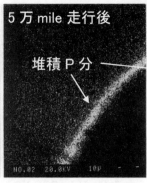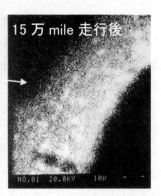

図5　触媒層へのPの付着

また，複数の触媒の成分が混在することによって性能が低下することがある。例えば，尿素SCR触媒に上流の酸化触媒の貴金属が何らかの理由で付着すると，貴金属が還元剤を酸化消費してしまい，NOx還元がうまく行われない。これも広義の意味で被毒といえる。

3.3.3 物理的破壊

自動車触媒は車載されるため，振動や衝撃など様々な物理ストレスに晒される。実使用条件で機能を保持するためには，物理的なタフネスさも重要である。

① 触媒成分の剥離

振動や温度変化による膨張・収縮で触媒コートがハニカム担体から剥離すると，触媒成分の現象で性能が低下するだけでなく，触媒成分による二次emissionも問題となる。設計段階で十分な強度を持ったコート層とコート方法を適用すると同時に，触媒のコンバータへの充填や車体への装着の工夫で回避する方法が検討されている。

② デブリによるエロージョン（磨耗）や堆積

自動車触媒に流入する成分は基本的にPMとガスであるが，場合により固形分（デブリ）が飛来することがある。吸気に含まれた砂やエンジン内部の金属の剥落物，サビなどが飛来した場合，触媒成分を削り取ったり触媒上に堆積してしまうと，触媒活性点の減少や拡散阻害を引き起こす。これらは触媒ではいかんともしがたく，発生源対策をお願いするしかない。

③ 担体の破損

触媒コートを保持する担体も，使用条件に対して十分なタフネスを持つよう設計されているが，振動や熱で割れたり溶損したりすることがある。これに伴い触媒コートの消失や外部拡散阻害を生じ，性能が低下する。多くはイレギュラーな運転条件によるものが多いが，それらの事象を設計に反映し，よりタフネスを向上させる検討が続けられている。

最後に，表1に自動車触媒における代表的な劣化要因とそれに伴う劣化挙動をまとめる。全ての劣化に対して対策を講じるのは大変であるが，自動車会社と触媒メーカーが協力して改良が続けられている。

第2章　触媒劣化現象

表1　自動車触媒の劣化要因とそれによる結果

要因（↓）と結果（→）	a) 反応速度阻害	b) 内部拡散阻害	c) 外部拡散阻害
①熱	活性点の減少・消失	表面積の低下，細孔の閉塞	マクロ細孔の閉塞
②被毒・付着	不活性状態へ変化	細孔閉塞	表面被覆
③物理的破壊	活性物質の剥落，層構造の変化	細孔閉塞	ガス流路の閉塞

文　　献

1) E. S. J. Lox & B. H. Engler with S. T. Gulati, "Environmental Catalysis-Mobile Source", p38, Wiley-VCH (1999)
2) R. M. Heck & R. J. Farrauto, "Catalytic Air Pollution Control-Commercial Technology, 3rd Edition", p83, Wiley-VCH (2009)

4 水素化脱硫触媒とその劣化

久保田岳志[*1], 関　浩幸[*2]

4.1 緒言

石油中には炭素と水素の他に，硫黄，窒素，酸素，金属といった成分が微量に含まれている。これらの成分は燃料として用いた場合の有害な気体の生成や，後段の化学プロセスにおける被毒を引き起こすため，各留分へ分離された後に除去する必要がある。水素化精製（Hydrotreatment）処理は，原料油中に含まれるこれら有害物質を水素の存在下で触媒によって処理し，除去するためのプロセスである。このプロセスにおいては，原料油に対して水素化脱硫（Hydrodesulfurization；HDS），水素化脱窒素（Hydrodenitrization；HDN），水素化脱メタル（Hydrodemetallization；HDM）等の反応が進行する。

軽油の水素化精製触媒としてアルミナをベースとした担体にMo（またはW）とCo（またはNi）とを担持したCoMo（またはNiMo）系触媒が商業装置で広く用いられている。この触媒系の特徴である助触媒のCo, NiとMo, Wの間に現れる複合効果の発現機構について，近年の分析手法の発達により，多くのことが明らかになりつつある。

本節では，特に金属硫化物触媒のHDS反応における脱硫活性点の性質とその構造に関して近年の研究を解説する。また，活性点構造の変化に関連する劣化要因についても紹介する。

4.2　Co-Mo系脱硫触媒とその活性構造

工業的には，HDS処理においてMoまたはWを主成分とし，CoまたはNiを助触媒として添加したアルミナ担持複合硫化物系触媒が主に用いられている。この触媒系の特徴は，主成分と助触媒との間に非常に大きな複合効果が現れることである。Topsøeらによる^{57}Co Mössbauer発光スペクトルを用いた研究から，"Co-Mo-S phase"と名付けられた化学種がHDS反応における触媒活性点であることが提唱され，CoとMoの複合効果の理由として現在，広く受け入れられている[1]。また，Niを助触媒とした場合にも同様の活性構造の形成が認められている。さらに，触媒を高温で硫化した場合や，活性炭などのMoS$_2$と相互作用の低い担体を用いた場合，Co-Mo-S当たりの活性がより高くなることが見いだされており，この高い活性を有するCo-Mo-Sを"Co-Mo-S TypeⅡ"，低活性なCo-Mo-Sを"Co-Mo-S TypeⅠ"と呼び，区別している[1]。

Co-Mo系の硫化物触媒においては，Moは層状化合物であるMoS$_2$の微粒子として存在しており，NO吸着の実験結果からCo-Mo-Sの構造として助触媒のCoやNiがMoS$_2$のエッジサイトに配位したモデルが提案され，EXAFSによるNi-Mo系触媒の局所構造解析によってその妥当性が確認された[1]。近年，走査トンネル顕微鏡（STM）を用いた研究により，Au（111）基盤上に形成されたMoS$_2$ナノクラスターの粒子形状と原子配列が直接観察され，脱硫触媒の研究が大

[*1] Takeshi Kubota　島根大学　総合理工学研究科　准教授
[*2] Hiroyuki Seki　JXTGエネルギー㈱　中央技術研究所　フェロー

第 2 章　触媒劣化現象

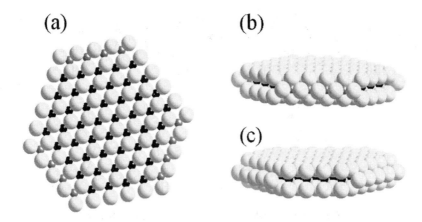

図1　Co-Mo-S の構造モデル
(a) (0001)方向から見た MoS_2 粒子の原子配列，最上面に安定な硫黄面が存在している．(b) (10$\bar{1}$0)方向から見た MoS_2 エッジ，(c) ($\bar{1}$010)方向から見た Co-Mo-S 構造，S：白，Mo：黒，Co：灰色

きく進展した[2~5]．図1に Co-Mo 硫化物ナノクラスターの構造モデルを示す[2,3]．六角形の MoS_2 クラスターに存在する2種類のエッジサイト（S-edge：($\bar{1}$010)面，Mo-edge：(10$\bar{1}$0)面）のうち，S-edge の Mo 原子が Co と置換した構造を形成することが，DFT 計算の結果と合わせて明らかにされた．また，Ni-Mo 系についても Ni が MoS_2 のナノクラスターのエッジサイトに配位した構造が報告されている[4]．このような六角形の MoS_2 クラスターは，環状暗視野走査型透過電子顕微鏡（HAADF-STEM）を用いた研究によって粉末のグラファイト上に MoS_2 や WS_2 を担持した試料においても観察されており[6]，工業的に用いられている担持触媒系においても同様の活性点構造が形成されていることが確認されている．

ジベンゾチオフェンなどの有機硫黄化合物の水素化脱硫では，硫黄原子が直接除去されるルート（直接脱硫経路）と芳香環が水素化されてから逐次的に硫黄原子が除去されるルート（水素化経路）の2種類の反応ルートで反応することが知られている（図2）．置換基のないジベンゾチオフェンなどでは主に直接脱硫経路で反応が進行する．一方，4,6-ジメチルジベンゾチオフェンなどの分子では，硫黄原子周囲の立体障害が大きいために反応性が低く，直接脱硫経路の速度は小さくなる．そのため，芳香環の水素化によって立体障害が緩和される水素化経路が重要となる．STM を用いた研究では，MoS_2 ナノクラスターにジベンゾチオフェンを導入した場合は Co や Mo の配位不飽和サイトに吸着する一方で，4,6-ジメチルジベンゾチオフェンでは Brim サイトと呼ばれる外周の硫黄原子から一原子分内側の位置に吸着することを明らかにし[5]，脱硫反応における直接脱硫経路と水素化経路に対応する活性サイトの帰属について興味深い結果を与えた．

このような研究から Co-Mo-S 構造の具体的な構造モデルが提示されたことで，理論計算による研究も大きく進展した．密度汎関数法を用いた理論計算からは，チオフェンの水素化脱硫反応における最終ステップとなる H_2S の脱離とそれに伴う金属の配位不飽和サイト再生の活性化エ

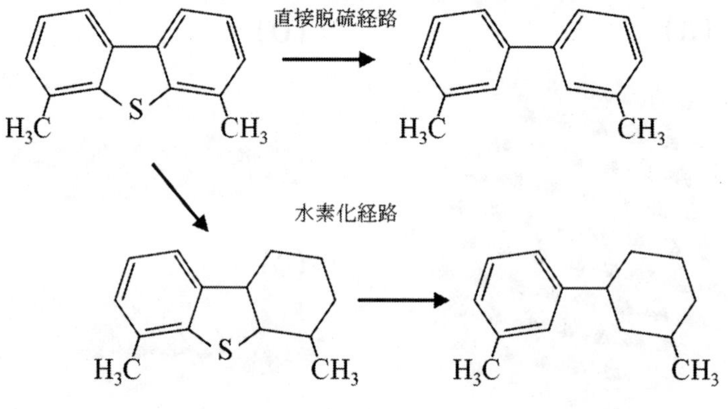

図2 4,6-ジメチルジベンゾチオフェンの水素化脱硫反応における直接脱硫経路（上）と水素化経路（下）

ネルギーが低くなることが示され，これがCo-Mo-Sの形成により脱硫活性が向上する理由であると結論されている[7]。

一方，Co-Mo-S Type I と Type II の構造的な違いについてMoS$_2$の積層成長[8]やMo-O-Al結合を介したMoS$_2$と担体アルミナ間の相互作用の有無[9]がHDS活性の違いの原因だとする報告があるが，いまだ明確ではない。

4.3 脱硫触媒の活性構造形成過程と高活性化

多くの場合，商業的に用いられるCo-Mo系脱硫触媒は焼成または乾燥状態で供され，反応塔に充填した後でジメチルジスルフィド等の硫化剤を添加した原料油を水素とともに流通させて硫化処理し，活性化される。この硫化過程は，活性相であるCo-Mo-S形成において非常に重要である。

in-situ XAFSの手法を用いてCo-W，Ni-WおよびCo-Mo触媒の硫化過程における金属の硫化速度を調べた研究では，硫化処理前は，主触媒金属がWO$_3$またはMoO$_3$の状態で存在するが，硫化温度の上昇と共に，安定硫化物であるWS$_2$およびMoS$_2$へと変化していくことが示された[10,11]。助触媒であるCoとNiは室温付近から硫化が始まり，温度の上昇と共に急速に硫化物へと変化していき，MoもCoやNiとほぼ同程度の温度で硫化が進行する。しかしWはより高温でなければ硫化されないことから，Co-W系触媒では，Coが活性相であるCo-W-Sを形成する前に安定なCo$_9$S$_8$粒子を形成してしまい，効果的に活性相を形成することができないことが示唆された[11]（図3）。

実際，Co-W系触媒は，主触媒と助触媒の組み合わせの中で唯一低い脱硫活性を示し，工業的にも用いられていないが，この活性相の形成効率の悪さが低HDS活性の原因だと考えられる。このように通常のCo-Mo系硫化物触媒においてCo-Mo-S活性構造を効率よく形成するには，硫化前処理過程において，ベースとなるMoS$_2$またはWS$_2$を，CoやNiが硫化されるよりも早

第 2 章　触媒劣化現象

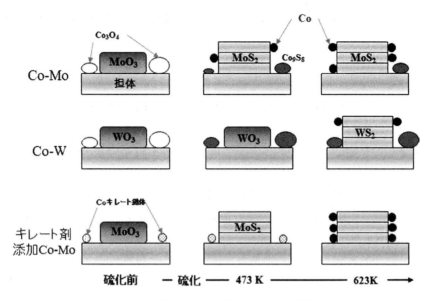

図 3　Co-Mo および Co-W 触媒の硫化処理過程における金属種の状態変化のモデル図

く形成させることが重要であることが理解できる。

　クエン酸やニトリロ三酢酸等のキレート剤は，脱硫触媒の活性を向上させる添加剤として知られているが，キレート化合物を調製段階で触媒に添加することで Co や Ni が安定な錯体を形成し，MoS_2 粒子形成前での硫化物粒子の生成を抑制する効果があることが，XPS や in-situ XAFS による研究で明らかになっている[10,12]。その結果，MoS_2 や WS_2 エッジサイトにおいて Co-Mo-S 等の活性構造が効率的に形成され，高い脱硫活性を発揮すると考えられる（図 3）。

　Co-Mo-S Type I と Type II の観点からは，キレート剤添加により，Type II の量が増加することが報告されているが，これは，金属とキレート剤との錯形成によって金属-担体間の相互作用が弱まるためと説明されている[13]。

4.4　水素化精製触媒の劣化とその要因

　水素化精製（脱硫）処理には大きく分けてガソリンや灯油，軽油といった直留油および分解油に対するものと常圧残油や減圧軽油などの重質油に対するものがある。軽油の水素化脱硫処理の場合，主に水素圧 3〜6 MPa，反応温度 300〜400℃，空間速度 1〜1.5 h^{-1} の範囲の条件で運転される。重質油の場合は，水素圧 5〜25 MPa，反応温度 330〜430℃，空間速度 0.5〜1.5 h^{-1} とより厳しい運転条件が必要となる。

　これらの処理において用いられる水素化精製触媒は運転時間の経過に伴い活性が劣化していくが，その要因として主に次のものが挙げられる。

　①コーク生成による活性サイトの被覆，②活性金属硫化物のシンタリングおよび活性サイト構

造の構造変化，③塩基性有機化合物による活性サイトの被毒，④石油中に含まれる金属の触媒表面への堆積

①のコーク生成は最も大きな活性低下の原因であり，原料油が重質になるほどコーク前駆体である多環芳香族が増えるので、劣化が進行しやすくなる。また，石油中に含まれるNiやVといった金属はポルフィリン錯体の形で存在しており[14]，④は重質油の脱硫において特に問題となる。

ここでは①，④の劣化要因については他稿に譲り，触媒活性点が直接関わる②，③について以下で解説する。

4.4.1 活性金属硫化物の凝集および活性サイト構造の変化

水素化脱硫触媒の活性点となるMoS_2微粒子およびそのエッジサイトに形成されるCo-Mo-Sは，高温高圧の反応条件下で金属硫化物粒子のシンタリングの進行により活性低下を引き起こす可能性がある。Mo K端 EXAFSの結果からは，アルミナ担持Co-MoおよびNi-Mo触媒を5.1 MPaの高圧のH_2S/H_2雰囲気下673 Kで硫化した場合，常圧での硫化に比べてMoS_2粒子の成長はほとんど生じないことが報告されている[15]。また，高圧硫化ではCo(Ni)-Mo-S上の配位不飽和サイトの割合が増加することがプローブ分子吸着の結果から示され，高圧下での選択的な活性サイト形成が示唆された[15]。$Co(CO)_3NO$を用いたCVD法によって調製したアルミナ担持Co-Mo触媒のチオフェン水素化脱硫反応の結果からは，MoS_2粒子にCoを添加した後のH_2S/H_2雰囲気下での硫化処理を673 K以上の高温で行うことにより，担体に依存して30〜50%活性が低下することが報告されている[16]。さらに，高温で硫化した触媒に再度CVD処理を行ってCoを添加すると活性が一部回復した。これは，形成されたCo-Mo-S構造の一部が熱によって破壊されてMoS_2エッジからCoが遊離し，不活性なCo_9S_8を形成するためであると結論された。

一方，実際の直留軽油の水素化脱硫処理に用いられた使用済みNiMoP/Al_2O_3触媒を構造解析した研究では，使用後の触媒ではMoS_2粒子の面内方向の成長はわずかであり，積層していたMoS_2スラブの一部が剥離して単層のMoS_2粒子の割合が増加していることが報告されている[17]。さらに，Niの局所構造解析からは，使用済み触媒のNi-Mo-S構造の割合はほぼ変化せず，安定に存在していることが示された。また，種々の運転条件で使用された使用済みCo-Mo/Al_2O_3触媒を比較した研究では，液相反応中で使用された触媒は，H_2S/H_2雰囲気で気相硫化処理したものに比べて単層のMoS_2粒子の割合が多く，運転条件が厳しくなるに従ってCo硫化物の凝集とMoS_2粒子のシンタリングが進行すると報告されている[18]。

以上のように，Co-Mo系硫化物触媒の活性構造であるMoS_2粒子およびCo-Mo-Sの構造は，処理条件・運転条件によって大きく変化することがわかる。実際の商業運転で用いられる触媒の経時変化に伴う構造変化と活性劣化の関係を議論するためには，可能な限り実条件に近い状態で分析を行う必要があると考えられる。

4.4.2 塩基性有機化合物による活性サイトの被毒

4,6-ジメチルジベンゾチオフェンなどの硫黄原子周囲の立体障害の大きな分子を脱硫するため

には，水素化経路の強化の他に，固体酸の添加によって芳香環の置換基を異性化し，立体障害を取り除く考え方も試みられている[19]。

　石油中には有機硫黄化合物と同様に有機窒素化合物も存在しており，担体上のブレンステッド酸点に吸着することで触媒機能の低下を引き起こす。さらに担体上に吸着した塩基性窒素化合物はコーク形成の原因ともなる[20]。近年のSTMによる研究では，ピリジンを水素吸着させたMoS$_2$ナノクラスターに導入すると，MoS$_2$のBrimサイトにピリジニウムイオンとして吸着することが報告されている[21]。この結果は，塩基性窒素化合物が担体上の酸点のみならず，活性サイトであるMoS$_2$エッジサイトやCo-Mo-Sに対する被毒物質として働くことを示している。これら窒素化合物による活性サイトの被毒や担体上でのコーク形成を抑制するには，HDSだけでなく触媒の高いHDN活性も必要となる。

4.5　おわりに

　Co-Mo系の硫化物触媒の構造と劣化要因について近年の研究例を中心に紹介した。各種分光法や顕微鏡を用いた分析手法の発展によって，硫化物脱硫触媒の活性点構造はかなり詳細に明らかとなっている。しかし，触媒劣化を引き起こす活性点構造の変化については未だ不明の部分が多く，今後，*in-situ*分析による実機で運転された触媒の劣化機構の解明と，それを基にした更なる高活性・高寿命触媒の開発が期待される。

文　　献

1) H. Topsoe, B. S. Clausen, F. E. Massoth, "HYDROTREATING CATALYSIS" in Chap. 3, p29, Springer (1996).
2) J. V. Lauritsen, *et al., J. Catal.*, **197**, 1 (2001)
3) J. V. Lauritsen, *et al., J. Catal.*, **221**, 510 (2004)
4) J. V. Lauritsen, *et al., J. Catal.*, **249**, 220 (2007)
5) A. K. Tuxen, *et al., J. Catal.*, **295**, 146 (2012)
6) M. Brorson, *et al., Catal. Today*, **123**, 31 (2007)
7) P. G. Moses, *et al., J. Catal.*, **268**, 201 (2009)
8) S. Bouwens, *et al., J. Catal.*, **146**, 375 (1994)
9) Y. Okamoto, *et al., J. Catal.*, **265**, 216 (2009)
10) T. Kubota, *et al., Phys. Chem. Chem. Phys.*, **5**, 4510 (2003)
11) T. Kubota, *et al., Appl. Catal. A*, **480**, 10 (2014)
12) G. Kishan, *et al., J. Catal.*, **196**, 180 (2000)
13) J. A. R. van Veen, *et al., J. Catal.*, **133**, 112 (1992)
14) A. M. McKenna, *et al., Energy & Fuels*, **23**, 2122 (2009)

15) M. Yamada, *et al., Catal. Today*, **50**, 3 (1999)
16) Usman, *et al. Ind. Eng. Chem. Res.*, **45**, 3537 (2006)
17) Y. Hamabe, *et al., J. Synchrotron Rad.*, **17**, 530 (2010)
18) S. Eijsbouts, *et al., Ind. Eng. Chem. Res.*, **46**, 3945 (2007)
19) T. Fujikawa, *et al., Catal. Today*, **111**, 188 (2006)
20) D. Dong, *et al., Catal. Today*, **37**, 267 (1997)
21) B. Temel, *et al., J. Catal.*, **271**, 280 (2010)

5 FCC触媒のコーク生成，金属堆積による劣化と対策

荒川誠治*

5.1 はじめに

　流動接触分解（Fluid Catalytic Cracking; FCC）装置は石油の重質留分からガソリンや灯軽油留分を得るもので，1940年代に実用化され現代の石油精製工業で分解設備の一つとして重要な役割を果たしている。実用化以降FCC装置と触媒の両面の改良が図られ，FCCプロセスとして収率改善がなされている。従来，FCCの原料油としては一般に減圧軽油（Vacuum Gas Oil; VGO）が用いられてきたが，今日では残渣油（AR）を混合して処理したり，100％処理するRFCCプロセスも一般的になった。原料油が重質化してくると原料油中の重金属不純分や残留炭素が多くなり触媒劣化につながるため，使用されるFCC触媒にも耐メタル性や耐水熱性が要求される。

　ここではFCC触媒のコーク生成，金属堆積による劣化要因を挙げ，それらの対策について述べる。

5.2 FCC触媒の劣化要因

　FCC装置は原料油と触媒の接触により原料油の分解を行う反応塔（ライザー）と，分解反応により触媒上に析出したコークの燃焼除去を行う再生塔から構成される循環流動床である。FCC触媒は固体酸を有する微小球状粒子（平均粒径70μm程度）であり，主要活性成分のゼオライトおよびゼオライトを分散保持するマトリックス（ゼオライト以外の部分）から成る。反応において原料油の一部の重質な炭化水素は重合，縮合反応を経て触媒上にコークを生じ，活性を低下させる。反応後の触媒は再生塔に行きコークが燃焼されて触媒の活性は回復し，再び反応塔で使用される。触媒は装置内で反応再生を繰り返して使用されているが，次第に失活してくる。FCC触媒の失活要因は，i)再生塔での水熱劣化，ii)原料油中に含まれる金属化合物の触媒への堆積，iii)原料油中の残留炭素（CCR）や分解反応で生成する炭素の堆積，iv)原料油中の塩基性窒素化合物の触媒への付着によるもの等である。iii)およびiv)について触媒に付着したコーク，窒素化合物は再生塔での燃焼により取り除かれるため再生後触媒活性は回復する。しかしi)およびii)については活性は回復しない不可逆的なものである。つまり反応再生を繰り返すうちに触媒は水熱雰囲気下での暴露，また原料油中の金属化合物の堆積により劣化する。このような触媒劣化による活性低下，さらに摩耗による装置内の触媒飛散のため，毎日装置内に一定量のフレッシュ触媒を供給して触媒活性を保っている。（FCC装置内を循環している触媒は見かけ上活性が一定に保たれた状態にあり，平衡触媒と呼ぶ）。

5.2.1 FCC触媒に要求される機能

　FCC触媒に要求される機能としては安定運転およびパフォーマンスの面から次の様なものが

＊　Seiji Arakawa　日揮触媒化成㈱　R&Dセンター　触媒研究所　触媒研究所長付

あげられる。安定な運転面では流動性および耐摩耗性の良い触媒が安定した循環のために要求される[1]。

一方パフォーマンス面では一般的にはドライガス，コークおよびスラリーオイル（ボトム）収率が低く，ガソリン収率やオクタン価の高い触媒が基本となる。残油処理量が増加すると原料油中の金属化合物（V, Ni, Fe, Na 等の化合物），コーク前駆体（残留炭素，アスファルテン），塩基性窒素等が活性，選択性の低下を招き，これらを抑制するために耐メタル性および耐水熱性の優れた機能を併せ持つ触媒が要求される。

5.2.2 コーク生成による劣化

FCC 反応で生成するコークはその生成機構から以下のように分類されている[2]。

- i) Catalytic Coke
- ii) Cat to Oil Coke
- iii) Contaminant Coke
- iv) Conradson Coke
- v) Nondistillable Coke

Catalytic Coke は分解反応で生成するコーク，Cat to Oil Coke は触媒の細孔に同伴する油分によるコーク，Contaminant Coke は触媒に堆積した重金属により生成するコークでこれらは触媒特性により左右される。Conradson Coke は原料油中の残留炭素によるコークで原料油由来によるものである。Nondistillable Coke はライザー内で気化されないか，熱分解されずに液状のまま触媒に付着して再生塔に持ち込まれるコークである。残油処理 FCC では残留炭素，重金属によるコーク生成量が無視できない。

FCC 反応中に生じるコークは触媒の活性点を覆うため触媒の活性低下が起こり，分解活性が低下する（図1）。しかしながら前述したようにコークによる触媒の劣化は可逆的なもので，再生塔で触媒活性は回復する。FCC 触媒でのコーク生成は FCC 装置の熱バランスをとる上での熱源として必要なものであるが，必要以上のコーク生成は再生塔供給エアーの装置制約や熱バランスで決まる触媒循環量の制約にかかり収益性に影響するため好ましくない。また再生塔温度上昇の原因となり平衡触媒の劣化要因ともなる。このため触媒は耐水熱性とコーク選択性の良い（低い）ものが求められる。

5.2.3 金属堆積による触媒劣化

原油の産地によって原油に含まれる金属量に特徴がある。中東地域から産出される原油にはVが多く，Ni も含まれる。東南アジア地域や中国で産出される原油には Ni が多く含まれ，V は少ない。また FCC 原料油には Na, Ca, Fe 等が多く含まれることがあり，これらは原油の産地に由来したり FCC 装置の上流装置の状況に依存する。

① V, Ni 堆積による触媒劣化

平衡触媒に堆積する V 量は原料油種や触媒使用量によって異なるが，VGO 処理の場合は少なく数十～数百 ppm であるのに対し，残油処理の場合は数千 ppm レベルになる。

第2章 触媒劣化現象

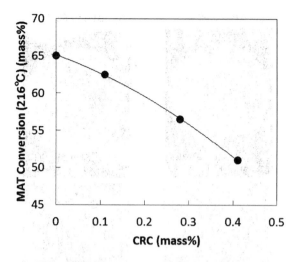

図1 触媒活性に及ぼす平衡触媒カーボンの影響
反応装置：Micro Activity Test unit，原料油：100%DSVGO，反応温度：482℃，Cat/Oil＝3，
FCC触媒：平衡触媒，反応評価時は前処理なし

　FCC原料油中に存在するVは再生塔雰囲気下で低融点の酸化物質となり触媒粒子内部や，粒子間を移動してゼオライト結晶を破壊し，転化率や選択性を悪化させる。再生塔で酸素により触媒上のコークが燃焼する際に，過剰の酸素は再生塔温度の上昇や触媒に堆積しているVの酸化（$V^{3+} \rightarrow V^{5+}$）を促進し，スチームによりバナジン酸（$H_3VO_4$）が形成され，ゼオライトの結晶崩壊を引き起こす。

　Niは融点が高いことから触媒に堆積した後は触媒粒子内を移動しにくく，触媒粒子表面に多く堆積する。Niは脱水素能を有するため接触分解反応においては炭化水素の水素と反応して水素生成を増加させ，水素が脱離した後の炭化水素は炭素の割合が多くなり分解反応でコーク収率を増加させる。この結果，分解反応で液収率を低下させることになったり，ガスコンプレッサー設備制約や再生塔エアー制約の原因となり運転の柔軟度が下がる。

　これらの金属のFCC触媒への影響については当社でも研究報告がなされている[3,4]。

② Fe堆積による劣化

　近年ではFCC触媒に堆積するFeの影響が注目されている。これは原料油の供給事情等によりFe含有量の多い原料油がFCCに通油されることに起因するものであるが，原料油からのFeは触媒粒子表面に多く堆積し突起物生成，嵩密度の低下，ボトム分解能の低下が報告されている[5]。フレッシュ触媒には不純分のFeが通常は3,000 ppm～4,000 ppm程度含まれているがこのFeは影響せず，問題となるのは原料油からのFe堆積（ΔFeと呼ぶ）である。当社の経験上，上記の現象はΔFeで2,000 ppm～3,000 ppmを超えだしたところから性状に変化が現れ始める。図2にFe堆積が多い平衡触媒の粒子表面のSEM像を示した。ボトム分解能低下は触媒表面細孔のFeによる閉塞が原因と考えられる[5,6]。

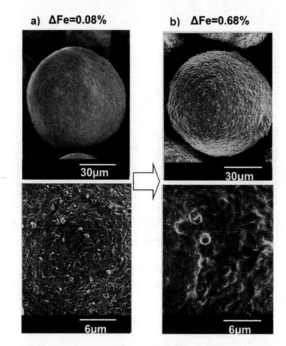

図2 Fe堆積によるFCC平衡触媒粒子表面状態SEM像
a) Fe堆積の少ない平衡触媒, b) Fe堆積が多い平衡触媒

③ アルカリ金属, アルカリ土類金属堆積による劣化

原油はトッパーに入る前にデソルターで脱塩処理が行われNaを低減させているが, 原油種によってFCC原料油のNa量が多くなることがある。平衡触媒のNaはフレッシュ触媒に含まれるNaに加えて, この原料油に含まれるNaも由来する。Naはゼオライトとマトリックスの酸点を被毒して触媒活性を低下させる。これはNaがゼオライトの固体酸点を中和し活性低下を起こすことや, シリカアルミナの焼結を促進させるためと考えられる。またV, Niが堆積した場合の転化率に及ぼすNa堆積の影響について当社の実験結果を図3に示す。Na量が少ない場合もV, Ni堆積の影響で転化率の低下が認められるが, Na堆積量の多い場合には同じV, Ni堆積量でも転化率の低下が大きいことがわかる。これはV_2O_5の融点は690℃であるが, NaはVと低融点化合物を形成しゼオライト結晶崩壊を促進するためと考えられる。

Caも原油によってはFCC原料油に多く含まれる場合があり, Naと同様にFCC触媒のゼオライト固体酸点の被毒による触媒への悪影響が考えられる。

5.3 FCC触媒の劣化対策

5.3.1 コーク劣化対策

5.2.2項で示したコークによる触媒劣化要因で触媒が関与するのはi)～iii)と考えられる。Catalytic Cokeは触媒の酸特性と関係があり, 強酸量を下げることでコーク収率増加を抑えたマ

第2章 触媒劣化現象

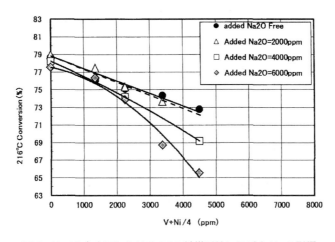

図3 V, Ni 存在下における FCC 触媒活性に及ぼす Na の影響
擬似平衡化条件：780℃-13h-100%H_2O, V/Ni＝0/0～4,000/2,000 ppm
評価装置：ACE unit, 原料油：50%DSAR＋50%DSVGO, 反応温度：520℃, Cat/Oil＝5
FCC 触媒：日揮触媒化成㈱製 FCC 触媒

イルドな分解とすることがコーク生成を抑える上のポイントである。また Cat to Oil Coke を下げるためには触媒内での反応および脱離を短時間で終えることが必要であり、触媒細孔特性の最適化が必要である。さらに Contaminant Coke の抑制も重要で、触媒へのメタルトラップ剤の組み込みが有効であり、次の金属堆積による触媒劣化対策の項で述べる。

5.3.2 金属堆積による触媒劣化対策
① 耐V対策

V 堆積による触媒劣化を抑制する対策として、以前より FCC 触媒に V トラップ剤を組込む方法が検討されており当社でも商品化されている[7,8]。V トラップ剤の開発にあたっては i) V と親和性が強いこと、ii) 塩基性の弱い材料であること、iii) トラップ剤が触媒粒子中に高分散していることが挙げられる。i) は V と強く結合してゼオライトの結晶を防ぐため、ii) は塩基性が強いとそれ自身で固体酸点を弱めてしまい分解活性が低下するため、iii) は V と接触効率を高めるためである。

バナジウム酸化物は再生塔雰囲気で触媒粒子内を移動しやすく、触媒粒子間も移動すると考えられるため、V トラップの機能を有した Additive 粒子を添加する方法もある[9]。図4に V トラップアディティブ（MTR）を 5％混合した FCC 触媒の耐メタル性試験結果を FCC 触媒単独の場合と比較して示す。V が触媒上に存在しない場合、5％の MTR 混合に由来する FCC 触媒の減量から、Conversion は MTR 混合の方が FCC 触媒単独の場合よりも低い。しかし、触媒上の V 量が増えるにつれ MTR の効果が現れ、約 6,000 ppm の V＋Ni 量では FCC 触媒単独使用に比べて約 6％ もの Conversion 低下が抑えられた。したがって、実装置においても V 含有量の多い原料油に対しても充分な添加効果が期待できると考える。

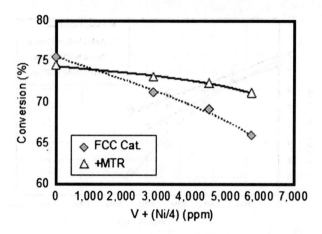

図4 Vトラップアディティブ（MTR）によるFCC活性低下抑制効果
擬似平衡化条件：780℃-13h-100%H$_2$O, V/Ni＝0/0〜5,000/3,000 ppm
評価装置：ACE unit, 原料油：50%DSAR＋50%DSVGO, 反応温度：520℃, Cat/Oil＝5
FCC触媒：日揮触媒化成㈱製 FCC触媒, MTR 添加量：5% on FCC catalyst

② 耐 Ni 対策

　触媒に堆積した Ni の影響を抑制する対策としては一般的には原料油中に Sb（アンチモン）系の金属不導態化剤（メタルパッシベーター）を加えて Ni と複合化合物を形成させ活性を抑制する方法がとられる。通常 Sb/Ni 比は 0.15〜0.3 wt/wt である。Ni は再生塔の水熱雰囲気下で Ni 自身の凝集や触媒中のアルミナとの反応によるニッケルアルミネート生成によって脱水素活性が低下すると考えられる。耐 Ni 対策の触媒としては，i)触媒に堆積したニッケル粒子の凝集を促進させてニッケルの有効表面積を少なくし脱水素能を弱める，ii)ニッケルと反応し易い化合物を触媒中に組み込む，iii)触媒に堆積したニッケルを触媒に閉じ込め炭化水素と接触させない等の方法が考えられる。当社でも耐 Ni 性への触媒改良も行われており，その触媒が開発されている[8]。表1に当社が開発した耐 Ni 剤（CMT-61）を触媒に組み込んだ場合の FCC 反応結果を示す。CMT-61 は耐 Ni 性に加えてボトム分解性も有する物質であり，CMT-61 を添加した触媒では一定転化率において水素，コーク収率が低下しているのに加え，HCO 収率の低減，ガソリン収率向上の結果を示している。

③ 耐 Fe 対策

　Fe の高い原料油を処理する場合，5.2.3 の②項で述べた Fe 堆積による触媒への影響を抑えるため，一般的には Fresh 触媒投入量を増加させて堆積 Fe 量を下げることや被毒金属堆積量の少ない平衡触媒を Fresh 触媒と併用投入して堆積 Fe を下げる対策が取られる。Fe は触媒の表面に堆積してしばしば触媒細孔を閉塞するため，触媒からの対策として触媒細孔容積を高めた細孔構造の改良を行なうことが有効的である。当社では細孔分布制御技術（IP 技術）を開発しており，これを適用した耐 Fe 性触媒設計が可能である（図5）。

第 2 章　触媒劣化現象

表 1　耐 Ni 性を有した FCC 触媒での FCC 収率

	FCC Catalyst		FCC触媒 (CMT-61なし)	FCC触媒 (CMT-61あり)
	Cat/Oil at 72% Conv.		6.0	5.0
Yield at 72% Conv.	H2	mass%	0.30	0.20
	C1+C2	mass%	1.8	1.8
	C3+C4	mass%	14.6	13.9
	Gasoline (C5-204℃)	mass%	50.9	52.4
	LCO (204-343℃)	mass%	16.6	17.3
	HCO (343℃+)	mass%	11.4	10.7
	Coke	mass%	4.4	3.7

擬似平衡化条件：Cyclic Metal Deactivation at 810℃, Ni = 3,000 ppm
評価装置：Riser Pilot unit, 原料油：100%DSAR, 反応温度：520℃,
FCC 標準触媒：日揮触媒化成㈱製 FCC 触媒

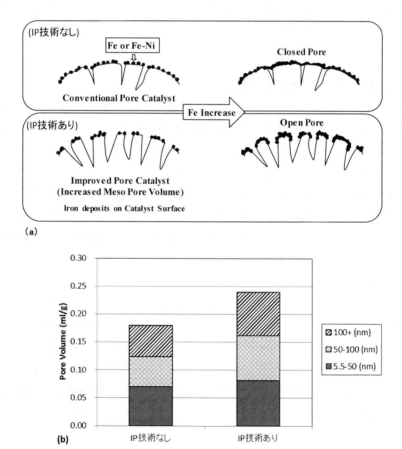

図 5　耐 Fe 触媒のデザインコンセプトと触媒の細孔容積
(a)IP 技術による耐 Fe 触媒デザインコンセプト, (b)FCC 触媒細孔容積

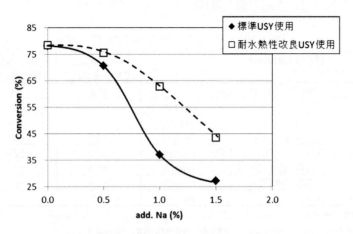

図6　USY 種の違いによる耐 Na 性効果
擬似平衡化条件：810℃-13h-100%H$_2$O, Na 担持量：0, 0.5, 1.0, 1.5%
評価装置：ACE unit, 原料油：50%DSAR＋50%DSVGO, 反応温度：520℃, Cat/Oil＝5
FCC 触媒：日揮触媒化成㈱製 FCC 触媒

④　耐アルカリ，アルカリ土類元素対策

　Na 対策としては Na 量の少ないゼオライトを使用した触媒の使用，また結晶性が高く耐水熱性の高いゼオライトの使用が有効と考える。図6に異なる USY ゼオライトを使用して調製した FCC 触媒の耐 Na 性を評価した結果を示す。耐水熱性を改良した USY はゼオライトの Si/Al 比を高めて調製したものであるが，Na 堆積に対して高い耐性を示していることがわかる。Ca も Na 同様塩基性の高い元素であるため，触媒の固体酸を中和して触媒活性に影響すると考えられるが，耐水熱性の高い USY の使用は有効であると考えられる。また Ca は触媒粒子表面に多く堆積することがわかっており，耐 Fe 対策で述べる細孔容積の最適化は有効であると考える。

5.4　まとめ

　本稿では FCC 触媒のコーク生成，金属堆積による劣化と対策について述べた。残油を処理する FCC 装置では高コーク収率により再生塔温度が高いため，触媒が水熱により劣化しやすく，また処理する原料油中の金属の触媒堆積による劣化も起こりやすい。触媒を構成するゼオライトおよびマトリックス成分を改良していくことで，コーク生成量が少なく，耐メタル耐水熱性を改良した触媒を使用することは触媒の使用量削減につながり，また運転制約を緩和でき最適運転条件で運転することにつながるため，製油所での収率改善につながると考える。

第 2 章　触媒劣化現象

文　　献

1) 荒川誠治, 第 5 回流動層シンポジウム 予稿集, 154 (1999)
2) J. W. Mauleon *et al.*, OGT, Oct. 21 (1985)
3) 増田立男ら, 石油学会誌, **26** (1), 19 (1983)
4) 増田立男ら, 石油学会誌, **26** (5), 344 (1983)
5) 渡部光徳, 触媒化成技術発表会予稿, 東京 (2002)
6) 荒川誠治ら, 石油学会誌, **54** (4), 258 (2011)
7) 堀江隆久, 触媒化成技報, **14**, 29 (1997)
8) 野中誠二郎, 触媒化成技術発表会予稿, 東京 (2002)
9) 城戸直之, 日揮触媒化成技術発表会予稿, 東京 (2009)

第3章　劣化触媒の解析

1　固体触媒のキャラクタリゼーション

室井髙城[*]

1.1　はじめに

　触媒特性を確認するのは，飽くまでも基本は反応試験である。物性で変化が分からなくても，反応に影響があれば，触媒特性は何らかの変化を生じていることになる。ただし，最近の物性試験技術は，触媒特性の微妙な変化をきわめて精度よく解析できるようになった。キャラクタリゼーションによる新触媒と劣化触媒の変化を調べるのは劣化対策にとって重要な手段である。

1.2　物性測定装置

　触媒物性の測定の方法は，触媒によって異なる。懸濁層や流動層で用いられる粉末または微粒子径の触媒と数mmφ以上の成型触媒またはモノリス触媒も測定方法は異なる。それぞれの触媒に適した物性測定法を用いなければならない。固定層触媒では触媒層の入口側と出口側の試料の比較は劣化原因の追究に重要なデータを与える。また試料の採取と前処理には注意しなければならない。可燃性溶剤の付着した触媒は空気中で酸化燃焼する恐れがあるので採取後，空気に接触しないようにしなければならない。特にタールなどの有機物が付着している場合は有機溶媒で洗浄すると再生されてしまうこともある。最初に減圧で乾燥処理をしてから測定することが必要である。工業触媒の物性測定は学術的な表面分析ではないので，迅速で容易に測定される方法が用いられている（表1）。触媒の表面積や細孔の変化はBET表面積測定法，重金属の付着は蛍光X線，シンタリングなどの金属粒子径の変化はCO吸着によるMSA（金属表面積），Cl, P, Sの付着は化学分析で行われる（表1）。

1.3　粒度分布

　懸濁層では触媒の粉化や，ろ過漏れによって触媒が繰り返し使用できなくなることがある。一般的には微粉末触媒ほど活性が高いので，微粉がろ過漏れすれば活性は低下する。粒度分布の変化を調べるにはレーザー回析式粒度分布測定装置が便利である。通常，超音波分散槽が設置されていて，あらかじめ分散をよくしてから測定される。分散液，分散媒，分散時間によって結果が異なることがあるので事前に条件を設定してから測定される。新触媒と劣化触媒とを同一条件で比較し，粒度分布の差を調べる。

---

　　*　Takashiro Muroi　アイシーラボ　代表

第3章　劣化触媒の解析

表1　工業触媒物性測定

測定装置		測定できるもの
粒度分布測定装置		濾過漏れ，粉化
BET 表面積	N₂ Porosity	金属，有機物，重金属の付着，担体の変化
（細孔分布）	Hg Porosity	金属，有機物，重金属の付着，担体の変化
金属表面積（MSA）		金属，有機物，重金属の付着
XRD		シンタリング
蛍光 X 線		重金属の付着
XMA（EPMA）		金属の付着分布
XPS		表面組成の変化
AES		極表面の金属の付着
ESCA		触媒有効成分の価数の変化
NH₃TPD		酸性度の変化
TG		吸着物質の推定
SEM（走査型電子顕微鏡）		粒子サイズ
TEM（透過型電子顕微鏡）		粒子サイズ，分子構造
化学分析		C，Cl，S，P の付着

1.4　機械的強度

粒子の強度は通常，木屋式強度計で測定される。代表の粒子を例えば50個採取し1個ずつ測定器に乗せ上部から圧力を掛け触媒粒子が圧潰された圧力を測定する。最大と最小のデータを除き平均値で表される。単位はkg/粒である。木屋式の欠点は粒子が不揃いや扁平状であると粒子の置く位置によって強度が変わることと，手動だと測定者によって値が変わることがあることである。シリンダー状の容器に20 ml程度の粒子を充填しシリンダーごと圧力を掛けて測定するほうが実際的である。摩耗試験はASTMに記載されている。SUSの容器に触媒を入れ，通常30分間回転させ篩で粉化した量を測定する方法である[1]。

1.5　表面積と細孔分布

BET法が一般的に用いられている。Hg圧入法とN₂圧入法があるが，アルミナなどの表面積が200 m²/g程度のものはHg法，カーボン粉末のように表面積が1,000 m²/g前後のものはN₂圧入法が，精度が高い。いずれも圧入法であるので細孔分布も同時に測定できる。

表面積は，単分子層吸着量をVmとすると SBET = (Vm/22414)・6.02×10²³・σ・10⁻¹⁸ で求められる（σ：窒素の吸着断面積：0.162 nm²）。

細孔分布測定は，主として窒素ガスを用い1 nmから30 nmの細孔分布を測定する。サンプルセルに入れた試料は最初に真空で水分や吸着ガスを取り除いてから液体窒素（77K）で窒素ガスを吸着させる。最初は液体窒素の窒素ガスの飽和蒸気圧（101 kPa，760 mmHg）の0.025倍程度の圧力で窒素ガスを導入する。試料が窒素ガスを吸着すると圧力が減少する。しばらくすると圧力は一定になり，吸着は平衡状態となる。その時点で圧力を測定し窒素ガス吸着量を求める（図1）。

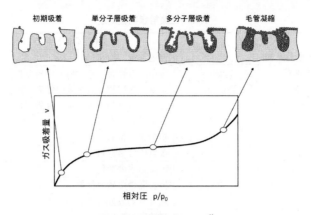

図1 ガス吸着プロセス[2]

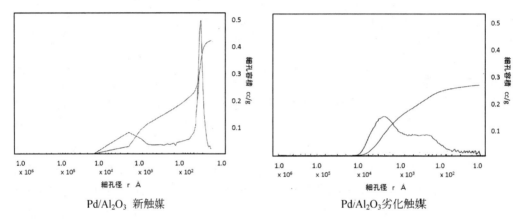

図2 触媒細孔分布の変化

次に導入窒素ガス圧力を飽和蒸気圧まで変えて各圧力における吸着量を求める。通常はPC操作で行われる。得られたデータはPCで孔の形状はすべて円筒形としたBJH法により解析される。比表面積はBET理論を用いて計算される。低圧力では窒素ガスの吸着は小さな細孔に，飽和蒸気圧に近い圧力の窒素ガスの吸着は大きな細孔に対応するので細孔分布が求められる。参考にPd/Al$_2$O$_3$の新触媒とカーボン付着による劣化触媒を示す（図2）。図3に市販の自動化された表面積測定装置を示す。触媒学会の参照触媒部会から測定法がまとめられている[3,4]。

30 nm よりも大きな細孔分布は水銀圧入により行われる。水銀圧入方式では3 nmから100 μmまでの範囲の細孔分布が測定できる。

1.6 金属表面積の測定

金属表面にガスを吸着させることによって有効金属表面積を求めることができる。CO-MSA（Metal Surface Area）とは一酸化炭素を用いて金属表面積を求める方法で，一酸化炭素はPd

第3章　劣化触媒の解析

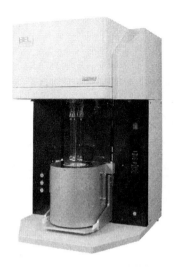

図3　表面積，細孔分布測定装置（高精度ガス／蒸気吸着量測定装置　BELSORP-max Ⅱ）
（マイクロトラック・ベル社提供）

やPt表面に吸着し，担体には吸着しないので，COの吸着量から有効金属表面積を求めることができる。RuやRh，Ni，Coはカルボニルを形成してしまうのでこの方法は用いられない。COではなくH_2を用いて測定される。H_2を用いてMSAを測定する際にはいわゆるスピルオーバー現象による担体へのH_2の吸着も考慮しなければならない。Cuの場合はN_2Oを用いて測定される。MSAの値は平均値であるから金属粒子が大小様々でも平均した値しか得られない。また，シンタリングによって金属表面積が減少しても他の重金属やTar，S，ハロゲンなどが吸着していても同様に金属表面積は減少するので，MSAの値だけで原因を推定することはできない。また，前処理は水素で触媒表面を洗浄するので，微量のSやCOなどの触媒毒は，除去されてしまうことも考慮されなければならない。しかし，このMSAの測定は，触媒表面が何らかの変化を生じていることと，薬液洗浄や焼成処理後，MSAと共に活性が回復している場合は，触媒の付着物が触媒の劣化原因であったと推定することが可能である。シンタリングの場合はMSAも活性値も回復しない。

　CO-MSAの測定方法はまず試料を水素で十分前処理しておき，Heガスをキャリアーガスとし てCOをパルスで触媒層に導入する。入口，出口のCO濃度の差が触媒表面に吸着されたCOの量である。試料の金属量はあらかじめ分かっているので，COの吸着量／金属量からCOの断面を金属の有効面積として求める。担体や触媒によって吸着の状態は異なるが，CuやPtは，CO/M＝1/1，NiやPdはCO/M＝1/2で吸着する。触媒学会から測定法が示されている[5]。図4に市販のガス吸着測定装置を示す。前処理からデータの解析まで自動化された装置が市販されている。

図4　金属表面積測定装置（BELCAT Ⅱ）
（マイクロトラック・ベル社提供）

1.7　蛍光 X 線分析（XRF）

　X線を試料に照射すると元素固有のX線が放出されるので放出されたX線を調べることによって元素分析ができる。空気中で容易に測定でき，ppmオーダーの微量分析もできるので触媒毒の推定に用いられる。試料はあらかじめ粉砕混合してから用いられる。試料全体の分析が可能で微量重金属の増加量を半定量で測定することができる。新触媒と劣化触媒を比較してデータを採取する。比較データであると増加金属がかなり精度良く分析できる。ただし，触媒表面の分析ではないのでSiやSなどのように触媒そのものに含まれている元素も測定されてしまうので回析には注意しなければならない。また，軽元素の測定は不正確で通常Naより重い元素が測定される。

1.8　Electron Probe Microanalyzer（EPMA）

　真空中で電子線を当てると元素特有のX線が発生する。それをX線分光器で分けて波長と強度を測定する。ホウ素からウランまで測定できる。半定量の微量の分析が可能である。断面をスキャンすると線分析ができ縦横にスキャンすると面分析も可能である。Pd/Al_2O_3では微量のFeは触媒毒ではないが微量でもPdの表面に付着していると強い触媒毒となる（図5）。自動車の三元触媒では$Pd-Rh/Al_2O_3$が用いられているが，熱劣化によりNO_x浄化率が低下する原因はRhの埋没現象にあることが分かる（図6）。

1.9　TG（示差熱天秤）

　触媒表面に水分や有機物，カーボン質の付着が生じた場合，空気中または，窒素中でTGを調べることによって触媒の付着成分を推定することができる。徐々に昇温することによって触媒表

第3章　劣化触媒の解析

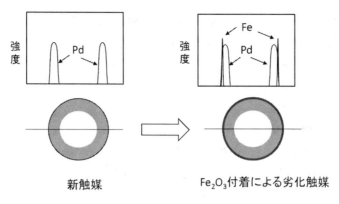

図5　Pd触媒表面に付着したFeの観察

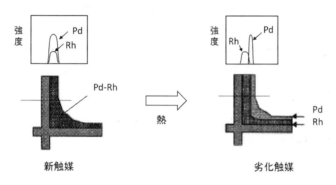

図6　ハニカム担持自動車触媒の熱によるRhの埋没現象

面に付着した成分は蒸発または酸化され重量が変化する。気化した温度や燃焼温度を観測し細孔分布の変化，また，活性は回復したか調べるのである。反応生成物や副反応物または，Tar成分やカーボン質の付着が劣化原因かどうかの推定ができる。

1.10　アンモニアTPD（昇温脱離，Temperature-Programmed Desorption）

SiO_2-Al_2O_3やゼオライト触媒の固体酸の測定にアンモニアTPDが用いられる。固体酸触媒はアミンなどの不純物によって劣化するがアンモニアの吸着状態により調べることができる。触媒学会から測定法がまとめられている[6]。

1.11　AES（オージェ電子分光分析，Auger Electron Spectroscopy）

高真空中で試料にX線を照射すると物質の表面から元素特有のオージェ電子が放出される。これを測定することによって微量分析ができる。触媒の内部で放出されたオージェ電子は途中でエネルギーを失ってしまうので触媒の表面で放出されたオージェ電子のみを調べることができる。XRFでは表面の分析はできないが，AESは試料の極表面の1～10層の元素のみを調べることが

できる。表面に微量付着した元素や触媒の内部から移動してきた他の元素など直接触媒反応に関与する表面の分析が可能である。触媒反応は表面の反応であるためにこれから得られるデータは極めて重要である。合金触媒であっても表面の金属は均一な合金となっていない触媒なども容易に調べられる。

1.12 XPS (X-ray Photoelectron Spectroscopy)

X線を試料の表面に照射すると試料に含まれる原子から電子が放出されてくる。入射X線と放出X線のエネルギーの差を調べると表面元素の電子の結合エネルギーを求めることができる。表面元素の結合エネルギーが調べられるので、触媒毒や他の原因で変化した微妙な触媒金属の原子の配位状態を測定できる。元素によって異なる放出電子を測定するので超真空下でしか測定できない。X線のエネルギーは弱いので高感度ではないが、表面の元素分析も可能である。

1.13 X線解析 (XRD：X-Ray Diffraction)

X線は結晶に当たると回折する現象を生じる。回折パターンを利用して結晶構造を調べることができる。アルミナはγ, αによって回折パターンは異なる。カーボンとダイヤモンドも同じ元素でも回折パターンは異なる。回折線の半値幅から5～200 nmの結晶子サイズを求めることができる。シンタリング現象が分かる。

1.14 電子顕微鏡

より正確に金属粒子のサイズを求めるには走査型電子顕微鏡（SEM：Scanning Electron Microscopy）、さらに結晶構造や金属粒子サイズや数の観察では透過型電子顕微鏡（TEM:Transmission Electron Microscopy）を用いて観察する。新触媒との比較において特に金属の凝集状態が観察される。図7に5%Pd/カーボン粉末の新触媒と劣化触媒のSEM写真を示

(a) (b)

図7　Pd/カーボン粉末SEM像
(a) 5%Pd/カーボン粉末（新触媒）×500,000, (b) 5%Pd/カーボン粉末（劣化触媒）×500,000

第3章　劣化触媒の解析

す。劣化触媒は芳香族ニトロ化合物の水素化に使用したものである。反応温度は90℃，圧力0.4 MPaであるが，Pd金属が凝集していることが分かる。

1.15　Cl，S，Pの化学分析

Clは酸素気流中で試料を酸化燃焼（1,300～1,400℃）後，過酸過水素水に吸収させてから，イオンクロマトグラフィーで定量分析する。ClはHClとして定量分析する。SはH_2SO_4で定量分析する。Pは硝酸＋硫酸で加熱（約300℃）し溶解（H_3PO_4）した後，ICPで定量する。

1.16　おわりに

新触媒と劣化触媒のキャラクタリゼーションは工業触媒の開発に欠かすことはできない。何が変化しているのか，そして熱処理や，還元処理によって物性がどう変化したか，さらに触媒反応を行い反応にどのように影響しているのか調べるのである。

文　　献

1) ASTM D 4058-81
2) 野呂純二，加藤淳，ぶんせき，**7**, 349, 2009
3) 触媒学会参照触媒委員会，水銀圧入法による細孔分敷測定法，触媒，**26**, 496（1984）
4) 触媒学会参照触媒委員会，触媒，**35**, 212（1993）
5) 触媒学会参照触媒委員会，触媒，**31**, 317（1989）
6) 触媒学会参照触媒委員会，触媒，**33**, 249（1991）

2 自動車排気浄化用触媒における貴金属粒子と担体との相互作用，粒成長現象の解析

長井康貴＊

2.1 はじめに

今日，自動車は我々の日常生活や経済活動において欠かせないものになっているが，一方で，大気環境や天然資源の問題に対して多大な影響を与える。自動車排気浄化用触媒は，エンジンから排出される非常に低濃度（ppm～数％）の有害物質を効率良く浄化する触媒である。排気浄化触媒システムが1977年に日本および米国で実用化されて以来，急速に普及し，現在ではほとんどのガソリン車に搭載され大気環境保護に重要な役割を果たしてきた。しかしながら近年の地球規模での環境保全の意識の高まりを契機として，世界各国で厳しい自動車排ガス規制の導入が継続的に検討されており，よりクリーンな排ガスを実現するための高性能な新しい排ガス浄化触媒の創製と実用化は重要課題となっている。

ガソリン車用の主流となっている三元触媒（TWC：Three-way catalyst）の概要を図1に示す。通常，触媒コンバーターは，エンジンルームのエンジン直下の排気管もしくは床下のマフ

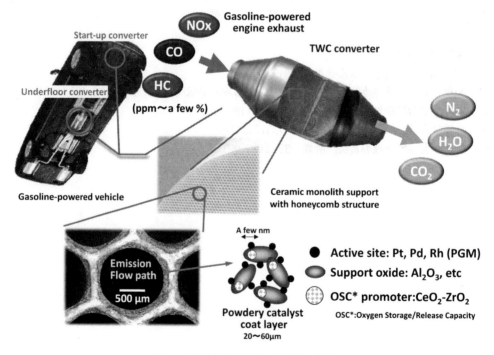

図1　自動車排気浄化用三元触媒の概要

＊　Yasutaka Nagai　㈱豊田中央研究所　環境・エネルギー1部　燃料電池第2研究室
　　主任研究員

第3章　劣化触媒の解析

ラー手前に配置される。三元触媒コンバーターは，直径1 mm程度の穴（1平方インチ当たり300～600チャンネル）の開いたハニカム状のセラミックス製の基材であり，基材の壁に触媒成分がコートされている。三元触媒成分は，触媒反応の活性点であるPt, Rhなどの貴金属，これら貴金属粒子を高分散させるためのアルミナなどの担体，および貴金属の触媒反応をアシストする助触媒のセリア系酸化物から成る。エンジンに供給される空気／燃料比（空燃比；A/F）を，理論空燃比（酸化性成分と還元性成分が化学当量分生成する空燃比；A/F＝14.6（ストイキ））近傍に制御することで，三元触媒は一酸化炭素（CO），窒素酸化物（NOx），炭化水素（HC）の三成分を同時に高効率で浄化することができる（三元触媒の名称の由来はここから来ている）。貴金属粒子の表面において以下の排ガス成分による化学反応を促進し浄化する。

① NOxの還元反応：$2NOx \rightarrow xO_2 + N_2$
② COの酸化反応：$2CO + O_2 \rightarrow 2CO_2$
③ 未燃炭化水素の酸化反応：$CxHy + nO_2 \rightarrow xCO_2 + mH_2O$

貴金属粒子は，初期の状態では数ナノメートル以下の粒子で担体上に高分散担持されており高い触媒活性を示すが，高速走行時などにおいて触媒が高温（～1,000℃）の排ガスに長期に渡って晒された場合，担体上の貴金属粒子が移動・凝集することによって粒成長する。この貴金属の粒成長により触媒表面上でのガスとの接触点が減少し触媒活性が低下する。そのため高温においても貴金属が粒成長しない触媒の開発が，排気浄化用触媒の重要な研究課題となっている。そこで本稿では，より耐久性の高い触媒の設計指針を得ることを意図し，貴金属凝集を抑制する，言い換えれば，貴金属を粒成長させない自動車排気浄化用触媒技術に関して，我々の最近の研究について紹介する。また，放射光等による先端解析技術に基づいて，分子・原子レベルで構造制御された触媒設計が実用触媒に対してどのように利用されているかについて，お分かり頂ければ幸いである。

2.2　セリア担体上でのPt粒成長抑制機構

ガソリンエンジンからの排出ガスは，運転条件に応じて酸化および還元雰囲気を繰り返している。Pt触媒は，高温酸化雰囲気において粒成長が起こりやすく，還元雰囲気に比べて触媒活性が著しく低下する[1]。そこで，高温酸化雰囲気においてもPtの粒成長を抑制できる触媒の開発が求められる。セリア系酸化物は，酸素貯蔵／放出材として用いられることはよく知られているが，貴金属を高分散に保持し，粒成長を抑制できる担体でもある[2]。Pt酸化物がセリア表面と強い相互作用を持つことが示唆されてはいたが，その本質については，完全に理解されていなかった。本稿では，XAFS（X-ray Absorption Fine Structure）を中心とした解析により，セリア系担体上での粒成長抑制機構とPtと担体相互作用について報告する[3]。

高耐熱担体として一般的に用いられるAl_2O_3を担体としたPt/Al_2O_3触媒，およびセリア系担体であるCZY（CZYは，Ce-Zr-Y複合酸化物の略称で，組成比は50 wt% CeO_2, 46 wt% ZrO_2, 4 wt% Y_2O_3）を用いたPt/CZY触媒を調製し，これら触媒を800℃にて大気中5時間耐久させ

た後の TEM（Transmission Electron Microscope）像を図2に示す。耐久後の Pt/Al₂O₃ 触媒では 3〜150 nm の Pt 粒子が観測されたが，Pt/CZY 触媒では明確な Pt 粒子は観測されなかった。Pt/CZY 触媒の視野内における EDX（Energy Dispersive X-ray spectroscopy）解析では Pt の存在が確認されたことから，CZY 担体上の Pt 粒子は高分散に存在していることが示唆される。これより耐久後の Pt/Al₂O₃ 触媒では，Pt が凝集し著しく粒成長するが，CZY 担体上の Pt は大気中 800℃の耐久後においても全く粒成長しなかった。

CZY 担体上での Pt 粒成長抑制機構を調べるため，大型放射光施設 SPring-8（Super Photon ring-8 GeV）にて EXAFS（Extended X-Ray Absorption Fine Structure）解析を行い，Pt 周りの局所構造を調べた。図3は，耐久触媒および標準試料の Pt L₃-edge XAFS 測定し，EXAFS

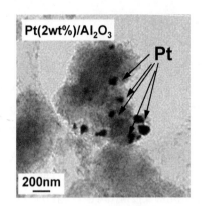 

図2　800℃にて5時間，大気中における耐久試験後の各触媒の TEM 像

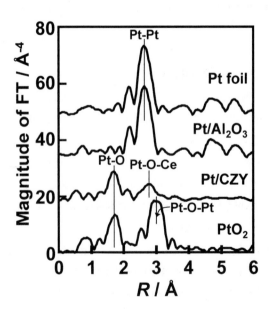

図3　耐久後触媒の Pt L₃-edge EXAFS のフーリエ変換スペクトル

第3章　劣化触媒の解析

スペクトルをフーリエ変換（FT）したものである。Pt/Al$_2$O$_3$のFTスペクトルは，Pt/CZYのものと明らかに異なっていることから，構造的な差異があることが分かる。耐久後のPt/Al$_2$O$_3$触媒では，Pt-Pt結合に帰属される強いピークのみが観測され，そのFTスペクトルはPt箔のものとほぼ一致した。カーブフィッティングより求めたPt/Al$_2$O$_3$触媒のPt-Pt結合の配位数は11.5であり，配位数から見積もられたPt粒子径は少なくとも20 nm以上の大きさであると考えられる。これらの結果から，耐久後のAl$_2$O$_3$上のPtは，粗大に凝集した金属状態の粒子として存在することが分かった。次に，Pt/CZYのFTスペクトルは，Pt箔およびPtO$_2$のいずれのスペクトルとも異なっていた。2Å付近に観測される第一配位圏のピークは標準試料のPtO$_2$でも観測されており，フィッティングの結果，このピークはPt-O結合に帰属された。一方，Pt/CZYの3Å付近に明確に観測される第二配位圏のピークは，Pt箔およびPtO$_2$のいずれのスペクトルにおいても観測されなかった。詳細なカーブフィッティングの結果から，第二配位圏の原子はCeであることが明らかになった。このことから，Pt/CZY触媒では，耐久処理によってPt-O-Ce結合が形成し，PtはCZY担体と強い相互作用を持つことが分かった。フィッティングより求められたPt-O-Ce結合の配位数は3.5であり，この値は立方晶蛍石型の配位飽和数12に比べて小さいことから，PtイオンがCZY担体の表面上に存在していると考えられる。すなわち，Pt/CZY触媒では，PtがCZY担体中に固溶しているのではなく，Pt-セリア表面酸化物層が形成されていることが推察されていたが，最近の我々の研究から，この表面酸化物層の形成がTEMによっても明らかにされた[4]。ところで，Al$_2$O$_3$上のPtは耐久後メタル（Pt^0）状態であったが，CZY担体上のPtは酸化物（Pt^{2+}，Pt^{4+}）の状態であった。熱力学的状態図によれば，PtO$_2$は600℃以上の酸化雰囲気においてPtメタルに分解することが知られている。Al$_2$O$_3$担体上のPtは，800℃の酸化処理後Ptメタルの状態で存在し，熱力学から予想される状態と一致した。一方，CZY担体は，耐久後もPtの酸化状態を安定化させることから，酸化雰囲気においてPt-O-Ce結合を介したPtと担体との間に強い相互作用があると予想される。

　上記の結果を基に，CZY担体上でのPt粒成長抑制機構を図4のように推察した。Pt/Al$_2$O$_3$触媒では，PtとAl$_2$O$_3$担体との相互作用が弱いために，大気中800℃での耐久中にPt粒子が担体

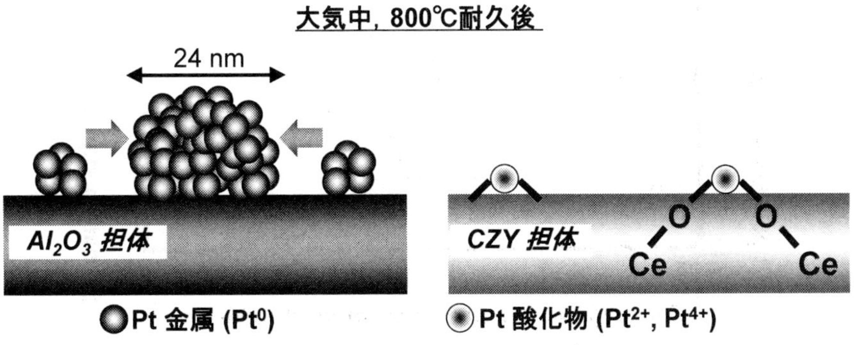

図4　Pt/CZY触媒におけるPt粒成長抑制機構

表面上を移動し粒成長する。一方，CZY担体上に担持されたPtは担体と強い相互作用を持つため，800℃，酸化雰囲気の耐久中において，強固なPt-O-Ce結合を形成しPtの酸化状態を安定に保つことができる。すなわち，CZY担体表面上でのPt-O-Ce結合がアンカー（くさび）となってPtの粒成長を抑制していると考えられた。

2.3 Pt-各種担体との相互作用とPt粒成長

前項までに，貴金属と担体との強い相互作用によるPt-O-M（M：担体中のカチオン）結合により，酸化雰囲気でのPt粒成長が抑制されることを述べた。Pt-O-M結合の強さは，担体の化学的性質に依存していると予想される。ここでは，Pt/SiO$_2$，Pt/TiO$_2$などのPt/各種担体触媒を用いて，①担体の化学的性質，②Pt-O-M結合の強さ，および③Pt粒成長抑制効果の3つのファクターを定量化し，これらの相関を調べた。まず，①担体の化学的性質については，担体酸素の電子密度に着目した。これは，Ptと担体が担体中の酸素を介して相互作用し，Ptとの相互作用に対して酸素の電子状態が，担体の性質にとって最も重要と考えたためである。担体酸素の電子密度の定量化は，XPS測定により求めた。XPSより求められたO（1s）電子の結合エネルギーは，担体間で違いが観測され，SiO$_2$，Al$_2$O$_3$，ZrO$_2$，TiO$_2$，CeO$_2$およびCZYの順に減少した。次に，②Pt-O-M結合の強さの定量化に関しては，Pt/Al$_2$O$_3$やPt/CZYと同様に，大気中800℃耐久後のPt L$_3$-edge XANESスペクトルにおけるwhite-lineを用いて，Ptの平均の酸化数を見積もった。既に述べたとおり，酸化されたPtが担体との結合（Pt-O-M）を形成することによりエネルギー利得が得られ，Ptの高酸化状態が安定化されたと考えられる。よって，耐久後のwhite-lineから見積もった平均の酸化数は，Pt-O-M結合の指標になると考えた。最後に，③Pt粒成長抑制効果については，800℃大気中耐久後の平均のPt粒子径をCOパルス法により測定した。図5に各種Pt触媒の定量化した3つのファクターの相関を示す。この図から示されるように，担体のO（1s）電子の結合エネルギーが低下するほど，耐久後のPtの酸化状態

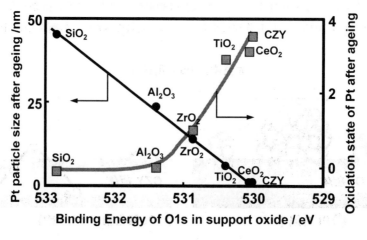

図5 Pt-担体相互作用とPt粒成長

第3章　劣化触媒の解析

が増加した。言い換えれば，担体酸素の電子密度が増加するほど相互作用によるPt-O-M結合も強くなると言える。また，耐久後のPtの粒子径は，担体酸素の電子密度が増加するほど小さかった。以上から，高温酸化雰囲気におけるPtの粒成長抑制効果は，相互作用によるPt-O-M結合を通じて，担体酸素の電子密度により制御されると結論付けられた。

2.4　セリア担体上でのPt粒子の還元挙動

第2項では，高温酸化雰囲気の耐久後においても，CZY担体上のPtがPt-O-Ce結合のアンカーとなりPt^{2+}，Pt^{4+}の酸化状態を安定に存在させ，Pt粒子の粒成長を抑制できることを示した。しかしながら，一般的に，Pt^0（メタル）の状態が自動車排気触媒における触媒反応の活性点であると言われているため，排ガスが理論空燃比や還元雰囲気などの通常の触媒反応条件下においては，CZY担体上のPtは速やかに金属状態に還元される必要がある。そこで本項では，in-situ（その場）XAFS測定により，耐久後のPt/CZY触媒におけるPt粒子の還元挙動について検討した[5]。

図6は，耐久後のPt/CZY触媒を150℃にて酸化雰囲気から還元雰囲気に切り替えた時のPt L$_3$-edge XANES（X-ray Absorption Near Edge Structure）スペクトルの経時変化を示す。吸収端立ち上がりのピークはwhite-lineと呼ばれ，Pt原子の5d軌道の占有率を反映するため，white-lineのピークの高さからPtの酸化状態を見積もることができ，酸化数が大きくなるとwhite-lineのピークは高くなる。white-lineのピークの高さからPtの還元割合を見積り，その経時変化を示したのが図7である。図7a)において，CZY担体上のPtは，3% H$_2$の還元雰囲気に切り替えた際，10秒程度でPtの還元割合は約50%まで到達した。このPt/CZY触媒にお

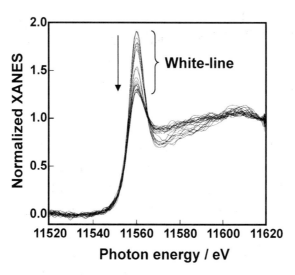

図6　還元雰囲気切替時のPt/CZY耐久触媒に対するPt L$_3$-edge XANESスペクトルの変化

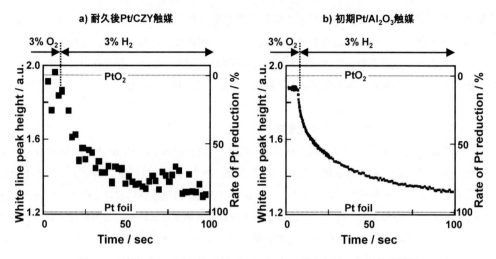

図7 150℃において3% O_2 から3% H_2 に切り替えた時のPtの還元挙動

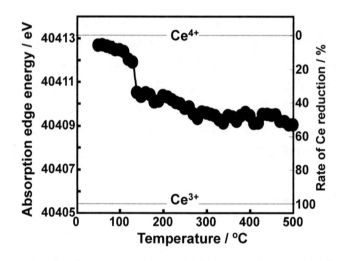

図8 5% H_2 雰囲気におけるPt/CZYの温度に対するCeの還元挙動

けるPtの還元速度は，図7b）のPt/Al_2O_3 初期品の還元速度とほぼ同じであった。一般的に，CeO_2 と同様の塩基性酸化物であるMgOやLa_2O_3 では，Al_2O_3 やSiO_2 などの酸性酸化物に比べて，Ptを酸化状態に安定化させやすいため，H_2 などの還元雰囲気においてもPtの還元が困難であることが示されている[5]。Pt/CZYにおけるPtの易還元性は，塩基性以外の性質が起因している可能性があると考え，次に，CZY担体に含まれるCeの還元挙動を検討した。図8は，5% H_2 雰囲気下において温度を昇温させながら各温度において，Ce K-edge XANESスペクトルを測定し，吸収端エネルギーの値から$Ce^{4+} \rightarrow Ce^{3+}$の還元割合を各温度に対してプロットした図である。図8より，150℃（図7において還元速度を求めた温度）においてCZY担体中の約30%

第3章　劣化触媒の解析

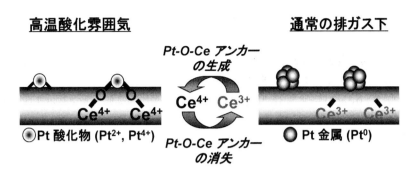

図9　Pt-O-Ce アンカー制御による Pt 粒成長抑制と Pt 還元挙動の両立

が $Ce^{4+} \to Ce^{3+}$ へ還元された。今回用いた CZY 担体の最表面 Ce の割合は，担体に含まれる全 Ce の約 13% であることから，Pt/CZY の担体最表面上の全ての Ce は 150℃ において Ce^{3+} に還元されたことになる。

　これらの結果から，Pt/CZY 触媒における高温酸化雰囲気における Pt 粒成長抑制と，通常のストイキまたは還元雰囲気における Pt 易還元性を，図9 に示すような機構と推定した。Pt が凝集しやすい高温酸化雰囲気では，Pt-O-Ce^{4+} のアンカー生成により Pt の粒成長を抑制し，通常の排ガス下では，担体表面での $Ce^{4+} \to Ce^{3+}$ の状態変化に伴い Pt-O-Ce アンカーが切れて Pt は容易にメタル化され，活性を発現する。セリア系以外の Pt と強い相互作用を持つ多くの担体では，Pt と担体との結合が切れにくいため，Pt が還元されにくいという問題があったが，Pt/セリア系触媒では，Ce の価数変化の助けをかりて，Pt-O-Ce アンカーが雰囲気に応じてスムーズに生成および消失することにより，高温での Pt の粒成長抑制と，活性発現のための Pt のメタル化とを両立できると結論付けられた。

2.5　おわりに

　自動車用排気浄化触媒において，熱劣化の要因の一つである貴金属の凝集について，その抑制技術と機構に関して最近の我々の研究例を報告した。本稿で解説したガソリンエンジン用だけでなく，ハイブリッド車用およびディーゼルエンジン用触媒についても，世界的な燃費規制や排ガス規制を考えると，研究課題として重要となってくるであろう。これらを克服するためには，材料創製や反応解析はもとより，本稿で紹介した，触媒が実際に使用される条件下での動的挙動を原子・分子レベルで捉えることが，今後の触媒設計において必須であると考える。

謝辞
　本研究は，豊田中央研究所，トヨタ自動車，トヨタ・モーター・ヨーロッパ，北米トヨタ，京都大学，ESRF，SPring-8 および高エネ研 PF との共同研究の成果です。共同研究者の方々に深く謝意を表します。

文　　献

1) P. J. F. Harris, *J. Catal.*, **97**, 527 (1986)
2) H. C. Yao, Y. F. Yao, *J. Catal.*, **86**, 254 (1984)
3) Y. Nagai, T. Hirabayashi, K Dohmae, N. Takagi, T. Minami, H. Shinjoh and S. Matsumoto, *J. Catal.*, **242**, 103 (2006)
4) M. Hatanaka, N. Takahashi, T. Tanabe, Y. Nagai, A. Suda and H. Shinjoh, *J. Catal.*, **266**, 182 (2009)
5) Y. Nagai, K. Dohmae, K. Teramura, T. Tanaka, G. Guilera, K. Kato, M. Nomura, H. Shinjoh, S. Matsumoto, *Catal. Today*, **145**, 279 (2009)

3 炭素析出によるゼオライト触媒の劣化と再生

中坂佑太[*1], 増田隆夫[*2]

3.1 はじめに

ゼオライトは，固体酸性，分子ふるい能，形状選択性，イオン交換能など様々な機能を有しており，石油精製やファインケミカルズ，排ガス浄化などの分野で重要な触媒である。ゼオライト触媒は高表面積を有している一方で，活性点のほとんどがゼオライトの粒子内（細孔壁）に存在する。ゼオライト触媒を用いた炭化水素の反応では，目的の反応に加えて，生成物からの逐次的な反応が進行し，高分子量の炭化水素やコークがゼオライトの細孔内外で生成する。これにより，活性点の被毒や細孔閉塞が生じ反応活性が低下する。粒子径の小さいナノサイズのゼオライト触媒[1,2]が注目されている。ゼオライトの粒子径を小さくすることで反応物質や生成物の拡散速度が向上し，ゼオライトの活性点を最大限有効に活用することが出来ることが見出されている[3,4]。さらに，ゼオライトのナノサイズ化によりコーク前駆体である高分子量炭化水素の拡散速度も向上するため，ゼオライト細孔内でのコーク成長の抑制につながる[4]。また，アルカリ処理によりゼオライトにメソ細孔を形成させることで，同様に拡散速度の向上が図られている[5]。一方，コーク析出したゼオライト内における炭化水素の拡散機構に関する情報は少ない。

高分子量の炭化水素やコークが析出したゼオライト触媒は，これらの燃焼反応により再生が行われる。炭化水素の燃焼反応は発熱反応であり，さらに炭化水素の燃焼反応中には水蒸気が生成する。高温の水蒸気雰囲気下ではゼオライトの骨格中アルミニウムが脱離することが知られており[6,7]，コーク析出したゼオライトの再生処理中にゼオライト構造が崩壊し永久劣化につながることが懸念される。このように，ゼオライト触媒を用いた炭化水素の反応プロセスでは，コーク析出による劣化と再生時の脱アルミニウムによるゼオライト触媒の劣化の両面に配慮しプロセス設計を行う必要性がある。

本稿では，ZSM-5を用いたヘキサン接触分解反応を一例に，コーク析出したZSM-5内でのヘキサンやベンゼンの拡散機構およびヘキサン接触分解反応の活性低下要因[8]に加え，コーク析出ゼオライトの燃焼再生プロセス設計に重要となるコーク燃焼反応速度の解析[9]について紹介する。

3.2 炭化水素の拡散係数

水熱合成法により調製したZSM-5（Si/Al=100）を用い，固定床流通式反応器を用いたヘキサン接触分解反応（650℃）によりコーク析出したZSM-5（以後，コークZSM-5）を調製した。

[*1] Yuta Nakasaka　北海道大学　大学院工学研究院　応用化学部門
　　　化学システム工学研究室　助教
[*2] Takao Masuda　北海道大学　大学院工学研究院　応用化学部門
　　　化学システム工学研究室　教授

ヘキサン接触分解反応の経時変化を図1に示す。反応時間の経過とともに，ヘキサン転化率が低下し10.5時間後にはヘキサンの熱分解転化率とほぼ等しい転化率になった。この時に析出したコーク量は13.7 wt%である。また，コーク量の異なるZSM-5はヘキサン接触分解反応の反応時間を短くすることで調製した（ヘキサン転化率の経時変化がほぼ等しいことを確認している）。図2はZSM-5（Si/Al＝100）のコーク析出前のゼオライトとコーク析出後ゼオライトのミクロ孔容積の比，酸量の比を示す。析出するコーク量の増加によりミクロ孔容積，酸量ともに低下した。失活したコークZSM-5（コーク量：13.7 wt%）の酸量は0に近い値である。一方，失活後も反応前のZSM-5の40％程度のミクロ孔容積が残存していることから，本触媒を用いたヘキサン接触分解反応の活性低下はコーク析出による細孔閉塞の影響に比べ，酸点上へのコーク析出に

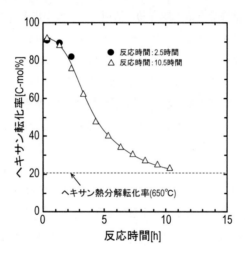

図1　ZSM-5を用いたヘキサン接触分解反応の経時変化（650℃）

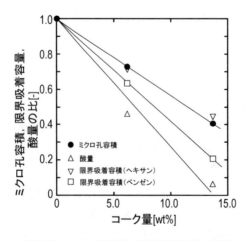

図2　コーク析出量とミクロ孔容積，限界吸着容量，酸量の比の関係

第3章 劣化触媒の解析

よる活性点被毒の影響が大きいと考えられる。

　気相でのゼオライト結晶内拡散係数測定方法は複数の測定手法が提案されており，これらは微視的な測定方法[10,11]と巨視的な測定方法[12,13]に分類される。微視的な測定方法は，巨視的測定方法で得られる拡散係数に比べ高い拡散係数が得られることが知られている。巨視的な測定方法により得られる拡散係数は，実際の反応結果から推定される拡散係数に近い値である[14]ことから，反応工学の観点からの触媒設計に用いる上で巨視的な測定から得られる拡散係数が適すると考えられる。ここでは，巨視的測定法に分類される定容法により測定したコークZSM-5結晶内におけるヘキサン，ベンゼンの拡散係数を紹介する。定容法とは，拡散物質がゼオライトへ吸着する際の装置系内の拡散物質の全圧の経時変化から拡散係数を求める手法である。全圧の経時変化から吸着量の経時変化が得られる。(1)式で表されるFickの拡散方程式の級数解[15]を用いて拡散係数を得ることができる（(1)式は，ZSM-5のような平板上の粒子に用いる式であり，球状粒子に対しては異なる級数解が用いられる）。

$$\frac{M_t}{M_e} = 1 - \sum_{n=1}^{\infty} \frac{2\alpha(1+\alpha)}{1+\alpha+\alpha^2 q_n^2} \exp\left(-\frac{Dq_n^2 t}{L^2}\right) \tag{1}$$

ただし，

$$\alpha = V/(\alpha_m WHL), \quad \tan q_n = -\alpha q_n \tag{2}$$

ここで，M_tは時間tにおける吸着量，M_eは平衡状態での吸着量，Dは結晶内拡散係数，Lは拡散距離を示す。

　図3(a)は，コークZSM-5結晶内におけるヘキサンの拡散係数のアレニウスプロットを示す。

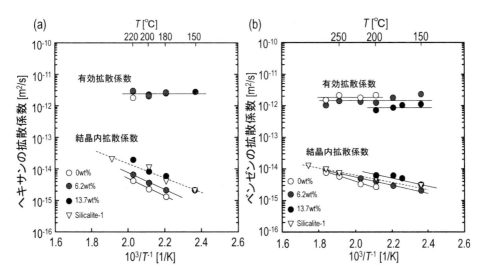

図3　ヘキサン(a)，ベンゼンbのコークZSM-5結晶内拡散係数，有効拡散係数のアレニウスプロット

触媒劣化―原因，対策と長寿命触媒開発―

ここで，結晶内拡散係数とはゼオライトの細孔内における拡散物質の mobility を表している。ヘキサンのコーク ZSM-5 結晶内拡散係数はコーク析出量の増加に伴って大きくなった。また，コーク量が 13.7 wt% の ZSM-5 結晶内ヘキサン拡散係数は，ZSM-5 と同じゼオライト構造を有し酸点を持たない（ゼオライト構造中に Al を含まない）シリカライト結晶内のヘキサンの拡散係数とほぼ等しい値を示した。一般に，ゼオライト結晶内における炭化水素の拡散は，ゼオライトの細孔構造による物理的な抵抗（拡散分子のサイズと細孔径の関係），ゼオライト酸点への吸着，酸点上での滞留による抵抗を受けながら細孔内を拡散することが知られている[14]。コーク析出により酸点が被毒されることで，ヘキサンの酸点への吸着頻度が減り，細孔構造による物理的な抵抗が支配的となるため，シリカライト結晶内での拡散係数と同程度の値になったと考えられる。また，コーク析出前後でのヘキサンの限界吸着容量（ヘキサンの蒸気吸着測定（25℃）により得た）の比は，コーク析出前後のミクロ孔容積（窒素吸着測定により得た）の比の減少率とほぼ等しい（図2）。これは，窒素分子がアクセス可能なコーク ZSM-5 の細孔（コークによって閉塞されていない細孔内の空間）へはヘキサンも同様に拡散可能であることを示している（図4）。

図3(b)は，ベンゼンのコーク ZSM-5 結晶内拡散係数のアレニウスプロットを示す。ベンゼンの結晶内拡散係数もヘキサンと同様にコーク析出量の増加に伴い，大きい値となった。一方，13.7 wt% コーク析出した ZSM-5 結晶内のベンゼンの拡散係数は，シリカライトに比べ大きい値となった。ゼオライト結晶内の拡散抵抗は，(3)式を用いて表すことができる[14]。

$$L/D = \Delta L/D_{asid} + L/D_{SL} \tag{3}$$

(3)式の右辺第一項は酸点上での滞留による拡散抵抗，第二項はゼオライトの形状による拡散抵抗（ここでは，シリカライト結晶内での拡散抵抗）である。ZSM-5 へのコーク析出により拡散物質の酸点上での滞留による拡散抵抗は無視小となると考えられる。よって，見かけの拡散抵抗（L/D）はゼオライトの形状による拡散抵抗（L/D_{SL}）に近い値となることが予想される。コーク ZSM-5（13.7 wt%）内のヘキサンの拡散係数はシリカライト内でのヘキサンの拡散係数とほぼ等しい値を示したが，ベンゼンの場合には大きい値を示した。これは，コーク析出によりベンゼンの拡散距離（L）が短くなったためと推察される。図2にベンゼンの蒸気吸着測定結果もあわせて示している。コーク析出前後でのベンゼンの限界吸着容量の比の減少率は，窒素，ヘキサンに比べ大きいことがわかる。これは，窒素やヘキサンは拡散できるが，ZSM-5 の細孔径とほぼ等しい分子径を有するベンゼンは拡散できない空間が存在することを示唆している（図4）。本

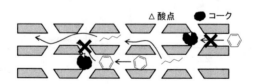

図4 コーク ZSM-5 粒子内でのヘキサン，ベンゼンの拡散機構

第3章 劣化触媒の解析

稿では図示していないが，ヘキサン，ベンゼンいずれにおいても測定圧力範囲内で吸着等温線は線形で表され，コーク析出量が多くなるにつれて吸着等温線の傾きは小さくなる結果が得られている。吸着等温線の傾きを用いて得られる分配係数（ゼオライトへの拡散分子の濃縮度を表す）と結晶内拡散係数の積で表される有効拡散係数（一般に速度解析に用いられるが物理的意味はない）を算出したところ，ヘキサンについてはコーク析出量によらずほぼ等しい値が得られたが，ベンゼンについてはコーク析出量の増加に伴いわずかに低下した。

　反応実験により得られる見かけの反応速度は，活性点上での反応速度と有効拡散係数の関係を用いることで評価できる。ヘキサンの有効拡散係数はコーク付着量によらずほぼ等しい値であることから，ヘキサン接触分解反応で見られた活性の低下は，コーク析出によるヘキサン分子の拡散抵抗の増大によるものではなく，活性点へのコーク析出によるヘキサンの吸着，反応場の減少によるものと考えられる。

3.3 ZSM-5に析出したコークの燃焼速度解析
3.3.1 燃焼反応モデル

　ZSM-5に析出したコークの燃焼反応の速度解析は未反応核モデルを用いて行った[16]。コークは水素と炭素から成り，半径r_0の均一な球状粒子とする。反応初期ではコーク粒子内全域でコーク組成は均一であり，組成はCHn（n：HとCの物質量比）である。コークは炭素より速く酸素と反応するため，コーク粒子内には半径r_Hの位置で界面が現れ，界面より内部の領域は反応前の組成と同じであり，界面より外側の領域では炭素のみ存在する（図5）。この界面は，水素燃焼の進行により$r=r_0$からコーク粒子中心に向かって移動する。界面より外側の領域では，半径位置により酸素と接する時間が異なるため炭素の濃度は不均一である。また，水素燃焼反応は速く，コーク粒子の未反応部分の空隙は少ないため酸素は未反応部分に拡散しづらい。そのため，界面より内側の領域では酸素分圧は0と考える。

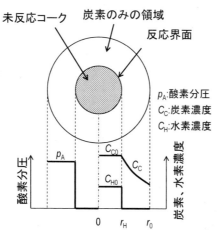

図5　未反応核モデルのモデル図

コーク中の炭素，水素の燃焼反応は以下の速度式で表される。

$$炭素：r_C = k_C C_C p_A \tag{4}$$

$$水素：r_H = k_{Hs} C_{H0} p_A \tag{5}$$

ここで，r_C と r_H はそれぞれコーク中の炭素および水素の反応速度を表している。また，k_C と k_{Hs} はそれぞれ炭素と水素酸化の反応速度定数を，C_C と C_{H0} はそれぞれコーク中の炭素濃度および水素の初期濃度を，p_A は酸素分圧を表している。コーク中の炭素および水素燃焼速度は式(4)および(5)に示すように酸素分圧に対し1次で表される。

炭素転化率（X_C）および水素転化率（X_H）の経時変化は次のように表される。

$$炭素：\frac{dX_C}{dt} = k_C p_A (X_H - X_C) \tag{6}$$

$$水素：\frac{dX_H}{dt} = \frac{3k_{Hs} p_A}{r_0}(1-X_H)^{2/3} \tag{7}$$

さらに，コーク付着触媒の全体の転化率の経時変化は次のように X_H と X_C の関数で表される。

$$1-X_r = \left(\frac{n}{12+n}\right)(1-X_H) + \left(\frac{12}{12+n}\right)(1-X_C) \tag{8}$$

3.3.2 コーク燃焼速度解析

ZSM-5 に析出したコークの燃焼は，熱重量測定装置を用い窒素希釈空気（酸素分圧 5 kPa）流通下で行った（燃焼温度：500〜650℃）。コーク燃焼により得られるコーク析出した ZSM-5 の重量減少の経時変化からコークの反応率 X_t の経時変化を得た。

図6はコーク ZSM-5（コーク量：15 wt%）を用いコーク燃焼を行った時のコークの未反応率（$1-X_t$）の経時変化を示す。図中のプロットが実験値を示し，実線がフィッティングにより得られた速度定数を用いて計算した経時変化である。実験値と計算結果はすべての温度で良く一致している。

図7はコーク中の炭素および水素燃焼の反応速度定数のアレニウスプロットを示す。図中の点線は，コーク析出した SiO_2-Al_2O_3 触媒（クメンの接触分解）のコーク燃焼により得られた炭素および水素燃焼の反応速度定数を示す[16]。炭素燃焼の反応速度定数はコーク析出量によらず一本の直線で相関された。一方，水素燃焼の反応速度定数はコーク析出量が増加するに伴い低下する結果が得られた。また，炭素，水素燃焼の反応速度定数からの活性化エネルギーはそれぞれ 156 kJ/mol，140 kJ/mol と SiO_2-Al_2O_3 にクメンの接触分解反応で析出したコークの燃焼の反応速度定数から算出された活性化エネルギーとほぼ等しい値が得られた。また，これまでに報告が

第3章　劣化触媒の解析

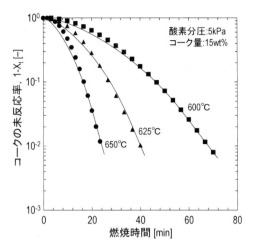

図6　コーク未反応率の経時変化

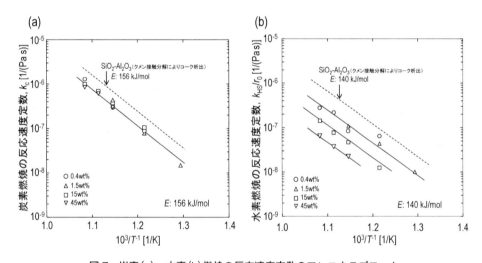

図7　炭素(a)，水素(b)燃焼の反応速度定数のアレニウスプロット

ある炭素燃焼の反応速度定数から得られる活性化エネルギーは109～207 kJ/mol[17]であり，ここで得られた活性化エネルギーの値に近い。

図8はコーク量と炭素および水素燃焼の反応速度定数の頻度因子の関係を表す。炭素燃焼速度定数の頻度因子（k_{C0}）はコーク量によらず一定の値を示したが，水素燃焼速度定数の頻度因子（k_{Hs0}/r_0）はコーク量が増加するに伴い低下した。水素の燃焼は界面反応で進行すると考えているため，水素燃焼の反応速度定数をコークの粒子半径r_0で除した形で表される。水素燃焼の反応速度定数そのものはコーク量によらず一定と考えられるため，コーク量の増加に伴う頻度因子の低下はコーク粒子径の変化によるものと考えられる。つまり，ZSM-5を用いたヘキサン接触分解反応では，反応中のコーク生成量の増加によりコークの粒子径が大きくなっていると考えら

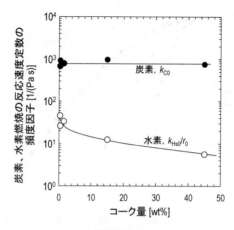

図8 炭素，水素燃焼の反応速度定数の頻度因子

れる。空間的な制限のあるゼオライト細孔内では，コーク粒子の成長には制限があることから，析出したコークのほとんどはゼオライトの外表面上で析出していることが考えられる。

3.4 おわりに

本稿では，ヘキサンの接触分解反応によりコークが析出したZSM-5結晶内でのヘキサン，ベンゼンの拡散機構，ZSM-5触媒を用いたヘキサン接触分解反応の活性低下要因および析出したコークの燃焼速度解析について紹介した。

ゼオライト触媒を用いた炭化水素の反応では，コーク析出を避けることは極めて難しい。コーク前駆体やコーク析出したゼオライト触媒の細孔内での反応分子，生成物分子の吸着・拡散機構の情報は長寿命なゼオライト触媒の設計の上で重要な要素となる。また，コーク析出のないフレッシュなゼオライト触媒だけでなく，コーク析出したゼオライト触媒上での炭化水素の反応速度や拡散速度の情報，またコークの燃焼反応の情報は触媒劣化を含めた反応プロセス，再生プロセスを設計する上で極めて重要な役割を果たす。ゼオライト触媒に析出したコークの構造解析[18,19]は進められているが，このような反応や拡散速度に関する研究は十分ではなく，研究の発展が期待される。

ここで示した研究成果は，独立行政法人新エネルギー・産業技術総合開発機構（NEDO）の「触媒を用いる革新的ナフサ接触分解プロセス基盤技術開発プロジェクト」の支援により得られたものである。

第3章 劣化触媒の解析

文　　献

1) T. Tago, *et al.*, *Chem. Lett.*, **33**, 1040 (2004)
2) T. Tago, *et al.*, *J. Nanosci. Nanotechnol.*, **9**, 612 (2009)
3) H. Konno, *et al.*, *Catal. Sci. Technol.*, **4**, 4265 (2014)
4) Z. Wan, *et al.*, *Appl. Catal. A, Gen.*, **549**, 141 (2018)
5) Y. Jun, *et al.*, *Micropor. Mesopor. Mater.*, **245**, 16 (2017)
6) T. Sano, *et al.*, *Zeolites*, **16**, 258 (1996)
7) T. Sano, *et al.*, *Zeolites*, **19**, 80 (1997)
8) Y. Nakasaka, *et al.*, *Chem. Eng. J.*, **278**, 159 (2015)
9) Y. Nakasaka, *et al.*, *Chem. Eng. J.*, **207-208**, 490 (2012)
10) H. Jobic, *et al.*, *J. Chem. Soc., Faraday Trans.*, **56**, 4201 (1989)
11) A. Zürner, *et al.*, *Nature*, **450**, 705 (2007)
12) L. J. Song, L.V.C. Rees, *Micropor. Mesopor. Mater.*, **6**, 363 (1996)
13) M. A. Jama, *et al.*, *Zeolites*, **18**, 200 (1997)
14) T. Masuda, *J. Jpn. Petrol. Inst.*, **46**, 281 (2003)
15) J. Crank, "The Mathematics of Diffusion", Clarendon Press (1975)
16) K. Hashimoto, *et al.*, *Chem. Eng. J.*, **27**, 177 (1983)
17) T. Hano, *et al.*, *J. Chem. Eng. Jpn.*, **8**, 127 (1975)
18) L. Pinard, *et al.*, *J. Catal.*, **299**, 284 (2013)
19) L. Pinard, *et al.*, *Catal. Today*, **218-219**, 57 (2013)

4 ゼオライト成形体触媒のコーク析出による劣化と対策

岡部晃博[*]

4.1 はじめに

本節では，工業的に広く利用されているゼオライト成形体触媒について長期連続使用において活性劣化の直接的な原因となるコーク析出に着目し，劣化挙動の解析およびそれに基づく有効な劣化対策について述べる。

ここでは，触媒については工業的に利用されている代表的なゼオライトとしてMFI型ゼオライトを，コーキングについては600℃以上の高温反応でありコーク析出による活性劣化が顕著なことで知られるナフサ接触分解を例として取り上げ，コーキング挙動について説明する。

ゼオライト触媒を実機使用するためには，様々な性能を勘案して成形触媒の設計および選定を行う必要がある。必要な性能としては，一般に以下のような分類ができる[1]。

① 化学的性能：活性，選択性，触媒ライフ（触媒組成や構造の安定性，耐熱性，耐被毒性，繰り返し再生後の安定性）など
② 物理的性能：一次粒子径・形状，成形体径，密度，熱容量など
③ 機械的性能：機械的強度，耐摩耗性など

用途に応じた性能のバランスが必要とされ，特に①化学的性能および③機械的性能の両立を勘案する必要がある。一般に③機械的性能は②物理的性能と相関させて向上させることができるが，これにより①化学的性能は悪化する場合が多く，相反する関係にあるといえる。例えば，成形体としての機械的強度（③に該当）を向上させるには，成形体の大径化や細孔容積の低減（②に該当）が有効であるが，それに伴い活性や触媒ライフ（①に該当）は悪化する。成形触媒として①～③のバランスを満足するように設計する必要がある[2]。

ゼオライト触媒は一般的に凝集強度が低いため，打錠成形等の圧縮成形体では十分な強度を得ることができず，割れにより微粉が発生し圧力損失に繋がる。そのため，図1にある通り，バインダーを添加した押出成形により強度を確保した成形触媒が工業触媒として一般的に用いられ

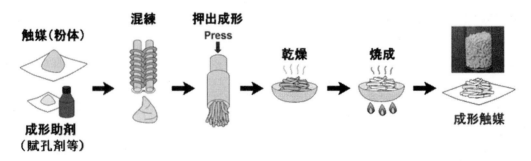

図1　ゼオライト触媒の概略成形フロー

---

* Akihiro Okabe　三井化学㈱　生産技術研究所　プロセス基盤技術グループ　主席研究員

第3章　劣化触媒の解析

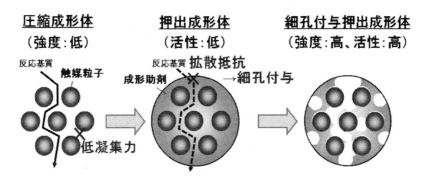

図2　成形触媒の設計コンセプト

る[2,3]。しかしながら，一般に触媒粒子がバインダーにより被覆されてしまうため，原料および生成物の物質拡散が阻害される。これにより，強度向上に相反して触媒活性の低下とコーキングによる触媒ライフの低下が起こる場合が多い。そこで，成形体内部にマクロスケールの物質拡散の流路を確保する必要が生じるため，ゼオライトのミクロ細孔とは別に付加的な細孔を付与して多孔質化した成形体として設計する[4,5]。多孔質化するための方策としては，主に下記2点の最適化が挙げられる（図2）。

- 混練および押出し等の成形条件
- 賦孔剤を含めた成形助剤の選定および配合比率

成形助剤の選定については，ゼオライト触媒は酸点が活性点となっていることから，特にアルカリ性の材料を避けて選定する必要がある。

成形条件の最適化のみでも細孔を付与することができるが，特に成形助剤として賦孔剤を添加することにより効果的に細孔を付与することができる。図3にMFI型ゼオライトの各種成形触媒の細孔分布を示す。

賦孔剤を添加していない(1)および(2)については，成形条件の最適化により細孔径10〜100 nmの主にメソ細孔領域の細孔が付与されている。また，賦孔剤を添加して調製した(3)については，(1)および(2)には見られない100〜1,000 nmのマクロ細孔領域に細孔が発達していることが分かる。なお，賦孔剤の添加により付与される細孔のサイズは，賦孔剤またはその凝集体のサイズにより決まる。

これらのMFI型ゼオライト成形触媒の活性劣化挙動について，コーキングによる活性劣化が顕著に起こるナフサ接触分解（図4，反応温度：650℃，低WHSV条件）の反応結果[2]から考察する。賦孔剤を添加していない(1)および(2)の成形触媒では，成形前の粉体触媒と比較して顕著な活性低下が起こる。ゼオライト触媒の活性点を形成する触媒中のAl成分含量については，いずれの触媒についても反応進行に伴う減少は見られておらず，ここでの活性低下はコーキングに起因していることが分かる。これらの結果は，MFI型ゼオライトを成形することにより，単に活性低下するだけでなく，コーキングによる劣化も促進されることを意味している。一方で，マク

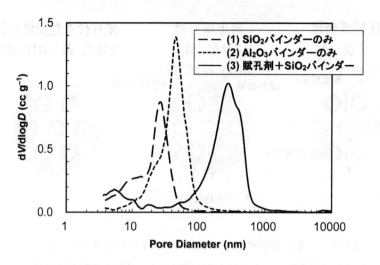

図3 各種MFI型ゼオライト成形触媒の細孔分布（水銀圧入法）

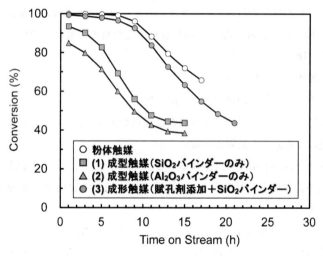

図4 各種MFI型ゼオライト触媒によるナフサ分解反応結果
反応温度：650℃，反応圧力：0.1 MPa，触媒量：1 g-zeolite，低WHSV条件

ロ細孔が発達した(3)については，粉体触媒と同程度の活性低下挙動となり，(1)および(2)と比較してコーキングによる活性劣化が低減されていることが分かる。これらの結果から，MFI型ゼオライト成形触媒の活性劣化低減には，マクロ細孔の存在が効果的に寄与することが分かる。

また，賦孔剤を添加して成形したMFI型ゼオライトについて，バインダー種の異なる2つの成形触媒を比較することにより，マクロ細孔に加えてメソ細孔にも一定の効果があることを確認することができる。図5および6には，それぞれSiO_2バインダーおよびAl_2O_3バインダーを用いて成形したMFI型ゼオライト成形触媒の細孔構造を評価した結果を示す。水銀圧入法（図5）

第3章 劣化触媒の解析

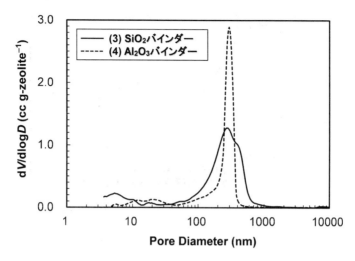

図5 バインダー種の異なるMFI型ゼオライト成形触媒の細孔分布（水銀圧入法）

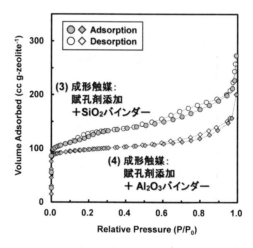

図6 バインダー種の異なるMFI型ゼオライト成形触媒の窒素吸脱着等温線

の結果から，いずれの成形体もマクロ細孔領域に同程度の径の細孔を有することが分かる。一方で，Al_2O_3をバインダーとした成形触媒には，SiO_2バインダーを用いた成形触媒に見られるようなメソ細孔領域の吸脱着がほとんど見られない。この2つの成形体の細孔構造の違いは，SiO_2バインダーがメソ細孔を形成しやすいことに起因しているといえるが，Al_2O_3バインダーを用いた場合でも条件を選ぶことによってメソ細孔を付与することはできる。

これら2つの成形触媒の活性劣化挙動を，ナフサ接触分解（図7，反応温度：650℃，高WHSV条件）の結果から考察する。マクロ細孔に加えてメソ細孔も発達しているSiO_2バインダー成形体については，高WHSV条件においても顕著な活性低下は見られず，粉体触媒並みであるといえる。一方で，マクロ細孔のみでメソ細孔が発達していないAl_2O_3バインダー成形体に

115

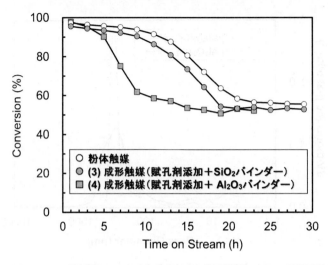

図7 バインダー種の異なるMFI型ゼオライト成形触媒のナフサ分解活性評価
反応温度：650℃，反応圧力：0.1 MPa，触媒量：1 g-zeolite，高 WHSV 条件

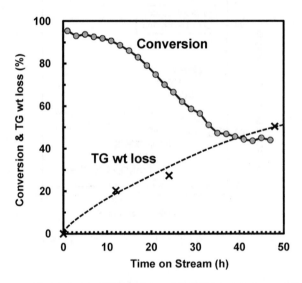

図8 MFI型ゼオライト成形触媒のナフサ分解反応におけるコーク生成量
反応温度：650℃，反応圧力：0.1 MPa，触媒量：1 g-zeolite，高 WHSV 条件

ついては顕著な活性劣化が起こる。これらの結果から，コーキングに起因する成形触媒の活性劣化を抑制するためには，マクロ細孔のみ付与するだけでは不十分であり，メソ細孔とマクロ細孔の両方が必要であることが分かる。これらの挙動の違いから，メソ細孔およびマクロ細孔が協奏的に働くことで，効率的に劣化抑制のための機能を発現することが示唆される。

MFI型ゼオライト成形触媒によるナフサ接触分解の転化率とコーク堆積量の経時変化（図8）から，ゼオライト成形触媒のコーキングと活性の挙動の関連について考察する。ナフサ導入後，

第3章 劣化触媒の解析

反応開始12時間までは90%程度の高転化率を維持できるが，12時間を経過した後に転化率の顕著な低下が見られる。一方で，活性劣化との関連があると考えられるコーク堆積量については急激な変化は見られず，成形触媒に対してのトータルのコーク堆積量だけでは活性劣化挙動は説明できないことが分かる。

ゼオライト成形触媒の細孔が活性劣化挙動に及ぼす影響をさらに詳細に考察するため，マクロ細孔とメソ細孔の関与を分割して考える。ナフサ分解反応の反応時間に伴うマクロ細孔（図9，水銀圧入法）とメソ細孔（図10，窒素吸脱着法）それぞれの経時変化，およびこれらの結果から算出した細孔容積の減少量とコーク堆積量の関係（表1）に着目する。

図9より，マクロ細孔については，高転化率を維持する反応開始後12時間までは反応開始前

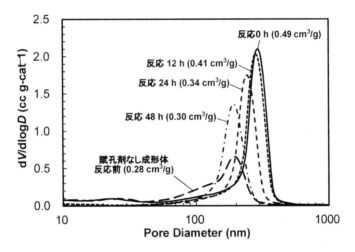

図9　ナフサ分解反応後のMFI型ゼオライト成形触媒細孔分布（水銀圧入法）

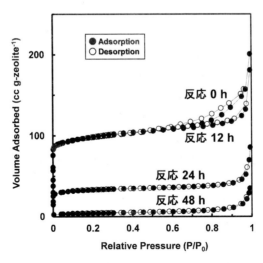

図10　ナフサ分解反応後のMFI型ゼオライト成形触媒の窒素吸脱着等温線

触媒劣化―原因，対策と長寿命触媒開発―

表1 ナフサ分解反応に伴う細孔容積減少とコーク堆積量

	Pore Volume 1-20 nm	Pore Volume 20-1000 nm	Pore Volume Loss (Total)	*Coke	
0 h	0.07	0.44			
12 h	0.04	0.39	0.08	0.13	
24 h	0.02	0.33	0.16	0.18	
48 h	0.01	0.29	0.21	0.28	(cm^3/g-pellet)

*Calculated based on 1.8 g/cm^3 as coke density

からほとんど変化が見られないが，12時間以降では顕著な転化率低下に伴う細孔径および細孔容積の減少が見られる。このことは，マクロ細孔へのコーク堆積が開始するに伴い，活性低下が起こることを意味している。また，図10において，メソ細孔に起因する $P/P_0 \geq 0.5$ の窒素吸脱着は，転化率が顕著に低下する前の反応開始12時間までに消失し，ゼオライトのミクロ細孔に起因する $P/P_0 \leq 0.05$ の窒素吸脱着が12時間後以降に減少している。このことから，高転化率を維持している間にもメソ細孔へのコーク堆積は進行しており，メソ細孔がコークで埋め尽くされた後にミクロ細孔の閉塞が始まって，転化率が急激に低下することが分かる。

上記のようなコーキングによる細孔容積の変化と活性劣化の挙動との関係から，下記のようなことが示唆される。

- メソ細孔によりマクロ細孔の細孔間が連結されることで，活性劣化抑制に有効に機能する
- メソ細孔が機能を失うことでマクロ細孔が閉塞し始め，ゼオライトのミクロ細孔閉塞が顕著となり急激な活性劣化を引き起こす

また，ゼオライト成形触媒を設計する上では，成形体強度の向上や圧力損失低減のため，必要に合わせて押出成形体のサイズや形状を制御する必要がある。形状の異なる MFI 型ゼオライト成型触媒のナフサ接触分解について，Thiele 数に対する触媒有効係数の関係，および Ergun の式から算出した圧力損失を図11に示す。触媒サイズが大きい程圧力損失は低減し強度は向上するが，拡散阻害の影響から触媒活性が低下し，細孔が有効に機能しなくなることで活性劣化も促進される。これらの相反する要素を制御するため，成形触媒のサイズのみでなく，形状まで含めて用途に応じて最適な設計をする必要がある。

これら一連の検討と考察から，ゼオライト成形体触媒のコーク析出による劣化と対策については下記のように結論付けることができる。

- ゼオライト成形触媒はコーク析出により活性劣化するが，細孔付与によって劣化は抑制することができる
- 活性劣化抑制には成形体にマクロ細孔を付与する必要があるが，効率的に機能させるためにはさらにメソ細孔を共存させることが重要となる
- 賦孔剤の使用によりゼオライト成形触媒に細孔を付与することができるが，メソ細孔も共存させた劣化抑制に有効な構造とするための成形条件の最適化が必要となる

第3章　劣化触媒の解析

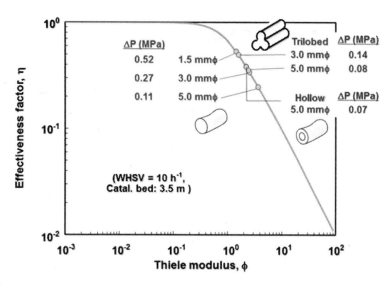

図11　MFI型ゼオライト成型触媒のナフサ接触分解における触媒有効係数と圧力損失線

- 劣化を抑制のための成形触媒設計によって相反して生じる強度低下と圧力損失上昇を緩和するため，最適な成形体のサイズと形状を選定する必要がある

文　　　献

1)　松久敏雄，触媒，**52**, pp.298-303（2010）
2)　岩本正和ほか，触媒調製ハンドブック，pp.686-694，エヌ・ティー・エス（2011）
3)　小野嘉夫，御園生誠ほか，触媒便覧，pp.290-301，触媒学会（2008）
4)　梅野道明，秋山聰，岡部晃博，水津宏，第112回触媒討論会予稿集，1H03（2013）
5)　岡部晃博，第8回触媒劣化セミナー予稿集（2014）

5 軽油超深度脱硫触媒の劣化と寿命推定

藤川貴志[*]

5.1 はじめに

　石油精製触媒の活性劣化にはコーク堆積，重金属沈着その他の原因があり，それらが初期あるいは長期の活性劣化の原因となっている。そのため，石油精製触媒の研究開発では活性向上に関する研究のみならず触媒の寿命安定性並びに劣化のメカニズムに関する研究が不可欠であり，触媒寿命に十分に配慮した検討が重要となる。特に，商業装置では連続運転が必須条件であるため，触媒には長期の寿命の保証が要求される。本稿では，石油精製における軽油水素化脱硫触媒の劣化のメカニズムと寿命推定について概説する。

5.2 軽油脱硫触媒の劣化メカニズム

　触媒の活性劣化の原因にはコーク（縮合多環芳香族化合物）の生成，触媒毒の吸着，活性金属のシンタリング，触媒の変形あるいは破壊など多くの原因があり，その各々について種々の研究が行われている。軽油の水素化脱硫触媒の劣化原因については，コークプリカーサー（前駆体）が反応とともに触媒上に分解沈着しコークとなって活性点を被覆されるためであると考えられている[1,2]。コークプリカーサーとして想定されるのは，多環芳香族化合物，極性官能基を持つ化合物などが挙げられ，これらの化合物が触媒上で，分解，脱水素，重縮合してコークを生じるものと考えられている。特に注目されるのは，これらの物質は一方では水素化されつつも同時に分子が縮合し，芳香族性が高くなり触媒上でコーク化することである。つまり，原料中に含まれる多環芳香族化合物や極性官能基を持つ化合物に加え，水素化反応によって生成したナフテン類およびパラフィン類も重縮合により多環芳香族となりこれらがコークプリカーサーとして触媒表面に強く吸着することにより，脱硫活性点を被覆し劣化の原因となる。

　脱硫触媒の表面は，Al_2O_3 担体上に高分散に担持された数 nm サイズの Co(Ni)，Mo の硫化物クラスターから構成され，担体上の Mo 硫化物（MoS_2）結晶のエッジサイトに Co(Ni) 原子が配置した CoMoS(NiMoS) 構造が脱硫活性点として存在する[3]。触媒上に堆積したコークは直接的な触媒毒となるのではなく，これらの脱硫活性点を覆うことによって，触媒劣化を起こすと考えられている（図1）[4]。

　Koizumiら[5,6]は軽油の超深度脱硫反応（サルファーフリー：生成油硫黄分 10 ppm 以下）に使用した $NiMoP/Al_2O_3$ 触媒を X 線吸収微細構造（XAFS）で調べた結果，NiMoS 構造からの Ni 原子の分離は起こらないことを確認している。Shimadaら[7,8]は，減圧軽油（VGO）を用いて1年間脱硫反応を行った NiW 触媒，CoMo 触媒の表面を XAFS，透過型電子顕微鏡（TEM）を用いて観察した結果，活性点からの Ni, Co の分離は起こらず，CoMoS, NiWS 構造が安定であることを確認している。

---

　[*]　Takashi Fujikawa　アルベマール日本㈱　石油精製触媒部　技術担当部長

第3章　劣化触媒の解析

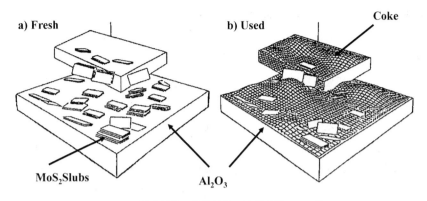

図1　脱硫触媒の使用前後の触媒表面モデル[4]

図2　CoMo系脱硫触媒の使用前後のTEM写真像[9]

図2[9]に，パイロットプラントで軽油の超深度脱硫運転条件下にて長期寿命試験（100日以上）を行ったCoMo系脱硫触媒の使用前後のTEM写真像を示す。いずれの触媒もMoS_2結晶の面方向の長さは約3nmで，使用前後でほとんど変わっていない。CoMoS構造のエッジサイトに位置するCo原子が，MoS_2結晶の面方向への広がりを抑制する堤防の役割を果たしているものと推測した。

したがって，軽油超深度脱硫触媒の劣化の主原因はコーク劣化によるもので，活性点CoMoS(NiMoS)構造の分解等に起因する構造変化によるものではないと考えられる。

5.3　触媒上の堆積コークの特徴

Koizumiら[5,6]は，ベンチプラントおよび商業装置で使用された軽油脱硫触媒を昇温酸化法（TPO：Temperature programmed Oxidation）で分析し，燃焼性の異なる数種類のコークが触媒上に堆積していることを見出した。その中で燃焼性の低いコーク（ハードコーク）の堆積量の多い触媒ほど脱硫活性が低下することを明らかにした。その堆積量は原料軽油の90％留出温度が高い場合や反応温度が高い場合に多くなることから[6]，原料軽油中の重質成分がコークプリ

カーサーとなって触媒上に堆積し，経時に伴う反応温度の上昇により，ハードコーク化して触媒が徐々に劣化するものと推測される。実際に，Koizumi らはレーザーラマン分光法の結果から，脱硫運転時の経時に伴ってアモルファスコーク（ソフトコーク）がグラファイト化してハードコークに変化していく現象を見出している[5]。

　1990 年代から 2000 年代前半にかけて，軽油の超深度脱硫の研究が精力的になされた。その際に，原料軽油中に含まれる窒素化合物による劣化が注目されるようになった。重質油の水素化脱硫では，塩基性窒素化合物（窒素原子に局在する孤立電子対を有する化合物：ピリジン，キノリン，アニリン等）が Al_2O_3 担体上の酸点に強く吸着し重合して触媒上にコークを形成すると推測されている。しかし，軽油の場合は脱硫前の原料油中に含まれる窒素化合物は，中性のカルバゾール類が主で，塩基性窒素化合物はほとんど含んでいない[10~12]。

　実際，既存の触媒（$CoMoP/Al_2O_3$）を用いた脱硫反応で硫黄分 500 ppm の領域まで脱硫しても窒素化合物（カルバゾール類）はほとんど脱窒素されずに，そのままの状態で生成油中に残存している[13]。

　しかし，カルバゾール類は，その芳香環が水素化された場合，塩基性の性質に変わることが見出されている[14,15]。水素化処理中に部分水素化されたカルバゾールは塩基性となり，Al_2O_3 担体上の酸点に吸着して，コークプリカーサーの一部になるものと推測される。

　製品硫黄分 500 ppm の脱硫領域までは，窒素化合物の脱窒素が始まる前に，十分に硫黄分が除去できていたが，超深度脱硫領域では，難脱硫性硫黄化合物（4,6-ジメチルジベンゾチオフェン等，硫黄原子近傍にアルキル基などの立体障害性の置換基を持つアルキル置換ジベンゾチオフェン類）の脱硫反応の進行と同時に，カルバゾール類も水素化され，塩基性窒素化合物に変化して初期劣化の原因物質になるものと考えられる。したがって，窒素化合物による劣化を防ぐためにはカルバゾール類が水素化された後，直ちに脱窒素する触媒機能が必要になると考えられる。

5.4　触媒の長寿命化

　サルファーフリー領域で軽油脱硫触媒を長寿命化するには，できるだけコーク析出の起きにくい反応条件を選ぶ必要がある。触媒の劣化速度は，高温，低水素分圧ほど大きい。したがって，長寿命化のためには反応温度を低温にして水素分圧を上げることで化学平衡的にコークプリカーサーの水素化を進めれば，コーク劣化は抑制できると考えられる。

　製油所の軽油脱硫装置では，設備の増強（反応塔の増設：液空間速度低下による接触時間の向上，水素分圧向上による脱硫反応速度アップ，反応温度の低温化，水素化反応の促進）によってコーク劣化を抑制することで長寿命化が可能となる。ただし，反応塔の容積を大きくした場合，使用後の廃触媒の処分量が増えるなどの問題が生じる。また，反応塔を高圧対応に替えて水素分圧を増加しすぎると脱硫反応と同時に芳香族化合物の水素化が進むため，水素消費量の増大を招く。さらに，反応塔の増設，反応塔の高圧対応への変更は莫大な設備投資を伴う欠点がある。

第3章　劣化触媒の解析

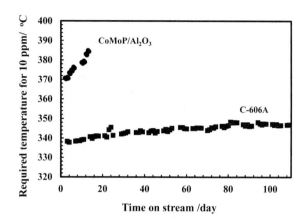

図3　パイロットプラント活性評価結果：脱硫触媒の性能の違いによる劣化勾配の差[9]

したがって，最低限のコストでサルファーフリーを達成するには，高液空間速度，低水素分圧の条件で，低温脱硫処理が可能な高脱硫活性・高安定性な触媒を開発する必要がある。

2000年代初頭，コスモ石油㈱は，新規な触媒調製技術によって500 ppm対応用の軽油深度脱硫装置を増強せずにサルファーフリーを達成できる高活性な脱硫触媒（C-606A）を開発した[9]。

既存の触媒（硫黄分500 ppm対応軽油脱硫触媒：CoMoP/Al$_2$O$_3$）と開発触媒（C-606A）をパイロットプラントにて活性評価した結果が図3[9]である。運転は，液空間速度1.3h^{-1}，水素分圧4.9 MPa，水素／油比200（Normal）m^3/klで一定の生成油硫黄分10 ppmが得られるように活性劣化分を温度で補う運転モード（定脱硫運転）で実施された。既存の触媒でサルファーフリーを達成するには，運転温度を反応初期（SOR：Start of Run）から高温にする必要があり，その結果，経時に伴う劣化が大きい。一方，開発触媒では，同一水素分圧，同一液空間速度で低温領域からサルファーフリー運転を開始することができるため，劣化勾配（昇温速度）が小さく脱硫活性が安定的に維持されることが確認された。

5.5　触媒寿命推定

軽油水素化脱硫装置の商業運転では，日常的に反応条件（原料油性状，処理量，等）が変化する。したがって2年以上の長期間に及ぶ反応挙動を克明に予測しておくことは実用的，反応工学的にきわめて重要である。石油会社，プロセスライセンサー，触媒メーカー等は，それぞれ軽・重質油水素化脱硫反応の反応速度式（反応条件補正式，油種補正式等），相関式，触媒劣化式，触媒組合せ系の相乗効果補正係数などの多数のファクターを考慮したループプログラムを開発し，コンピューターシミュレーションにより製油所商業脱硫装置で運転する際の長期反応挙動を予測している[16〜18]。

軽油の水素化脱硫反応における触媒劣化の主原因は，上述したとおり，触媒表面へのコークの付着によるものである。触媒のコーク劣化の原因は，コークの付着によって活性点の被覆や細孔

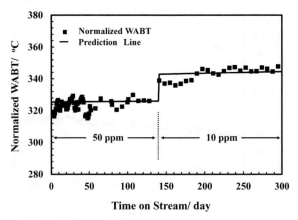

図4 実装置運転データ（コスモ石油㈱千葉製油所軽油脱硫装置）[9]

径の縮小・閉塞による内部拡散の低下などが起こり，活性点が見かけ上，減少するためと考えられる。軽油の水素化脱硫の場合は，活性点の劣化速度を一次と仮定した劣化速度式が，コーク劣化の動力学的シミュレーションモデルとして有効であることが商業脱硫装置で確認されている[16]。

一例として，シミュレーションで得られた推定線と軽油商業脱硫装置における運転データをノーマライズした触媒活性の相関性を図4[9]に示す。触媒性能・寿命予測シミュレーターで得られた推定線は商業装置の実運転データの触媒活性推移と良好な一致が見られており，商業装置での運転における触媒性能をシミュレーターで事前予測できることが分かる。

5.6 おわりに

昨今の石油産業を取り巻く事業環境は厳しさを増しており，国内製油所では経営基盤強化に向けた競争力確保のため，石油精製装置の高付加価値運転が最優先の課題となっている。特に水素化脱硫触媒は石油精製の要の技術であり，その高性能化は常に必要とされる。重油留分の削減や国際的環境保全の観点からみれば，今後も高活性，長寿命の軽・重質油水素化脱硫触媒の開発は重要な課題となる。そのためには，触媒の高活性化もさることながら，触媒劣化を積極的に抑制するような触媒開発も考えていかねばならない。

今後，石油精製企業においては，より多様で重質な原料油の処理を念頭に，活性劣化を抑制して長期運転ができるように，触媒の高性能化と水素化脱硫装置の運転操作の最適化／効率化を図り，石油精製装置の高い稼働率を確保して収益をより一層改善させていく必要があろう。そのためには，石油精製触媒の劣化挙動の解明／高活性・低劣化型触媒の開発／高精度な触媒寿命推定技術の果たすべき役割は今後ますます重要になると考えられる。

第3章 劣化触媒の解析

文　献

1) J. H. Koh, J. J. Lee, H. Kim, A. Cho, S. H. Moon, *Appl. Catal. B*, **86**, 176 (2009)
2) M. A. Callejas, M. T. Martinez, T. Blasco, E. Sastre, *Appl. Catal. A*, **218**, 181 (2001)
3) H. Topsøe, B. S. Clausen, N. -Y. Topsøe, P. Zeuthen, *Stud. Surf. Sci. Catal.*, **53**, 77 (1989)
4) J. van Dorn, J. A. Moulijn, G. Djega-Mariadassou, *Appl. Catal.*, **63**, 77 (1990)
5) N. Koizumi, Y. Urabe, K. Inamura, T. Itoh, M. Yamada, *Catal. Today*, **106**, 211 (2005)
6) N. Koizumi, Y. Urabe, K. Hata, M. Shingu, K. Inamura, Y. Sugimoto, M. Yamada, *J. Jpn. Petrol. Inst.*, **48**, 204 (2005)
7) Y. Yokoyama, N. Ishikawa, K. Nakanishi, K. Satoh, A. Nishijima, H. Shimada, N. Matsubayashi, M. Nomura, *Catal. Today*, **29**, 261 (1996)
8) H. Makishima, Y. Tanaka, Y. Kato, S. Kure, H. Shimada, N. Matsubayashi, A. Nishijima, M. Nomura, *Catal. Today*, **29**, 267 (1996)
9) T. Fujikawa, H. Kimura, K. Kiriyama, K. Hagiwara, *Catal. Today*, **111**, 188 (2006)
10) S. Shin, H. Yang, K. Sakanishi, I. Mochida, D. A. Grudoski, J. H. Shinn, *Appl. Catal. A*, **205**, 101 (2001)
11) P. Zeuthen, K. G. Knudsen, D. D. Whitehurst, *Catal. Today*, **65**, 307 (2001)
12) S. Djangkung, S. Murti, H. Yang, K. -H. Choi, Y. Korai, I. Mochida, *Appl. Catal. A*, **252**, 331 (2003)
13) T. Fujikawa, *Topics in Catalysis*, **52**, 872 (2009)
14) M. Nagai, T. Kabe, *J. Catal.*, **81**, 440 (1983)
15) T. Koltai, M. Macaud, A. Guevara, E. Schultz, M. Bacaud, M. Vrinat, *Appl. Catal. A*, **231**, 253 (2002)
16) K. Idei, Y. Yamamoto, H. Yamazaki, Kagaku Kogaku Ronbunshu, **21**, 972 (1995)
17) N. Kagami, R. Iwamoto, T. Tani, *Fuel*, **84**, 279 (2005)
18) N. Kimura, Y. Iwanami, R. Koide, R. Kudo, *Jpn. Appl. Phys.*, **56**, 06GE08 (2017)

6 シンタリングによる触媒劣化のシミュレーション

畠山 望[*1], 三浦隆治[*2], 鈴木 愛[*3], 宮本 明[*4]

触媒の劣化は，触媒の活性面積が減少する現象と言い換えられよう。その要因として，触媒毒による被毒以外には，特に温度が上昇すると顕著になる，シンタリングによる触媒表面積自体の減少が挙げられる。これまで，金属酸化物に担持された白金やロジウム，固体高分子形燃料電池におけるカーボン担持白金などについて，シンタリングによる触媒の劣化をシミュレーションしてきた[1~4]。これは，量子化学計算によるエネルギー解析に基づいたメソスケールの動的モンテカルロ法によって，担持金属と担体の粒子レベルでの拡散と合体を計算することにより，触媒全体のシンタリングを評価する手法である。さらには，蒸散と凝集による粒子のOstwald成長もシンタリングに寄与する場合があるため[5]，その効果も評価できるシミュレーション手法へと発展させている。

担持金属と担体の拡散係数を，それぞれ

$$D_M(r_M) = D_{M0}(2r_M)^{-n}\exp\left(-\frac{E_M}{RT}\right) \tag{1}$$

$$D_S(r_S) = D_{S0}(2r_S)^{-n}\exp\left(-\frac{E_S}{RT}\right) \tag{2}$$

と表す。ここで，添え字のMとSはそれぞれ担持金属と担体を意味し，rは粒子半径，nは粒子サイズへの依存指数で正値，Eは活性化エネルギー，Rは気体定数，Tは絶対温度である。また，D_{M0}とD_{S0}は，それぞれD_MとD_Sの有次元係数である。粒子径が小さいほど，また活性化エネルギーが小さく温度が高いほど拡散が容易となり，シンタリングが進行する。

担持金属のシンタリングおよび担体粒子の粒成長の関係について，図1に模式的に示す[2]。担持金属は，担体酸化物の酸素との結合が強く，担体への吸着エネルギーが大きい方が，拡散が抑制されてシンタリングしにくくなる（$E_M' > E_M$）。そのように担持金属と担体の酸素が強く結合していると，担体を構成している金属と酸素間の結合は，逆に弱くなる。担体酸化物内部における金属と酸素の結合が弱い場合には，拡散障壁が低くなり，粒成長しやすくなる（$E_S' < E_S$）。従って，担持金属のシンタリングと担体酸化物の粒成長を同時に抑制するためには，適切な温度制御を行うか，あるいは表面修飾により金属の担持を強めるなどの工夫が必要となる。

[*1] Nozomu Hatakeyama　東北大学　未来科学技術共同研究センター　准教授
[*2] Ryuji Miura　東北大学　未来科学技術共同研究センター　助教
[*3] Ai Suzuki　東北大学　未来科学技術共同研究センター　准教授
[*4] Akira Miyamoto　東北大学　未来科学技術共同研究センター　教授

第3章　劣化触媒の解析

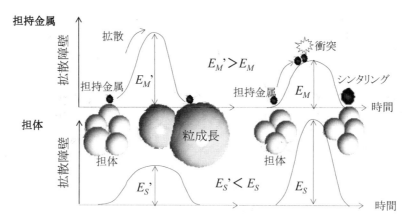

図1　拡散による担持金属および担体シンタリングの模式図
A. Suzuki et al., *Top. Catal.*, **52**, 1852-1855（2009），Fig. 1(b) より

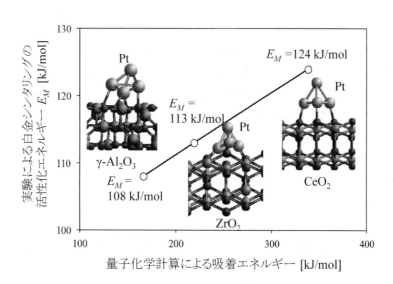

図2　担持金属のシンタリング活性化エネルギー
A. Suzuki et al., *Top. Catal.*, **52**, 1852-1855（2009），Fig. 2 より

　様々な担持金属のE_M，担体酸化物のE_Sを，量子化学計算により見積もることが可能である。白金を担持金属，アルミナ，ジルコニア，セリアを担体とした場合のE_Mの解析例を，図2に示す[2]。実測されたE_Mに対して，量子化学計算により求められた白金の担体への吸着エネルギーが，非常によい相関性を示している。白金は，アルミナに対しては相対的に吸着が弱いため，拡散してシンタリングしやすくE_Mが大きくなるが，セリアに対しては吸着が強いため拡散が抑えられ，E_Mは小さくなる。図3に示すように，アルミナ，ジルコニア，セリア担体のE_Sについても，量子化学計算による担体内部の金属-酸素間の結合エネルギーとの相関関係が明らかである[2]。白金の吸着エネルギーとは逆に，アルミナは金属-酸素の結合が強いために粒成長しにく

127

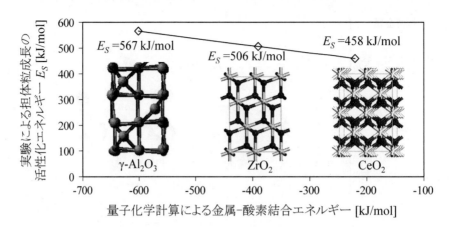

図3 担体金属酸化物の粒成長活性化エネルギー
A. Suzuki *et al.*, *Top. Catal.*, **52**, 1852-1855 (2009), Fig. 3 より

く E_S が大きくなるのに対して, セリアは金属-酸素の結合が相対的に弱いために E_S も小さくなる。セリアジルコニアやシリカなど, 他の担体についても, 同様の相関関係が成り立つことを確認している。複雑な組成の複合酸化物であっても, 大規模計算が可能な独自の量子化学計算による吸着エネルギーから E_M, E_S を見積もることによって, 実験を経ずにシンタリング挙動の解析ができる。

粒子レベルのシンタリングは, 動的モンテカルロ法を用いることにより, 実時間に対応したシミュレーションが可能となる。まず, 担持金属と担体について, 担持量, 担体の体積分率, それぞれの粒径分布を決めて, 粒子モデルを作成する。温度と積分時間 Δt を設定し, 各粒子の拡散係数 D を用いて, $\Delta x = \sqrt{D \Delta t}$ によって移動距離 Δx を決める。担持金属粒子と担体粒子の拡散係数は, 粒子半径と温度に依存しており, それぞれ式(1)と(2)で与えられる。各時間ステップにおいて, 全ての粒子をランダムな方向に酔歩させた後で衝突判定を行い, 担持金属同士が接触すれば体積保存で合体させ, 担体同士では粒成長させる。アルゴリズムが簡潔であり, 非常に小さな計算負荷で, 実時間に対応するシンタリング挙動をシミュレーションできる。

特に高温では, 金属触媒の蒸散が無視できない場合があるため, 上記シミュレータの拡張を行った。曲率半径 r の球状粒子における蒸気圧は, 表面応力 γ, 分子量 M, 質量密度 ρ, 気体定数 R, 温度 T と, T における平面の飽和蒸気圧 p_{eq} を用いて, 次の Ostwald-Freundlich の式で求められる[6]。

$$p = p_{eq} \exp\left(\frac{2M\gamma}{\rho R T r}\right) \tag{3}$$

この時, 蒸発モル流束 j は, 次の Hertz-Knudsen-Langmuir の式で計算される。

第3章 劣化触媒の解析

$$j = \frac{p}{\sqrt{2\pi MRT}} \tag{4}$$

ここでは，自動車排ガス触媒を想定して，気相からの凝集過程は考慮せずに，蒸散の影響を最大限に見積もるようにしている。式(3)，(4)から明らかなように，粒子半径 r が小さいほど，蒸気圧が上昇して蒸発流速が増加し，従って粒子の体積および表面積が減っていく。ここで，p_{eq} と γ が決まると，蒸発を含むシンタリング挙動が解析できる。一例として，担持金属を白金，担体をセリアとしたシミュレーション結果を以下に示す。

自動車エンジンでは，理論空燃比に対して混合気の濃いリッチ状態と，薄いリーン状態が繰り返される。担持白金粒子は，時間遅れなく，リーン時に表面が酸化されて PtO となり，リッチ時には還元されて Pt に戻るものとする。平面状の白金および酸化白金に対する飽和蒸気圧 p_{eq} は，実測で求められている[7〜9]。図4に示したように，実測の温度依存性から低温側に外挿して，対応する温度における蒸気圧を用いる。白金の酸化数が大きくなるほど蒸発しやすくなり，PtOの蒸気圧は Pt よりも 600℃ で 10^5 倍，1,000℃ で 10^2 倍ほど大きい。表面応力 γ については，表面が液状化していると仮定して，密度汎関数法により求められている表面自由エネルギーを参考に設定する。Pt の表面自由エネルギーは，(111) 面で 2.35 J/m^2，(100) 面で 2.48 J/m^2 と求められている[10]。実験でも 2.48 J/m^2 という値が報告されているため[11]，この値を用いる。PtO については，密度汎関数法により，(101) 面で 0.90 J/m^2 と計算されているが[12]，面方位の依存性を考えて，今回は 0.5 J/m^2 と設定した。例えば，α-PtO$_2$ では (0001) 面では $\gamma = 0.01$ J/m^g であるのに対して，他の面方位では，1.06〜1.56 J/m^2 であることが報告されている[13]。

メソレベルの白金担持セリア粒子モデルは，初期構造を図5(a)のように構築した。セルサイ

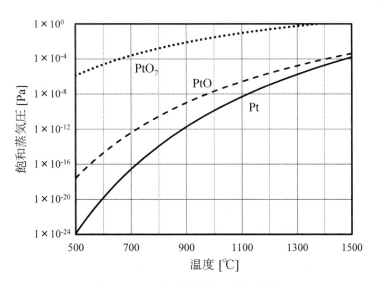

図4　白金および酸化白金の飽和蒸気圧

ズは一辺 500 nm で周期境界，白金の直径は 10 nm で一定，セリア担体粒子の直径は 200 nm で一定とした。白金とセリアの粒子数は，それぞれ 383 個と 13 個であり，比表面積は 28.0 m^2/g と 4.11 m^2/g になった。積分時間 0.1 s，温度を 600℃と 1,000℃に設定し，リッチ条件 60 ステップ，リーン条件 600 ステップを繰り返して，50 時間のシミュレーションを行った。Pt と PtO の飽和蒸気圧は，実験に基づく近似式から外挿して（図 4），600℃では Pt が 1.53×10^{-20} Pa で PtO が 1.96×10^{-15} Pa，1,000℃では Pt が 1.28×10^{-10} Pa で PtO が 2.04×10^{-8} Pa となった。

50 時間後のモデルを，600℃は図 5(b)，1,000℃は図 5(c) に示す。図 5(b) より，600℃ではほとんどシンタリングしていない。実際に，50 時間後の白金粒子数は 308，セリア粒子数は 12 であり，白金の蒸散量も 1 原子以下であった。拡散と蒸散のどちらも小さく，シンタリングが進行していないとみなせる。一方，図 5(c) から明らかなように，1,000℃では担持白金のシンタリングとともに，セリア担体の粒成長がみられる。この時の白金粒子数は 60，セリア粒子数は 10 であり，また白金の総蒸散量は初期質量の 0.3% であった。

シンタリングによる触媒劣化の時間変化を連続的に見るために，白金の粒子数と比表面積の時間発展を図 6 に示した。600℃では，初期の非常に短い時間で定常に達している。それに対して 1,000℃では，白金粒子数，比表面積ともに最初の 10 時間で急激に減少した後は変化が緩やかに

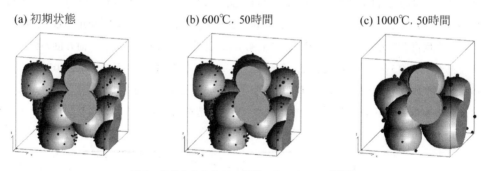

図 5　担持白金とセリア担体のシンタリング挙動

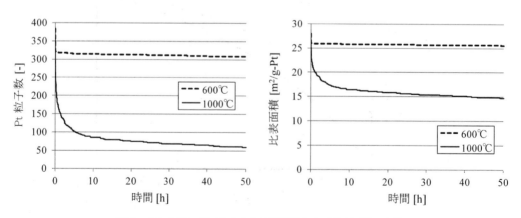

図 6　シンタリングによる白金の粒子数および比表面積の変化

第3章 劣化触媒の解析

なり,50時間後には一定値に収束しつつあることが分かる。最終的な白金の比表面積は,600℃で25.6 m^2/g,1,000℃で14.7 m^2/gであった。これらの結果については,モデルサイズの妥当性を検証するために,各辺を2倍に拡張した8倍サイズのモデルでも計算を行い,確認をしている。

以上,粒子モデルに基づいた,シンタリングによる担持金属触媒の劣化シミュレーションについて,計算手法と計算例を解説した。今回の計算条件では,担持金属の蒸散がシンタリングに影響するまでには至らなかったが,担体種やサイクル条件,温度によっては蒸散の影響が無視できない場合もあると考えられる。また,図4に示したPtO$_2$の蒸気圧曲線からも明らかなように,より強い酸化雰囲気ではPtOよりもPtO$_2$として,より容易に蒸散することになる。実時間での触媒劣化を定量的に解析することのできるシミュレーション手法が構築できたので,実験との比較によってシミュレータの高度化を進めることで,更なる予測精度の向上と応用範囲の拡大が期待される。

文献

1) A. Suzuki et al., *Surf. Sci.*, **603**, 3049-3056 (2009)
2) A. Suzuki et al., *Top. Catal.*, **52**, 1852-1855 (2009)
3) A. Suzuki et al., *Int. J. Hydrogen Energy*, **37**, 18272-18289 (2012)
4) A. Suzuki et al., *J. Comput. Chem. Jpn.*, **12**, 61-70 (2013)
5) T. W. Hansen et al., *Acc. Chem. Res.*, **46**, 1720-1730 (2013)
6) R. von Helmholtz, *Ann. Phys.*, **263**, 508-543 (1886)
7) R. F. Hampson, Jr., & R. F. Walker, *J. Res. Natl. Bur. Stand., A Phys. Chem.*, **65**A, 289-295 (1961)
8) C. B. Alcock & G. W. Hooper, *Proc. Roy. Soc. A*, **254**, 551-561 (1961)
9) J. G. McCarty et al., *Stud. Surf. Sci. Catal.*, **111**, 601-607 (1997)
10) H. L. Skriver & N. M. Rosengaard, *Phys. Rev. B*, **46**, 7157-7168 (1992)
11) F. R. de Boer et al., "Cohesion in Metals: Transition Metal Alloys", p.619, North-Holland (1988)
12) N. Seriani et al., *J. Phys. Chem. B*, **110**, 14860-14869 (2006)
13) T. M. Pedersen et al., *Phys. Chem. Chem. Phys.*, **8**, 1566-1574 (2006)

7 迅速寿命試験

室井高城[*]

7.1 はじめに

　触媒の寿命試験は容易ではない。実際の反応では原料に分析の困難な極微量のS化合物や重金属などの触媒毒が必ず含まれているからである。また，副反応によって生じる高分子化合物がカーボンとして蓄積するかもしれない。そのため工業化には実ガスを用いた長期試験が必須である。ある程度の寿命が予測できなければ工業化できない。とはいえ，1年以上の長期寿命試験を何度も行うことは困難である。迅速寿命試験は触媒プロセスの工業化にとって極めて重要な技術である。

7.2 触媒の劣化現象の理解

7.2.1 懸濁層

　懸濁層の場合の寿命試験は同一の触媒で何度も繰り返し実験を行えば良い。劣化現象は繰り返し使用するに従い反応完結までの時間が長くなることで現われてくる。何回使用できるか分かれば触媒の製造コストに占める割合が計算できる。反応によっては100回以上繰り返し使用しても劣化しないものもある。その場合は固定床での反応も可能である。しかし，反応によっては1～2回しか使用できない場合もある。その時は，2回目以降，少しずつ触媒量を追加させることによって繰り返し使用の可能性を検討することになる。触媒の追加量を最適化することにより寿命を予測することができる。

7.2.2 固定層

(1) **劣化による反応ゾーンの移動**

　Ru/Al_2O_3を用いてCOとH_2からメタンを製造する場合，原料中の微量のSにより触媒が劣化することが分かっている。そのため，反応は最初に触媒層の入口側で生じるが劣化するに従い反応層の下部に移動してくる[1]。発熱分布のプロファイルの移動速度を観察することにより触媒の劣化を予測することが可能である（図1）。

(2) **酸化反応による劣化現象**

　Pt/Al_2O_3触媒を用いたVOC（Volatile Organic Compounds）の完全酸化除去反応では処理ガス中に含まれる触媒毒成分や空気中のダストにより経時的に触媒が劣化する。ベークライト工場排ガスの浄化では排ガス成分はフェノールやメタノールが主である。通常は排ガス処理の触媒層の温度は300℃に設定してあるので寿命が来るまで劣化現象は観察されない。しかし，定期的に触媒のサンプルを抜き出しフェノールよりも燃焼し難いn-ヘキサンを用いて試験すると，触媒活性を示す酸化曲線は経時するごとに徐々に高温サイドに移動していることが分かる（図2）。この場合の触媒の劣化原因は樹脂の耐熱性を向上させる目的で添加されているPとBr化合物で

---

[*] Takashiro Muroi　アイシーラボ　代表

第3章 劣化触媒の解析

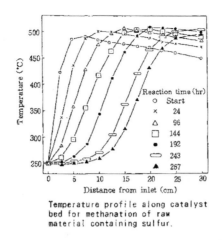

図1 Ru/Al$_2$O$_3$によるメタン化反応の経時変化[1]

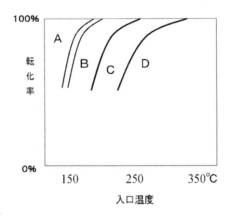

図2 酸化触媒の経時変化
Pt/Al$_2$O$_3$, n-ヘキサン：340 ppm in air, S.V. 12,000 hr^{-1},
A：新触媒, B：1年経過, C：1.5年経過, D：2年経過

ある。

図3に新触媒によるSV（Space Velocity：空間速度）の違いによる酸化特性を示す。図3の曲線は図2の曲線に酷似している。固定床反応においては，高SVでの反応というのは触媒量を少なくした条件と同じで図2の経時変化は有効な触媒面（活性サイトと言われることもある）が触媒毒や物性の変化などの何らかの原因により減少したことを意味している。触媒劣化は高SV試験で予測することが可能であるといえる。

7.3 実際の反応試験
7.3.1 物性値との相関データによる寿命予測

触媒寿命の推定は容易にはできない。実際の反応を長期間やってみて，あらかじめ簡単な寿命

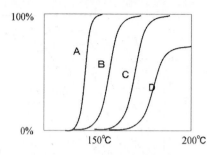

図3 酸化触媒によるSVと転化率
0.2%Pt/Al$_2$O$_3$, Toluene：500 ppm in air
＊SV＝処理ガス量(NL/Hr)／触媒量(L)
A：10,000 hr^{-1}, B：20,000 hr^{-1}, C：40,000 hr^{-1}, D：60,000 hr^{-1}

　測定方法との相関のデータを見つけられればよいが，そうでなければ劣化原因が分からないと寿命の推定はできない。SVを上げての試験ではTar成分が原因の場合や熱によるシンターリングの場合は予測することはできない。また，原料から来る微量触媒毒の場合では高温度で運転しても寿命との相関は取れない。

　また，1日24時間の連続寿命試験をやらず，昼間だけの寿命試験を繰り返すだけでは本当の寿命試験にはならない。休止中に副反応が生じたり，カーボン質が生成し細孔が閉塞されたりするからである。

　実際の反応との相関のある試験方法が確認されなければ迅速寿命試験はできないが，劣化原因がシンターリングと考えられる場合は簡易的には電気炉での熱処理で試験することができる。実際の反応温度よりも高温度で試験する。カーボン質の生成であれば，実際の操作温度より高温で運転すれば迅速試験となる。原料に含まれる重金属などの触媒毒が劣化原因であれば通油量に比例するので高SVで流通させて試験することはある程度可能である。触媒毒と考えられる物質や劣化触媒の分析から判明した触媒毒を意識的に触媒に含浸吸着させ活性を調べることにより推定することもできる。化合物の形態や付着方法により毒性は異なるが傾向をつかむことができる（図4）。

7.3.2　反応器内温度プロファイル測定による寿命予測

　固定床反応で発熱反応や吸熱反応であれば触媒層内の熱分布の移動を観察することにより触媒寿命の推定が可能である。触媒は劣化するに従い，触媒層入口側から発熱ゾーンが出口側に移動してくるからである。出口側に移動し未反応物がリークし始めたら，入口温度を10℃程度上げると発熱ゾーンは再び入口側に移動する。発熱ゾーンの移動の速度を測定することと触媒層の最大使用温度（副反応や重合物の生成促進温度）によって触媒の寿命を推定することができるのである。吸熱反応の場合は，発熱ゾーンが吸熱ゾーンに変わるだけである。より触媒寿命を延ばしたい場合は触媒層を長く（触媒量を増加）してやればよいことになる（図5）。

第3章　劣化触媒の解析

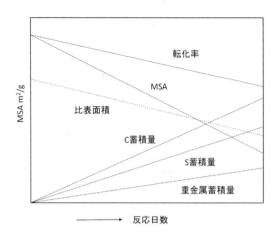

図4　相関データによる寿命推定

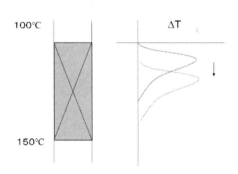

図5　触媒層温度プロファイルの移動による寿命試験

7.3.3　高SVによる試験

SVが小さいと短期間では劣化の状況は分からないが，高SVで反応させると劣化状況を知ることができる。具体的には，寿命試験を実際のSVで実液を流通させ，1～2週間毎に試験の時に高SVで試験データを取ることを繰り返すことで行う（図6）。

7.3.4　周期的パルス法

劣化促進法として原料を定常的に流すのではなく周期的に流すパルス法が提案されている。周期的にパルスで反応させることにより触媒の劣化が促進する。Cu-SiO$_2$触媒によるエチレンの酸化反応でのシンタリングによる劣化順序は下記の通りである。

　　周期パルス法　＞　流通反応法　＞　空気流通中

周期パルス法を用いることにより流通法の数分の1時間で寿命試験できると言われている[2]。

7.3.5　籠入れ触媒による試験

試験する触媒と比較触媒を数100 g～1 kg程度とりSUSなどの籠に入れ，反応器の上部に置き，定期的に定修時に取り出し物性や反応試験を行い触媒の劣化状況を調べることにより寿命試

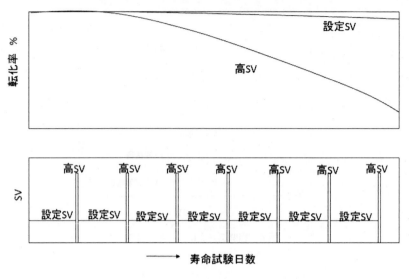

図6 寿命試験中の間欠的高SVによる劣化試験

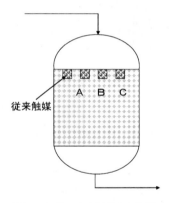

図7 実基による触媒寿命試験

験が可能である。この場合でも反応試験は高SVを用いて行えば劣化が進んでいるかどうか判断できる（図7）。

7.4 触媒試験

　固定層反応層による試験は容易ではない。反応条件の設定や長期に原料を流すには多量の原料が必要であり生成物の処理も問題となる。オートクレーブを用いたバッチ反応で固定層触媒を試験することができる。図8と図9に反応器の図を示す。固定層で用いた触媒をそのまま撹拌機に取り付けたSUSの籠に充填し反応させるのである。触媒量に関係なく1時間反応させたらWHSV＝1，2時間反応させたらWHSV＝0.5と決め込むのである。アップフローのデータとほぼ同じデータが得られる。

第3章　劣化触媒の解析

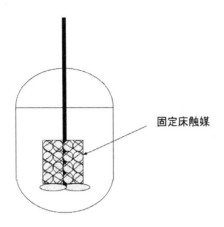

図8　固定層触媒を籠に充填したオートクレーブ試験

図9　触媒籠付の攪拌機[3]

7.5　触媒寿命の推定法

触媒寿命の推定の方法として触媒の劣化を数式化する方法がある。
反応速度（k）を一次の反応と仮定すると

$k = A \cdot 1/t \cdot \ln[100/(100-\mathrm{Conv}.\%)]$
　　A：触媒量，t：接触時間

と表すことができる。

　前提は触媒が当初100%利用されていることである。余分な触媒が充填されていては求められない。反応温度をできるだけ低くし，SVをできるだけ高くして条件を設定する。図10に例を示す。反応初期は，SOR（Start of Run）は200℃でほとんど100%反応する。この場合は，反応器の設計上，250℃まで用いることができる。言い換えると250℃まで昇温しないと100%反応しなくなった時点がEOR（End of Run）である。

　図10から分かるように200℃における転化率は徐々に低下している。100日後には90%まで

137

	日	転化率%	
		200℃	250℃
A	1	100	
B	10	98	
C	30	95	
D	60	92	
E	100	90	
F	?	85	100

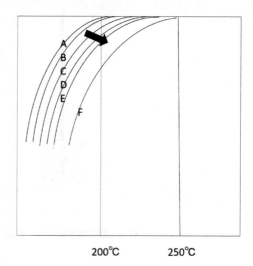

図10 反応率の経時変化（GHSV＝5,000h^{-1}）

表1 反応率から求めた反応速度kの値

Day	転化率%		Ln（100/100－転化率%）	k
	200℃	250℃		
1	100			
10	98		3.91	2.81
30	95		3.00	2.16
60	92		2.53	1.82
100	90		2.30	1.65
?	85	100	1.90	1.36

低下している。250℃で100%まで使えるということは200℃で85%まで使えるということである（図10F）。このデータは条件を変えてあらかじめとっておく。

この結果から1年後（365日）の200℃での転化率を計算する。
上記の反応速度式のA＝触媒量は一定，t＝接触時間はGHSV＝5,000 h^{-1}から

$t = 5,000/(60 \times 60) = 1.39$ sec.

活性値は Activity＝A log(days)＋Bで表せるので
10日の転化率98%は

$98 = A \log 10 + B$ (1)

100日の転化率90%は

$90 = A \log 100 + B$ (2)

第3章　劣化触媒の解析

(1)式と(2)式から

$A = -8.0$
$B = 106$

が得られる。
反応式に代入すると

$X = -8.0 \log 365 + 106$
$ = -8.0(2.56) + 106$
$ = 85.5$

365日後の転化率は85.5％と推測されることになる。

7.6　おわりに

　工業触媒の開発にあたり最大の難問は触媒寿命である。実際の原料を用いて長期間の試験をするのでは時間の無駄である。劣化原因が分かれば寿命の推定は容易になる。原因が分からなければ推測しながら推定するしかない。最も大事なのは劣化現象を的確にみつけることである。そのうえで触媒量や反応条件を変えて触媒寿命を推定し，例えば1年以上保てばペイするのであれば工業化に踏み切ることになる。

文　　献

1)　岡田，田畑，増田，松井，触媒，Vol.35, No.4, 224 (1993)
2)　村上雄一，「触媒劣化メカニズムと防止対策」技術情報協会，3, (1995)
3)　Evonik社資料

第4章 触媒の長寿命化

1 合成ガス製造プロセスにおける触媒劣化要因と対策について

角　茂*

1.1 合成ガス製造プロセス[1]

　合成ガスは，水素と一酸化炭素の混合ガス（H_2/CO）であり，H_2/CO比を調整することにより水素製造，アンモニア製造，各種化成品原料製造，メタノール製造，合成液体燃料製造[2]，CO製造へ適用される，いわゆるC1ケミストリーの基幹原料である。合成ガス製造の原料としては，石炭，天然ガス，バイオマスといった各種炭化水素が使用可能であり，それらを改質（リフォーミング），またはガス化することによって得られる。メタンを例にした場合の改質反応を式(1)から(3)に示すが，それには二酸化炭素改質（式1），水蒸気改質（式2），部分酸化（式3）が含まれ，シフト反応（式4）とあわせて，これらの組み合わせ，また触媒使用の有無，反応器形状などにより多くのプロセスが提案されている。

$$CH_4 + CO_2 \rightleftarrows 2H_2 + 2CO \tag{1}$$

$$CH_4 + H_2O \rightleftarrows 3H_2 + CO \tag{2}$$

$$CH_4 + 1/2O_2 \rightarrow 2H_2 + CO \tag{3}$$

$$CO + H_2O \rightleftarrows H_2 + CO_2 \tag{4}$$

　合成ガス製造プロセスは，熱供給方式の違いにより大きく2つに分類される。一つは（式1）および（式2）の改質反応に必要な吸熱量を，反応管の外部に設置したバーナーで燃料を完全燃焼する際の発熱量で補う外熱式であり，代表的なものとしてチューブラーリフォーマーがある。もう一方は反応器内部に設置したバーナー，もしくは触媒上での燃焼反応によって改質反応に必要な吸熱量を補う内熱式であり，代表的なものとしてオートサーマルリフォーマーがある。

1.2 CO_2リフォーミング（CT-CO_2AR®）技術[3〜9]

　当社は，上記した外熱式チューブラーリフォーマーの中でも，地球温暖化ガスの二酸化炭素を合成ガス製造の原料として利用可能なCO_2リフォーミング（CT-CO_2AR®）技術を開発した。コアとなる技術の一つが触媒であり，触媒劣化の第一要因である触媒上への炭素析出を大幅に抑制することに成功した。水蒸気を原料として利用する，通常のスチームリフォーミングにおいても触媒上への炭素析出を抑制する目的で，（式2）の反応に対して過剰な水蒸気を反応系内に導入

---

*　Shigeru Kado　千代田化工建設㈱　研究開発センター　応用化学グループ
　　グループリーダー

第4章　触媒の長寿命化

しているが，CO_2 リフォーミングの場合，原料メタンに対するスチーム量の減少により，炭素析出の危険性がさらに増加する[10~15]。

この課題に対して当社は炭素析出抑制機能が高い貴金属ベースの CT-CO$_2$AR®触媒を開発した。炭素析出抑制機能を評価するために，スチームによる析出炭素除去試験を実施した。処理温度850℃，圧力0.2 MPaGでメタンを流通し，触媒上に炭素を析出させた後，850℃，0.0 MPaGで H_2O をパルス供給（0.5 μL, 15 パルス）して除去されたカーボン量（表面積あたり）を求めた。結果を図1に示す。一般的な担体である γ-Al_2O_3 に比べ CT-CO$_2$AR®触媒担体自身が H_2O による高いカーボン除去能を有していることが確認された。金属の担持によってカーボン除去能が高められており，金属と担体の界面にもカーボン除去の活性点が生成していることがわかる。

図2に触媒表面反応モデルを模式化した図を示す。触媒金属表面上ではメタン分子（CH_4）が活性化され，カーボンの前駆体である CHx 種を生成する。また，H_2O と CO_2 は担体上で解離吸着して活性化され，表面酸素種を生成する。この表面酸素種により CHx 種は CO へと酸化されて気相へと脱離する。カーボン析出抑制には，表面酸素種により CHx 種を効率よく酸化するこ

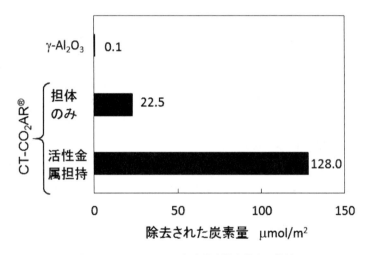

図1　スチームによる析出炭素除去能力の比較

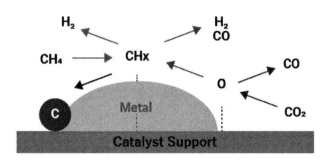

図2　CO_2リフォーミング表面反応モデル

と，および生成したCOを不均化させることなく触媒表面から除去することが必要になる。CT-CO$_2$AR®触媒において，活性金属が高分散担持されているので，炭素前駆体（CHx種）を効率よく表面酸素種で除去することができる。また，触媒担体が塩基性金属酸化物であるため，触媒表面に吸着したCO$_2$によってCOの不均化反応が平衡的に進行しにくくなり，炭素析出が抑制されていると考えられる。また，H$_2$Oの活性化により生成する表面酸素種は，炭素前駆体（CHx種）およびCOの不均化反応由来のいずれの炭素析出に対しても，大きな抑制効果を持つことが期待される。

高い炭素析出抑制機能を有する触媒を開発したことにより，炭素析出を抑制する目的で導入している過剰な水蒸気量を削減することが可能となり，既存プロセスと比較して単位合成ガス生成量当たりの供給原料量が削減される。これによりリフォーマーへの必要入熱量が減り，リフォーマーがコンパクトになり，プラントコストの削減および排出二酸化炭素量の削減が可能となる。

当社は㈳石油天然ガス・金属鉱物資源機構（JOGMEC）と民間6社（コスモ石油㈱，国際石油開発帝石㈱，JX日鉱日石エネルギー㈱（現，JXTGエネルギー㈱），石油資源開発㈱，新日鉄住金エンジニアリング㈱，千代田化工建設㈱）が設立した日本GTL技術研究組合が共同で実施したJAPAN-GTLプロジェクト[16]に参画し，GTL（Gas to Liquid）粗油生産量で500BPD（Barrel per Day）規模の実証試験を成功裏に終了している。この実証試験における合成ガス製造プロセスにチューブラーリフォーマーが採用され，当社が開発した二酸化炭素改質触媒およびプロセス（CT-CO$_2$AR®）の性能を確認した。2014年に国内化学メーカーのリフォーマーの省エネルギー化を図る為にCT-CO$_2$AR®触媒を導入し，現在も安定稼働中である。

1.3 接触部分酸化（D-CPOX）技術[17〜22]

合成ガス製造の大規模化に伴い，反応器内部に設置したバーナーでの燃焼反応によって改質反応に必要な吸熱量を補う方式のオートサーマルリフォーマーが開発された。本方式では，上記したチューブラーリフォーマーで必要であった加熱炉が不要となる。一方，酸化剤である酸素を製造するための空気分離装置が必要であるが，合成ガス製造プラントが大規模であれば，高価な空気分離装置を設置したとしても，チューブラーリフォーマーが不要になるため経済的である。また，内部加熱型とすることで，改質反応への熱供給が効率化され，反応器サイズを削減することが可能である。

当社ではオートサーマルリフォーマーよりも，さらに高効率，かつコンパクトな合成ガス製造プロセスの構築を目指し，JOGMECと共同で接触部分酸化による合成ガス製造用触媒を開発した。接触部分酸化は，平衡制約を受けず，微発熱である部分酸化反応（式3）を触媒上で選択的に進行させるものであり，反応速度が極めて速いことから反応器サイズをチューブラーリフォーマーと比較して，最大1/200程度まで削減可能である。

接触部分酸化における触媒劣化要因は上記した炭素析出に加え，ホットスポット形成による高温劣化がある。接触部分酸化反応はトータルでは微発熱であるが，先に原料の炭化水素と生成ガ

第4章 触媒の長寿命化

スの完全燃焼が進行し，それにより生成した H_2O および CO_2 と未反応の炭化水素との改質反応により合成ガスが生成する二段反応である場合が多く，先の完全燃焼の発熱が非常に大きいため触媒層入り口が高温となる。温度が高くなると反応速度が速くなるため，さらに高温となりリフォーミング活性の低い触媒を用いた場合ホットスポットが形成され触媒劣化の要因となる。これを回避するために完全酸化反応場と改質反応場を重複させる触媒や，完全燃焼を経ないで直接合成ガスを生成する触媒が研究，開発されている[23～28]。

当社では Rh/MgO をベースとして，CeO_2 および ZrO_2 を添加することにより気相の酸素が一旦触媒担体に貯蔵され，格子酸素として Rh 粒子上に解離吸着した CHx 種と反応するルートを確立し，完全燃焼を経ない直接ルートの選択性を高めた触媒（D-CPOX 触媒）を開発した。さらに供給原料ガスの流動状態とホットスポット形成による触媒劣化の関係を明らかにし，運転条件の最適化による高圧での長時間安定運転を達成した。これら反応ルートの選択性制御と運転条件の最適化による劣化抑制については他紙にて紹介した[22]。

本紙では，触媒が反応中長時間にわたり高温に曝されることで触媒担体中の酸化物構造が変化し，触媒の性能低下を引き起こす現象を抑制した対策について紹介する。D-CPOX 触媒担体は CeO_2，ZrO_2 および MgO からなり，開発初期の触媒では反応前の状態で既に CeO_2 と ZrO_2 が一部固溶化した状態となっていた。これが反応後の状態では，ほぼ完全に CeO_2 と ZrO_2 が固溶化していることが，反応後の触媒分析結果から明らかとなった。固溶化した Ce-ZrO_2 は燃焼活性が高く，この構造変化により二段反応の選択性が高くなり触媒性能が低下したと考えた。

図3に各調製方法における Ce-ZrOx 固溶化度と常圧での簡易試験条件におけるメタン転化率の関係を示す。また，図3には調製した触媒を，反応温度を大きく上回る温度で処理するなどした，加速劣化後の触媒のメタン転化率も併せて示した。全体的に固溶化度が増加するに従いメタン転化率（触媒性能）が低下する傾向にあり，全ての調製方法において加速劣化により固溶化度が増加することでメタン転化率も低下しており，CeO_2 と ZrO_2 の固溶化が触媒劣化要因の一つ

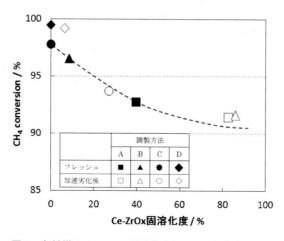

図3　各触媒の Ce-ZrOx 固溶化度とメタン転化率の関係

であることを確認した。

　開発初期の調製方法 A ではフレッシュ（■）の状態でも 40％程度固溶化しており，メタン転化率は 93％程度であった。これを加速劣化（□）すると固溶化度は 80％以上まで増加し，メタン転化率は 91％まで低下した。調製方法を改良した B ではフレッシュ（▲）の状態では固溶化度は 10％程度まで低減でき，メタン転化率は 96％に達した。しかしながら，これを加速劣化（△）したものは，調製方法 A の加速劣化後と同等の固溶化度まで増加しメタン転化率も同程度まで低下した。これに対し，調製方法 C ではフレッシュ（●）の状態で固溶化度はほぼゼロにすることができ，メタン転化率は 98％に達した。これを加速劣化（○）しても固溶化度は 27％程度でおさまりメタン転化率 94％を維持した。さらに，固溶化を抑制する目的で第四の成分を添加することで，調製方法 D ではフレッシュ（◆）の状態で固溶化度はほぼゼロであり，加速劣化後（◇）の固溶化度も 7％程度にとどまり，メタン転化率は加速劣化後も 99％以上を維持した。

　上記で開発した D-CPOX 触媒を用いて，都市ガスと酸素を原料とした接触部分酸化反応を圧力 1.5 MPaG，GHSV 800,000 h^{-1} 条件下にて実施し，3,000 時間超にわたり安定して反応することを確認した。

1.4　まとめ

　CO_2 リフォーミングおよび接触部分酸化による合成ガス製造に関し，当社で開発した CT-CO_2AR® 触媒および D-CPOX 触媒とプロセスの特徴について紹介した。CO_2 リフォーミングでは炭素析出による触媒劣化を抑制するために析出炭素前駆体の除去能力を高め，接触部分酸化では高温での酸化物構造変化による劣化を抑制するために調製方法を改良し，安定性の高い酸化物構造設計を実現した。

謝辞
　JAPAN-GTL プロジェクトは，㈱石油天然ガス・金属鉱物資源機構（JOGMEC）と民間 6 社（コスモ石油㈱，国際石油開発帝石㈱，JX 日鉱日石エネルギー㈱（現，JXTG エネルギー㈱），石油資源開発㈱，新日鉄住金エンジニアリング㈱，千代田化工建設㈱）の共同プロジェクトとして実施した。関係者の皆様の日頃のご協力に対して，この場を借りて厚く御礼申し上げる。また，接触部分酸化プロセス開発は，JOGMEC 委託事業として実施した。触媒開発は東北大学，爆発安全性評価は（国研）産業技術総合研究所，横浜国立大学，東京大学，事業性評価は国際石油開発帝石㈱との共同成果である。関係者の皆様に重ねて御礼申し上げる。

第4章　触媒の長寿命化

文　　献

1) 角茂, 八木冬樹, シェール革命, p107, 第2章第2節「シェールガスからの合成ガス製造プロセスの開発」, エヌティーエス (2014)
2) 末廣能史, 触媒, **48**, 240 (2006)
3) 八木冬樹, "初歩と実用　よくわかる水素技術", 日本工業出版, (2007), 154
4) F. Yagi, S. Wakamatsu, R. Kajiyama, T. Suehiro, M. Shimura, *Stud. in Surf. Sci. and Catal.*, **147**, 127 (2004)
5) F. Yagi, R. Kanai, S. Wakamatsu, R. Kajiyama, T. Suehiro, M. Shimura, *Catal. Tod.*, **104**, 2 (2005)
6) M. Shimura, F. Yagi, A. Nagumo, S. Wakamatsu, *Preprint Paper-American Chemical Society*, **47**, 363 (2002)
7) F. Yagi, S. Wakamatsu, R. Kajiyama, T. Suehiro, M. Shimura, *Preprint Paper-American Chemical Society*, **147**, 127 (2004)
8) F. Yagi, S. Wakamatsu, R. Kanai, R. Kajiyama, T. Suehiro, M. Shimura, "*Sci. and Tec. in Catal.*", Kodansha, Elsevier, (2007), 141
9) F. Yagi, S. Wakamatsu, R. Kajiyama, T. Suehiro, M. Shimura, *Stud. in Surf. Sci. and Catal.*, **167**, 385 (2007)
10) J. R. Rostrup-Nielsen, J. H. B. Hansen, *J. Catal.*, **144**, 38 (1993)
11) K. Tomishige, Y-G. Chen, K. Fujimoto, *J. Catal.*, **184**, 479 (1999)
12) O. Yamazaki, K. Tomishige and K. Fujimoto, *Appl. Catal. A*, **136**, 49 (1996)
13) Y.-G. Chen, K. Tomishige, K. Yokoyama and K. Fujimoto, *Appl. Catal. A*, **165**, 335 (1997)
14) 宍戸哲也, 竹平勝臣, ペトロテック, **28**, 37 (2005)
15) 玉置正和, 富永博夫監修"初化学反応と反応器設計", 丸善, (1997) 234
16) 大澤伸行, 化学工学, **73**, 121 (2009)
17) K. Imagawa, T. Minami et al., *Stud. Surf. Sci. Catal.*, **167**, 415 (2007)
18) K. Imagawa, T. Minami et al., *PETROTECH*, **31**, 291 (2008)
19) S. Kado, T. Minami et al., *Catal. Today*, **171**, 97 (2011)
20) S. Kado, K. Imagawa, F. Yagi et al., 10th Natural Gas Conversion Symposium, (2013)
21) K. Urasaki, S. Kado et al., *Catal. Today*, in press
22) 角茂, 工業材料, 65, 26 (2017)
23) T. V. Choudhary, V. R. Choudhary, *Angew. Chem. Int. Ed.*, **47**, 1828 (2008)
24) A.T. Ashcroft, A.K. Cheetham, M.L.H. Green, P.D.F. Vernon, *Nature* **352**, 225 (1991)
25) D. Li, Y. Nakagawa, K. Tomishige, *Appl. Catal. A*, **408**, 1 (2011)
26) S. Naito, H. Tanaka, S. Kado, T. Miyao, S. Naito, K. Okumura, K. Kunimori, K. Tomishige, *J. Catal.*, **259**, 138 (2008)
27) H. Tanaka, R. Kaino, K. Okumura, T. Kizuka, K. Tomishige, *J. Catal.*, **268**, 1 (2009)
28) H. Tanaka, R. Kaino, K. Okumura, T. Kizuka, Y. Nakagawa, K. Tomishige, *Appl. Catal. A*, **378**, 175 (2010)

2 水蒸気改質触媒の耐久性

里川重夫[*]

2.1 水蒸気改質触媒の劣化機構

水蒸気改質反応は，天然ガスから水素を製造するプロセスのうち最も効率的な反応である。したがって，本反応は大量の水素原料を必要とする石油精製，アンモニア合成，メタノール合成プラントに必要不可欠な反応である[1,2]。水素製造にメタンを使用した場合の水蒸気改質反応の反応式を式(1)に示す。メタン水蒸気改質反応は大きな吸熱反応であり，化学平衡上高温でないと十分な転化率は得られない。また，副反応として炭素生成が起こりやすく，炭素生成抑制のために，水とメタンの混合割合（スチームカーボン比，以下 S/C 比）は，式(1)の化学量論数（S/C=1.0）より大きな値（S/C=3.0 以上）に設定する場合が多い。

$$CH_4 + H_2O \rightarrow CO + 3H_2 \quad \Delta H^0 = 206.2 \text{ kJ mol}^{-1} \tag{1}$$

図1に原料 S/C 比の異なる条件で水蒸気改質反応を行う場合の反応温度と平衡状態となった後のメタン転化率，生成水素濃度，残存メタン濃度の関係を示す。S/C 比が高い方が低温でのメタン転化率は高くなるが，S/C 比が高いと反応に直接寄与しない水まで加熱する必要があるためエネルギー効率が悪くなる。

水蒸気改質反応にはニッケル触媒とルテニウム触媒が工業化され販売されている。水蒸気改質反応は天然ガス等の炭化水素燃料とスチームを 700℃以上の高温下で反応させ，水素リッチな合成ガスを製造する反応であることから，触媒は様々な原因で劣化するリスクがある。劣化要因と

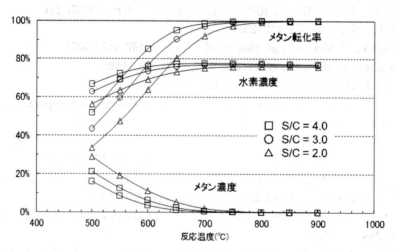

図1 メタン水蒸気改質反応の S/C 比と化学平衡でのメタン転化率，生成水素濃度，残存メタン濃度の関係

---

[*] Shigeo Satokawa 成蹊大学 理工学部 物質生命理工学科 環境材料化学研究室 教授

第4章　触媒の長寿命化

して考えられることは，①高温反応による活性金属や担体材料のシンタリング，②燃料由来の不純物硫黄の除去が不十分な場合に起こる硫黄被毒，③運転中にスチームと原料の混合比のズレなどにより起こる炭素析出，④起動停止時のリーク酸素による酸化，⑤触媒の割れや粉化，などである。触媒を長期間使用する場合は，全てのリスクを取り除く必要があるため，さまざまな対策が施されている。本項では，触媒劣化のリスクと長寿命化に関して，①工業用大型水蒸気改質装置用の触媒についてと，②家庭用燃料電池システム用小型改質装置に用いられる触媒についてそれぞれ述べる。さらに，③まだ工業化されていない他の貴金属触媒の活性と耐久性について最近の研究結果について述べる。

2.2　大型装置用触媒の劣化と対策

　一般的に大型の水素製造装置では担体には安定な α-アルミナを用い，活性金属には安価なニッケルを十数％担持した触媒が用いられる。図1に示すとおり化学平衡の制約から高温でないと高いメタン転化率が得られないことから，800〜900℃という過酷な条件で使用される[3]。したがって，担体であるアルミナや活性金属であるニッケルには十分な高温耐久性が要求される。また，水蒸気改質触媒は原料に含まれる硫黄成分により被毒されるため，水蒸気改質反応器の上流側には必ず脱硫反応器が設置される。石油や天然ガス原料の場合，水素化触媒と脱硫剤を用いた水素化精製プロセスにより，原料中の硫黄濃度を1 ppm以下まで低減して水蒸気改質プロセスに供給するのが一般的である。しかし，それでも僅かにリークしてくる硫黄により触媒は被毒される。Rostrup-Nielsenは Ni/MgO-Al$_2$O$_3$ 触媒を用いてエタン水蒸気改質反応と硫黄化合物の影響について報告しており，ニッケルに吸着した硫黄種が反応物の吸着を阻害することにより活性低下が引き起こされると報告している[4]。ニッケル触媒を用いた工業用大型水素製造装置の場合，活性金属が比較的安価であることからニッケル担持量や触媒充填量は余裕を持って設定するのが通常であり，脱硫プロセスをリークしてくる硫黄被毒により上流側から触媒が劣化しても問題ないように設計されていると思われる。

　ニッケル触媒による水蒸気改質反応では，ニッケル表面でメタンが解離し，生成した炭素がニッケルに固溶しながら反応が進むと考えられている。したがって，副反応として炭素が生成するリスクが高い。そこで，前述のとおり過剰量のスチームを導入する方法もあるが，水素製造のエネルギー効率の低下を招くことになる。炭素析出を避ける方法として，水の活性化に効果のある塩基性物質を担体に用いる方法や，塩基性物質を助触媒として加える場合がある[1]。

　水蒸気改質触媒は高温で使用されることからシンタリング抑止技術に関して検討されている。沼口らは，ニッケル触媒は炭化水素が存在しない条件で高温処理してもシンタリングしないことから，炭化水素の水蒸気改質反応を行っている際のニッケル粒子中に含まれる炭素濃度がシンタリングと相関性があることを見出している[5]。その結果，ニッケル粒子中の炭素濃度が10 atom％程度までの場合には，炭素濃度が高いほどニッケルのシンタリングは抑制されると結論している。また，固溶しきれない炭素はグラファイトとして析出する。

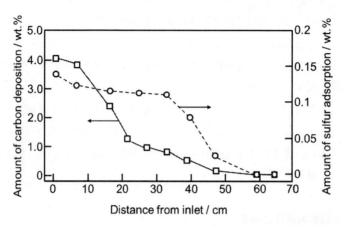

図2 Ru/Al$_2$O$_3$触媒によるヘキサン水蒸気改質反応試験後の触媒中の炭素，硫黄分析結果[6]

　一方，ルテニウム触媒はニッケル触媒に比べて炭素析出しにくい触媒として知られ，低S/C比での効率的な運転が可能である。しかし，ルテニウム触媒は高価であることに加え，硫黄に弱いことから応用例は少ない。例えば，水素化脱硫後を想定した0.1 ppm程度のごく微量な硫黄濃度であっても活性低下が起こることから，一般的な水素化脱硫プロセスに用いても安定的に使用することはできない。岡田らはRu/Al$_2$O$_3$触媒を用いてブタン水蒸気改質反応での硫黄化合物の影響を検討している[6]。図2は触媒層の入口から出口に設置されている触媒中の炭素および硫黄量を分析したものである。硫黄の吸着量が多い触媒ほど触媒上に析出した炭素量が多いことから，炭素析出は硫黄被毒により二次的に引き起こされていると報告している。このような硫黄被毒や炭素析出を避ける方法として，大阪ガスは超高次脱硫剤を開発した。この方法では脱硫プロセスからの硫黄化合物のリークを1 ppb以下まで低減でき，ルテニウム水蒸気改質触媒の長寿命化を達成している[7]。

2.3　小型改質器用触媒の劣化と対策

　水素エネルギー社会の到来を前に，工業用途以外でも炭化水素の水蒸気改質反応による水素製造が盛んに行われるようになった。工業用途の場合とは異なる条件が要求されることから，触媒の長寿命化には様々な取り組みがなされている。2009年に「エネファーム」の名称で販売を開始した固体高分子形燃料電池を用いた家庭用燃料電池コージェネレーションシステムでは，主に都市ガスを燃料とし，複数の触媒を用いた燃料処理器で水素を製造している。燃料処理器では，脱硫，水蒸気改質，CO変成，CO選択酸化の各反応プロセスがスムースに進むように触媒を配置し，反応条件を制御している。しかし，化学工場での使用と異なり，独立した反応器なので化学量論以上に水蒸気を供給することはエネルギーロスにつながる。したがって，できるだけ低S/C比で使用したい。また，水蒸気改質反応に必要な吸熱量は燃料処理器内のバーナー加熱で賄うことから，燃料電池スタックから排出されるオフガス水素のみでは熱量が足りない。そこで，

第4章　触媒の長寿命化

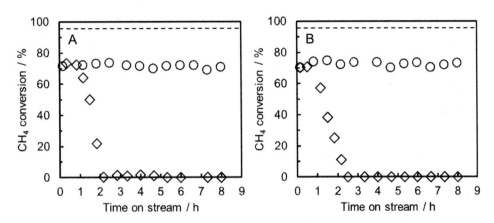

図3　小型改質器用に開発された市販の(A)ニッケル触媒および(B)ルテニウム触媒を用いて
700℃，S/C＝2.5の条件でメタン水蒸気改質反応を行った時のメタン転化率の変化
メタン中のDMS濃度は(○)0 ppm，(◇)10 ppm，点線は平衡転化率[8]

　水蒸気改質反応の際に未反応メタンを改質ガス中に残して運転するのが一般的である。したがって，小型改質器の場合，水蒸気改質触媒層の最高到達温度は700℃以下で用いる場合が多く，大型の水素製造装置の場合より触媒に対する熱劣化の影響は小さい。

　小型改質器用にはα-アルミナ担体にルテニウムを2 wt%程度担持した触媒が用いられる。ルテニウム触媒は，①使用前の還元処理が不要であること，②低S/C比での運転が可能なこと，③炭素析出しにくい，という点でニッケル触媒より優れている。一方，ニッケル触媒と同様に硫黄被毒されやすい。ルテニウム触媒はニッケル触媒に比べて高活性であるが，ルテニウムが高価であるので一般的に担持金属量は少なく，硫黄被毒による劣化はニッケル触媒より敏感であると考えられている。図3は市販されているルテニウム触媒（Ru 2 wt%/α-Al$_2$O$_3$）とニッケル触媒（Ni 12 wt%/α-Al$_2$O$_3$）を，反応温度700℃，S/C＝2.5でメタン水蒸気改質反応を行った場合の硫黄化合物（ジメチルスルフィド，以下DMS）の有無によるメタン転化率への影響を示している[8]。どちらもDMSを含まない純粋な原料ガスの水蒸気改質反応ではメタン転化率は安定していることがわかる。一方，DMSを10 ppm含む原料ガスで試験を行うと，どちらの触媒も一定時間経過後に直線的にメタン転化率が低下することがわかった。したがって，これらの触媒を用いる場合は，前項の場合と同様に脱硫プロセスで1 ppb以下まで硫黄化合物を除去する必要がある。

2.4　貴金属触媒の劣化と対策

　これまで実用化されているニッケル触媒とルテニウム触媒について劣化と対策について述べてきた。どちらも硫黄化合物を含むガスに対する耐久性は低い。硫黄濃度の高い海外の天然ガスに適用することを考えると，小型改質器用の触媒は多少の硫黄リークを許容できる耐久性があるこ

とが望ましい。そこで，他の活性金属について水蒸気改質反応での硫黄耐性に関して検討した例について述べる。炭化水素の水蒸気改質反応に活性な金属の序列は諸説あるが，概ね Rh＞Ru＞Pd＞Pt＞Ir＞Ni である[2]。いづれも貴金属であり高価であるが，ロジウム，ルテニウム，イリジウム，白金はどれもニッケルより水蒸気改質反応に活性があることから，これらを用いた触媒の硫黄化合物に対する耐久性について調べた例を紹介する[8]。

モデル触媒として α アルミナ担体に 1 wt％のロジウム，白金，イリジウム，ルテニウムをそれぞれ担持した触媒を用いた。反応温度 700℃，S/C＝2.5 の条件でそれぞれ 8 時間活性試験を行った結果を図 4 に示す。DMS 無添加のメタン転化率は，活性金属の種類の違いによる性能差を反映している。最もメタン転化率の高いのがロジウム触媒とルテニウム触媒であった。白金触媒も初期のメタン転化率はロジウム触媒に近いが，8 時間後には劣化が観測されており，ロジウム触媒やルテニウム触媒に比べるとやや活性は劣る。イリジウム触媒はそれよりさらにメタン転化率は低い。硫黄化合物を含むメタンを原料とした場合は，どの触媒も DMS 濃度の上昇に従い劣化速度は速くなった。これらの中でもルテニウム触媒の劣化速度が最も速く，DMS を 10 ppm 添加した試験では 30 分ほどで失活した。これに対してロジウム触媒はルテニウム触媒の数倍の

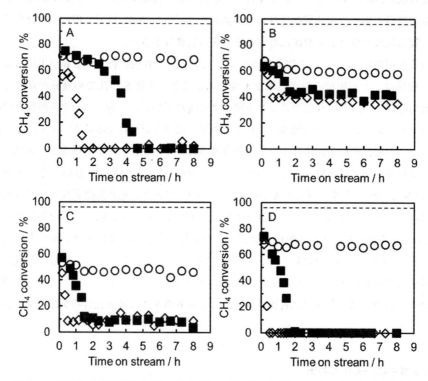

図 4　α-アルミナにロジウム(A)，白金(B)，イリジウム(C)，ルテニウム(Ru) をそれぞれ 1 wt％担持した触媒を用いて 700℃，S/C＝2.5 の条件でメタン水蒸気改質反応を行った時のメタン転化率の変化
　　　メタン中の DMS 濃度は（○）0 ppm，（■）1 ppm，（◇）10 ppm，点線は平衡転化率[8]

第4章　触媒の長寿命化

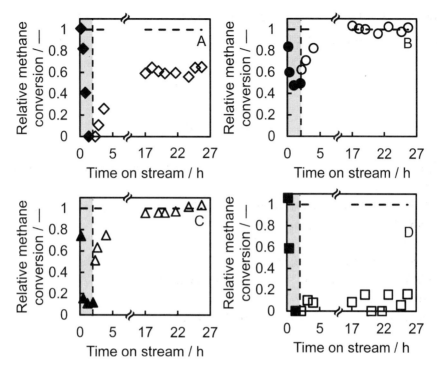

図5　α-アルミナにロジウム(A),白金(B),イリジウム(C),ルテニウム(Ru)をそれぞれ1 wt%担持した触媒を用いて,700℃,S/C=2.5の条件で最初の2時間だけDMSを10 ppm含むガスで(黒塗りプロット),その後はDMSの供給を止めて(白抜きプロット)メタン水蒸気改質反応を行った時の比活性の変化,点線は平衡転化率[8]

寿命があるが,最終的にはメタン転化率はほぼゼロとなった。一方,白金触媒はDMS濃度に関係なく,一定値まで劣化した後は安定してメタン水蒸気改質反応が進んだため,白金触媒上には硫黄耐性の高い活性点が存在することが示唆された。イリジウム触媒も白金触媒と同様に一定値まで劣化した後は安定して水蒸気改質反応を継続するが,メタン転化率は白金触媒に比べて大幅に低かった[8]。

次に起動停止時など一時的に硫黄化合物が脱硫プロセスをリークして水蒸気改質触媒を被毒した後,定常状態に戻って再び硫黄化合物のない状態に復帰するケースを想定した試験を行った。図4の4つの触媒を用いて,反応開始から2時間はDMS 10 ppmを含むメタンを原料にして水蒸気改質反応を行って触媒を劣化させ,2時間後からはDMSを含まないガスを供給して水蒸気改質反応を継続する試験を行った。反応初期からDMS未添加で試験を行った時のメタン転化率に対する比活性の時間変化を図5に示す。白金触媒とイリジウム触媒は反応ガスからDMSが除去されると徐々に活性が回復し,最初からDMS未添加で試験を行ってきた場合とほぼ同じ転化率(比活性＝1)になった。これに対し,ロジウム触媒では50%ほど活性は回復したが,ルテニウム触媒の場合はほとんど回復しなかった。したがって,比較的硫黄耐性の高い白金触媒やイリ

151

ジウム触媒への硫黄化合物による劣化は一時被毒であると考えられる。一方，ルテニウム触媒は活性は高いものの，硫黄化合物により低下した活性は回復しない[8]。

文　献

1) C. H. Bartholomew & R. J. Farrauto, "Fundamentals of industrial catalytic processes", p. 340, Wiley (2006)
2) J. R. Rostrup-Nielsen, "Catalysis Science and Technology", Vol. 5, p.3, Springer (1984)
3) 松久敏雄，触媒，**48** (5), 326 (2006)
4) J. R. Rostrup-Nielsen, *J. Catal.*, **31**, 173 (1973)
5) 沼口徹，触媒，**43** (4), 287 (2001)
6) 岡田治，田畑健，増田正孝，松井久次，触媒 **35**, 224 (1993)
7) 特許 2,761,636
8) Watanabe *et al.*, *J. Jpn. Petrol. Inst.*, **60** (3), 137 (2017)

3 スピネル複合触媒によるジメチルエーテル水蒸気改質反応

霜田直宏[*1], 菊地隆司[*2], 江口浩一[*3]

3.1 ジメチルエーテル水蒸気改質反応と触媒

　燃料電池はクリーンでかつ高い発電効率を実現できる発電システムであり，家庭用燃料電池コジェネレーションシステムはエネファームとして実用化され，現在は固体酸化物形（SOFC, Solid oxide fuel cell）および固体高分子形燃料電池（PEFC, Polymer electrolyte fuel cell）を採用したシステムが普及拡大期にさしかかっている[1]。特に，PEFCは，低温で作動するため起動性に優れている。燃料電池は基本的には水素と酸素で動作するが，水素は二次エネルギーであり改質過程（水蒸気改質法，部分酸化法，自己熱改質法など）によって炭化水素系燃料から生成される。中でもメタンを主成分とする天然ガスの水蒸気改質による水素製造はその多くの割合を占める。メタンの水蒸気改質反応（$CH_4 + H_2O \rightarrow CO + 3H_2$）は大きな吸熱反応であり，COならびに$H_2$の混合ガス（合成ガス）が改質ガスとして得られる。通常，PEFCではPt電極が用いられているが，改質ガスに含まれる僅かな一酸化炭素（CO）でも電極に吸着被毒してその性能が低下してしまう。そのため，燃料中のCO除去方法の高性能化および電極の耐被毒性の向上が今後の一層の普及における大きな課題である。近年，含酸素化合物であるメタノール（CH_3OH，以下MeOH）やジメチルエーテル（CH_3OCH_3，以下DME）が水素キャリアとして注目を集めている。これらは主に天然ガスから製造され，200〜400℃程度の低温で容易に水素に変換できるため，燃料電池自動車を含めた幅広い水素利用機器のための次世代の水素キャリアとして位置づけられている[2]。MeOHの水蒸気改質反応（$CH_3OH + H_2O \rightarrow CO_2 + 3H_2$）は，簡易なオンサイト水素製造法として開発された。このプロセスは温和な条件（250〜300℃）で作動可能であり，メタンなどの炭化水素の改質よりも容易に反応が進行する。したがって，高度な運転技術も必要とせず，クリーンで簡便な水素製造プロセスとして利用されている。しかしながら，MeOHは毒性が強く，危険物でもあるので安全面での問題がある。それに対し，DMEは化学的に安定で毒性も極めて低い，クリーンな優れた燃料である。中小ガス田の天然ガスや，再生可能なバイオマスを含む多様な原料から，その地域や原料事情に応じた規模で製造することができ，しかも現存技術の改良開発により経済性の確保も期待できる。そのため，次世代のエネルギーキャリアとしての期待が高まっている[3]。DMEの水蒸気改質反応は，加水分解反応（式1）と加水分解反応で生成するMeOHの水蒸気改質反応（式2）の逐次反応からなり，改質触媒としては，加水分解を促進させる固体酸触媒と水蒸気改質反応を促進させる改質触媒を組み合わせた二元機能触媒である必要がある[4]。

---

*1 Naohiro Shimoda　成蹊大学　理工学部　物質生命理工学科　環境材料化学研究室　助教
*2 Ryuji Kikuchi　東京大学　大学院工学系研究科　化学システム工学専攻　准教授
*3 Koichi Eguchi　京都大学　大学院工学研究科　物質エネルギー化学専攻　教授

$$CH_3OCH_3 + H_2O \rightarrow 2CH_3OH \tag{1}$$

$$CH_3OH + H_2O \rightarrow CO_2 + 3H_2 \tag{2}$$

固体酸触媒は大別して，ブレンステッド酸性のゼオライトとルイス酸性のγ-アルミナ（Al_2O_3）が用いられる。それぞれ耐久性の低さ，低温域での活性の低さという短所がある。これはブレンステッド酸とルイス酸という異なる性質の酸点をそれぞれの固体酸が有していることによるものであり，ゼオライト複合触媒は活性が高く300℃での改質も可能であるが，炭素析出による触媒劣化が著しい。一方，アルミナ複合触媒は触媒活性が劣るため350℃以上の反応温度が必要となるが，炭素析出による劣化の影響はゼオライト複合触媒と比較すると深刻ではない。MeOHの水蒸気改質触媒として，メタノール合成反応や水性ガスシフト反応などでも広く用いられているCu系触媒を用いるのが一般的である。中でもCu/ZnO/Al_2O_3触媒はこれらの反応において高い活性を持つ触媒として知られている[5~7]。しかしながら，Cu触媒は反応温度が高くなると活性種であるCu種のシンタリングにより触媒活性が低下する。したがって，DMEの水蒸気改質反応においてアルミナを酸触媒として用いた場合，350℃以上の反応温度が必要となり，Cuの凝集や副反応の逆水性ガスシフト反応によるCO生成やDMEの分解反応によるCH_4生成が問題となり，燃料電池へのH_2供給に不都合である。そのため，高い活性を持ち，かつ高い熱安定性を持つ触媒設計が必要であり，様々な触媒の開発が行われてきた[4,8~15]。

このような背景の下，我々はDME水蒸気改質反応において高い活性，耐久性を示す高性能な触媒としてCu系スピネル型複合酸化物触媒の開発を行った[16~26]。図1に示すようにスピネル型複合酸化物の均一相を一旦形成させた後，還元雰囲気に曝すことで活性種である金属Cu成分を高分散状態でかつ母体酸化物と極めて強い相互作用を持った状態で析出させることで，高い活性および耐熱性・耐久性が期待できる。

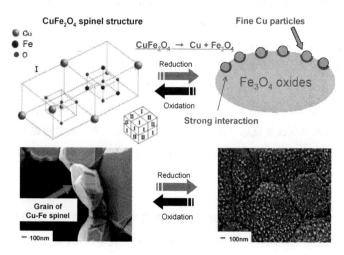

図1 Cu-Feスピネル型触媒のイメージ

第4章 触媒の長寿命化

3.2 アルミナ複合Cu系スピネル触媒

Cu系スピネル型酸化物 CuM_2O_4 ($M=$ Al, Mn, Fe, Cr, Ga, $Fe_{0.75}Mn_{0.25}$) と γ-Al_2O_3 を複合した触媒および市販の Cu/ZnO/Al_2O_3 と γ-Al_2O_3 を複合した触媒を用いた DME 水蒸気改質反応試験結果を図2に示す[21]。いずれの Cu 系スピネル複合触媒も，従来用いられている Cu/ZnO/Al_2O_3 複合触媒よりも活性が高くなった。また，B サイトを Fe あるいは $Fe_{0.75}Mn_{0.25}$ としたスピネル触媒が高活性かつ高耐久性を示した。種々のキャラクタリゼーションから Cu 系スピネルの還元性，結晶性，還元処理後の Cu 種の酸化状態などが B サイト成分（M 成分）の種類

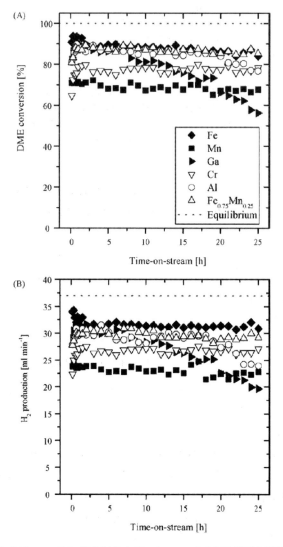

図2 CuM_2O_4-γ-Al_2O_3 複合触媒を用いた DME 水蒸気改質耐久試験の結果
反応条件：Steam/Carbon = 2.5, GHSV = 2000 h^{-1}, 反応温度 = 350°C
（Appl Catal A 341, 139, 2008, Fig. 1）

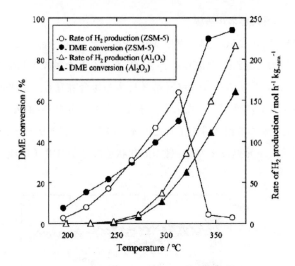

図3 CuFe$_2$O$_4$ と γ-Al$_2$O$_3$ または MFI 型ゼオライトを複合した触媒を用いた DME 水蒸気改質試験の結果
反応条件：Steam/Carbon = 2.5, W/F = 5.0 g min L^{-1}
（ApplCatal378, 234, 2010, Fig. 1）

によって大きく異なることが明らかとなった。このことから，還元された状態で触媒は金属 Cu と母体酸化物 MOx の状態で存在し，両者間に強い相互作用が働くことで高い熱安定性につながったと考えられる。

CuFe$_2$O$_4$ スピネルと γ-Al$_2$O$_3$ あるいは MFI 型ゼオライト（ZSM-5）を複合した触媒の活性比較を行った結果を図3に示す[26]。上述の通り，ゼオライト系複合触媒は活性が高いが，300℃以上になると水素生成量が低下した。試験後触媒について昇温酸化法（TPO）による分析を行った結果，炭素析出が主な触媒劣化の要因であることが確認された。一方，アルミナ系複合触媒は低温では性能が低いものの，350℃以上で高い水素生成量を得ることができた。以上のことから，やや活性は劣るもののアルミナ系複合触媒の方が触媒上の炭素析出を大きく抑えられるという点で，ゼオライト系複合触媒よりも耐久性が高く，工業化向きの触媒であると考えられる。

3.3 触媒劣化と再生

CuFe$_2$O$_4$ スピネルと γ-Al$_2$O$_3$ 複合触媒を用いて 1,100 時間の長期耐久 DME 水蒸気改質試験を行った結果を図4に示す[22]。この際，100 時間毎に 225℃から 380℃ の温度範囲で DME 転化率を測定し，触媒の劣化挙動も同時に評価した。反応開始後 25 時間までにおいては触媒性能が向上する傾向が確認された。これは複合触媒中の Cu 成分が未還元状態であり，反応雰囲気において CuFe$_2$O$_4$ スピネルが還元され，金属 Cu が生成していることを示している。その後，数百時間の反応により DME 転化率は徐々に低下した。試験後触媒の物性評価から，触媒劣化の要因は Cu 種のシンタリングおよび炭素析出であると考えられる。

第4章 触媒の長寿命化

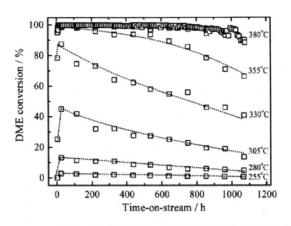

図4 CuFe$_2$O$_4$-γ-Al$_2$O$_3$ 複合触媒を用いた DME 水蒸気改質長期試験の結果
反応条件：Steam/Carbon = 2.5, GHSV = 2000 h^{-1}
（JCat256, 37, 2008, Fig. 2）

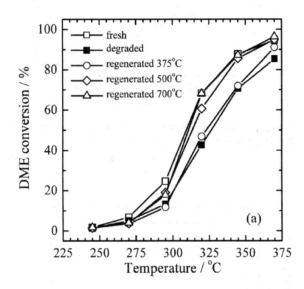

図5 劣化した CuFe$_2$O$_4$-γ-Al$_2$O$_3$ 複合触媒の空気中熱処理による再生
（□）初期触媒，（■）劣化触媒（図4試験後），
（○）375℃ 再生触媒，（◇）500℃ 再生触媒，（△）700℃ 再生触媒
（JCat256, 37, 2008, Fig. 2）

次に，長期耐久試験で劣化した触媒の再生方法について検討した[22]。図5に示すように，劣化した触媒を空気中，375℃，500℃，700℃ で 10 時間焼成処理した後，触媒性能を比較した。その結果，500℃，700℃ での熱処理により触媒活性が完全に回復した。XRD により触媒の結晶構造を分析したところ，試験後触媒では金属 Cu 相と Fe$_3$O$_4$ 相，γ-Al$_2$O$_3$ 相が確認されるのに対し，焼成処理を行うことで Cu 成分が金属 Cu から CuO，Cu スピネルへと再酸化されていくことがわかった。特に，700℃ での焼成処理を行うことでほぼ初期の状態へと戻すことができ，触媒性

能を完全に回復できた要因であると考えられる。

3.4 触媒寿命の予測

さらに得られた長期試験データを用いて劣化速度の解析を行った結果を図6および図7に示す[22]。$CuFe_2O_4$スピネルとγ-アルミナ複合触媒を用いたDME水蒸気改質反応において，複合

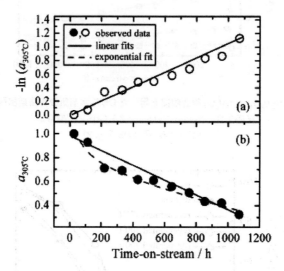

図6 $CuFe_2O_4$-γ-Al_2O_3複合触媒を用いたDME水蒸気改質反応でのべき乗則劣化モデルフィッティング（式3）の結果
(a)$d=1$, (b)$d=0$. 得られたデータ（●, ○）は305℃での実験値
（JCat256, 37, 2008, Fig. 10）

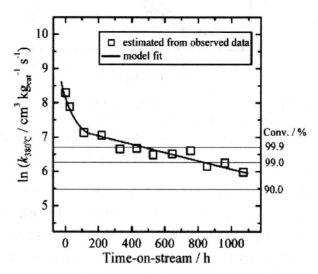

図7 $CuFe_2O_4$-γ-Al_2O_3複合触媒を用いたDME水蒸気改質反応での劣化モデルフィッティング（式5）の結果
（JCat256, 37, 2008, Fig. 11）

第4章　触媒の長寿命化

触媒の劣化速度をべき乗則モデルを用いて（式3）のように定義した。

$$r_d = -da/dt = k_d a^d \tag{3}$$

ここで，a, r_d, k_d, $t(h)$, d はそれぞれ触媒の相対活性，劣化速度，劣化速度定数，反応時間，劣化次数である。d を0または1としたモデルで実験値とモデル式を比較した結果を図6に示す。その結果，劣化速度が相対活性の一次に比例する（$d=1$），一次のべき乗則モデル（式4）が実験結果とよく一致した（図6(a)）。

$$-\ln(a) = k_d t, \qquad \text{first order } (d=1) \tag{4}$$

また，アレニウスの式より反応速度定数 k を算出し，反応時間との相関を評価した。その結果，反応開始後100時間において速度定数の変化が時間に対して一次の関係モデル式（式5）で表すことができた（図7）。

$$\ln(k) = k_d t + c \tag{5}$$

両モデルにおける劣化速度定数はそれぞれ，0.95×10^{-3} h^{-1}，1.04×10^{-3} h^{-1} と近い値であり，触媒寿命を予測する上でこれらのモデルが有用であることが示された。

3.5　触媒耐久性の向上

さらに我々は，$CuFe_2O_4$ スピネルと γ-アルミナ複合触媒のさらなる性能の向上方法としていくつかの方法を検討した。その一つが，スピネル中の Cu 成分を Ni 成分と置換する方法である。図8に示すように，モル比として5%の Cu 成分を Ni 成分と置換することで触媒の耐久性がおよそ2倍向上した[24]。XRD 分析から，反応時において CuNi 合金が形成されていることが確認され，シンタリング速度を抑制したことが耐久性の向上につながったと考えられる。

また我々は，複合後触媒への熱処理効果を見出した。図9に示すように，スピネルとアルミナを物理混合後，700～800℃で空気中熱処理することによって触媒性能が大きく向上し，さらに触媒の耐久性も向上した[23]。XRD 分析から，熱処理を施すことでスピネル構造中にアルミナの Al 成分が固相反応によって Fe 成分の一部と置換され，$CuFe_{2-x}Al_xO_4$ スピネルが新たに形成されることが確認された。この新しい Cu-Fe-Al 系スピネル型酸化物は高い MeOH 水蒸気改質活性を示すことも明らかとなり[25]，700～800℃という比較的高温での熱処理によって，本触媒のDME 水蒸気改質反応性が大きく向上したものと考えられる。また，酸触媒として働く γ-アルミナは900℃以上の熱処理では酸触媒性能が失活してしまうが，700～800℃での熱処理であれば適度に酸性質が和らげられ，耐久性の向上につながると考えられる。このような熱処理を施すことは通常の含浸法で調製した担持型の触媒ではシンタリングを進めてしまうため現実的ではない。また，空気中高温に曝しても触媒が失活しないということは，触媒劣化の主要因である析出炭素を除去する高温酸化処理にも Cu スピネル複合触媒は強いということであり，従来触媒と比

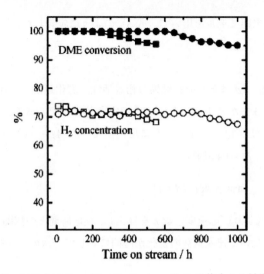

図8 CuFe₂O₄ または Cu₀.₉₅Ni₀.₀₅Fe₂O₄ と γ-Al₂O₃ を複合した触媒を用いた DME 水蒸気改質長期耐久試験の結果
反応条件：Steam/Carbon = 2.5, GHSV = 500 h^{-1}，反応温度 = 375℃
（JPCC113, 43, 2009, Fig. 1）

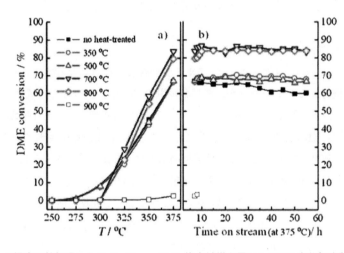

図9 種々の温度で熱処理した CuFe₂O₄-γ-Al₂O₃ 複合触媒を用いた DME 水蒸気改質試験の結果
反応条件：Steam/Carbon = 2.5, GHSV = 9100 h^{-1}，耐久試験温度 = 375℃
（Angew47, 9314, 2008, Fig. 1）

べて優れた特長を有する触媒であるといえる。

3.6 まとめ

水素キャリア物質の候補の一つである DME から水素を取り出すプロセスである水蒸気改質反応において，優れた活性および熱安定性を示す触媒として Cu-Fe 系スピネルと γ-アルミナを複

第4章 触媒の長寿命化

合した触媒の開発を行った。本反応における主な触媒劣化の要因は炭素析出とCu種のシンタリングである。我々は、活性種であるCuを含んだスピネル型酸化物に着目し、アルミナとの複合触媒が高い熱安定性を示すことを見出した。さらに1,000時間を超える長期試験を実施し、劣化挙動について速度論的な解析を行うことで、DME水蒸気改質反応における触媒寿命を予測できる劣化モデルの構築を行った。また、本触媒の耐久性を向上させる手法として複合触媒への熱処理効果が有効であることを見出した。このことは、炭素析出がたとえ起こったとしても高温での熱処理によって容易に析出炭素を除去できることを示しており、スピネル型酸化物の特性がうまく生かされた触媒であると考えられる。

文　　献

1) 田島收, 日本エネルギー学会誌, **93**, 35 (2014)
2) G. A. Olah *et al.*, "Beyond Oil and Gas: The Methanol Economy", Wiley-VCH (2009)
3) 鈴木信一, 石油／天然ガス レビュー, **9**, 1 (2003)
4) V. V. Galvita *et al.*, *Appl. Catal. A: Gen.*, **216**, 85 (2001)
5) K. Faungnawakij *et al.*, *Catal. Surv. Asia*, **15**, 21 (2011)
6) 竹澤暢恒, 触媒, **37**, 320 (1995)
7) 五十嵐哲ら, 触媒, **55**, 142 (2013)
8) K. Takeishi *et al.*, *Appl. Catal. A: Gen.*, **260**, 111 (2004)
9) T. Matsumoto *et al.*, *Appl. Catal. A: Gen.*, **276**, 267 (2004)
10) T. Kawabata *et al.*, *Appl. Catal. A: Gen.*, **308**, 82 (2006)
11) T. A. Semelsberger *et al.*, *Appl. Catal. B: Environ.*, **65**, 291 (2006)
12) K. S. Yoo *et al.*, *Appl. Catal. A: Gen.*, **330**, 57 (2007)
13) F. Solymosi *et al.*, *Appl. Catal. A: Gen.*, **350**, 30 (2008)
14) M. Yang *et al.*, *Appl. Catal. A: Gen.*, **433-434**, 26 (2012)
15) J. Vincente *et al.*, *Appl. Catal. B: Environ.*, **130-131**, 73 (2014)
16) Y. Tanaka *et al.*, *Appl. Catal. B: Environ.*, **57**, 211 (2005)
17) K. Faungnawakij *et al.*, *Appl. Catal. A: Gen.*, **304**, 40 (2006)
18) K. Faungnawakij *et al.*, *J. Power Sources*, **164**, 73 (2007)
19) K. Faungnawakij *et al.*, *Appl. Catal. B: Environ.*, **74**, 144 (2007)
20) K. Eguchi *et al.*, *Appl. Catal. B: Environ.*, **80**, 156 (2008)
21) K. Faungnawakij *et al.*, *Appl. Catal. A: Gen.*, **341**, 139 (2008)
22) K. Faungnawakij *et al.*, *J. Catal.*, **256**, 37 (2008)
23) K. Faungnawakij *et al.*, *Angew. Chem. Int. Ed.*, **47**, 9314 (2008)
24) K. Faungnawakij *et al.*, *J. Phys. Chem. C*, **113**, 18455 (2009)
25) N. Shimoda *et al.*, *Appl. Catal. A: Gen.*, **365**, 71 (2009)
26) N. Shimoda *et al.*, *Appl. Catal. A: Gen.*, **378**, 234 (2010)

4 流動接触分解装置における劣化要因およびその対応策

坂　祐司*

4.1 FCC装置の概要

FCC（Fluid Catalytic Cracking）装置は，重質油を分解し，ガソリンや中間留分を生産するプロセスである。FCC装置から得られるガソリン留分はレギュラーガソリンへ約50%程度配合されており，重要な石油精製プロセスのひとつである。

図1に現在の一般的なFCCプロセスの概要を示す。FCC装置は大別して，ライザー（反応塔），再生塔，蒸留セクションから構成されている。原料油は約350℃に予熱された後，微粒子状のFCC触媒とライザー下部で混合され，ライザー内を数秒間で通過する間に分解される。反応によって得られた分解生成物は，反応塔上部から分留塔（メインカラム），スタビライザーなどの分離設備に順次送られ，ガソリン留分やLPG留分に分離される。一方，触媒に付着した炭化水素油はストリッパー内でストリッピングスチームにより除去される。また，除去できない未脱炭化水素（Coke）を含んだ反応後の触媒は再生塔へ持ち込まれる。Coke分は再生塔において空気による燃焼反応により除去される。再生された触媒は再び反応に用いられ，触媒は再生と反応を繰り返し，装置内を循環している。

4.2 FCC触媒の概要

図2にFCCで用いられる触媒（FCC触媒）の概要を示す。

前述したように，FCCプロセスのライザーでは原料油と触媒が一体となって流動することを前提に設計されている。このため，触媒は原料油と十分に混合される必要があり，通常約70 μm に整形された微粒子である。構成成分としては主活性成分であるUSYゼオライトが20〜40 wt%，カオリンなどの天然の粘土鉱物が30〜50 wt%，触媒構成成分をひとつの粒子としてまとめるバインダーとして，シリカが20〜40 wt%配合されている。

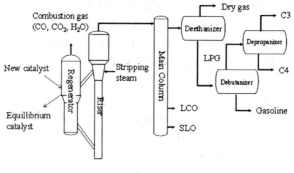

図1　FCC装置のフロー

---

*　Yuji Saka　コスモ石油㈱　安全技術統括ユニット　研究部　研究企画グループ長代理
博士（工学）

第4章　触媒の長寿命化

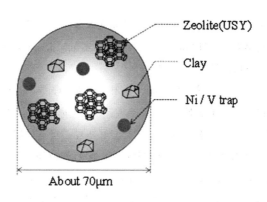

図2　FCC触媒の概要

　触媒構成成分のひとつである粘土鉱物は，触媒の形状やかさ比重を最適化し，物理的強度を改善する目的で配合している。触媒のかさ比重が小さすぎる場合，ライザー内での触媒の上昇速度が増加するため，原料油との接触効率が低下し，その結果，分解活性が低下する。また，かさ比重が大きすぎる場合，ライザー内での触媒流動性が低下する。したがって，FCCプロセスにおいて，原料油と触媒が理想的に流動するためには，触媒のかさ比重を適切に調整する必要がある。更に流動床では触媒同士および装置管壁との磨耗，接触が頻繁に起こる。これによって，触媒形状が物理的に崩壊し，FCC装置系外へ触媒が飛散する可能性がある。したがって，触媒は可能な限り球状であり，かつ，ある程度の物理強度を有することが望ましい。これらの問題を解決する物質として粘土鉱物が一般的に用いられている。

　FCC装置はFCC触媒の性能により，得られる生成物の得率バランスや性状が大きく変化することから，上記触媒物性に加え，環境・ニーズに合わせた触媒性能が求められている。近年SLO（Slurry Oil）に代表される重質な燃料油需要が減退する傾向にあり，より高い分解活性が求められている。更に，CO_2排出に伴う地球温暖化問題解決のため，自動車のエンジン効率の向上，すなわち燃費向上が求められている。燃費向上のためには高圧縮比においてもノッキングがしにくいオクタン価の高いガソリン留分の製造が必要である。

4.3　FCC触媒の劣化要因

　FCC触媒の劣化要因として，大別して①コーク燃焼に伴う水蒸気による劣化（水熱劣化），②原料油中に含まれるNiやVなどの触媒被毒金属による劣化（メタル劣化），以上2つの要因が挙げられる。

4.3.1　コーク燃焼に伴う水蒸気による劣化

　4.1項で述べたように，FCC触媒は再生，反応を繰り返し，運用されている。ライザーで反応した後，生成物とFCC触媒を分離すべく，ストリッピングスチームを導入している。その際，脱離できなかった炭化水素分は再生塔に持ち込まれ，炭素分は空気による燃焼反応によって除去される。なお，再生塔の温度は650～750℃程度である。一方，水素分は空気と接触し水蒸気と

なる。4.2項で述べたように，USY ゼオライトは通常の Y 型ゼオライトに比べ，安定性は向上しているものの，再生塔雰囲気下は高温であるため，水蒸気による水熱劣化が進行し，ゼオライトの結晶構造が崩壊し，分解活性の低下を招く[1]。

そこで，ランタンに代表される希土類金属をイオン交換処理することで，USY ゼオライトの水熱安定性が向上し，再生塔雰囲気下でのゼオライトの結晶構造の崩壊を抑制できることが知られている[2,3]。その結果，再生塔雰囲気下でのゼオライト結晶構造の崩壊を抑制することで，分解活性を維持し，SLO に代表される重質な燃料油の生産量低減が可能となる。

しかし，希土類金属の配合に伴い，オクタン価の高いオレフィン分がオクタン価の低いパラフィン分へ変換される水素移行反応が促進されるため，4.2項で述べたオクタン価の高いガソリン留分の製造が困難となる課題がある[4,5]。

4.3.2　触媒被毒金属による劣化

近年，原油の重質化に伴い，FCC 装置の原料油中 Ni や V などの触媒被毒金属の含有量が増加する傾向にある。前段装置である脱硫装置において脱メタル能力の強化など鋭意検討されているが，依然として FCC 装置での対応が必要な状況である。特に V は再生塔において，バナジン酸となり，ゼオライトの分解活性点である Al を引き抜くことが知られている[6]。図3に4.3.1で述べた水熱劣化とメタル劣化のイメージを示す。

従来，マグネシウムやマンガンなどのアルカリ土類金属を配合することで，酸塩基反応により V を不動態化することで V による脱 Al を抑制している[7]。しかし，アルカリ土類金属の配合量を過剰に増加させた場合，ゼオライトの酸点まで中和されてしまい，分解活性が低下するため，本技術による対応には限界がある。

また，Ni や V 以外にも Fe の堆積によっても FCC 触媒の分解活性が低下することが報告されている[8]。Fe の堆積に伴い，数 μm 程度の無数の突起物が形成され，触媒表面が被覆されることで主活性サイトであるゼオライトまで原料油がアクセスできず，活性低下を招く（図4参照）。また，かさ密度および機械的強度が低下するため，FCC 装置内での流動性低下を招く懸念も挙げられる。Fe による触媒活性低下を抑制するためには，触媒上の Fe 堆積量を管理する必要があり，日々の装置運用の中で触媒投入量を適宜調整，最適化することが重要である。

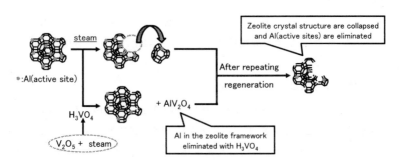

図3　FCC 装置におけるゼオライトの劣化のイメージ

第4章　触媒の長寿命化

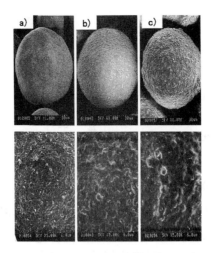

図4　Fe 堆積量が異なる平衡触媒の触媒形状[8]
(a)Fe 堆積量 0.58%, (b)Fe 堆積量 0.71%, (c)Fe 堆積量 0.93%

4.4　当社での取り組み

4.3項で述べた劣化による分解活性低下を抑制するためには，主活性成分である USY ゼオライトの増配合でも対応できるが，機械的強度の低下に伴い装置系内で粉化し，装置系外へ触媒が飛散する課題がある。また，希土類金属の増配合により，ゼオライトの安定性向上に伴い，分解活性が向上するものの，ガソリン留分のオクタン価が低下する課題がある。このように，触媒物性，活性，生成物の性状はそれぞれトレードオフの関係にあり，現在の技術ではいずれも同時に満たすことは極めて難しい。

そこで，当社では，①ゼオライトの安定性向上，②水素移行反応の抑制（ガソリン留分のオクタン価抑制）を達成可能な新規触媒原料（新規マトリックス成分）の検討を行い，第一リン酸アルミニウム（Al-P）を見出し，商業装置にて実証運転を行った[9,10]。

本稿では Al-P の添加効果について以下に詳細に述べる。

ラボにて同等量の Al-P もしくは希土類金属を配合する以外，同一の触媒組成を有する FCC 触媒を調製し，メタル劣化および水熱劣化処理を行った際の相対結晶化度を算出し，ゼオライトの安定性評価を実施した。その結果を図5に示す。

図5より，Al-P は希土類金属に比べ，いずれの劣化処理時間においてもゼオライト結晶構造の残存量が多い，すなわち，ゼオライト安定性向上効果が高いことを見出した。これまでリンによるゼオライト安定性向上効果については多くの検討がなされており，リンはゼオライト格子欠陥付近に存在し，ゼオライトを構成する T 原子の結合角（T-O-T angle）を緩和することで安定性が向上するなど報告されている[11]。

優れたゼオライト安定性向上効果を有する Al-P の触媒性能を検証すべく，配合量を変更させた際の分解活性およびガソリン留分のオクタン価変化を図6に示す。図6より，Al-P は従来技

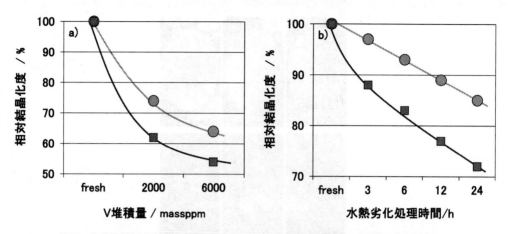

図5 各劣化因子を変更した際の相対結晶化度の推移 (●：Al-P, ■：希土類金属)
(a)メタル劣化：スチーミング処理は800℃×6h 一定とし、V 堆積量を変更
(b)水熱劣化：メタル担持せず、スチーミング温度800℃一定とし、時間を変更

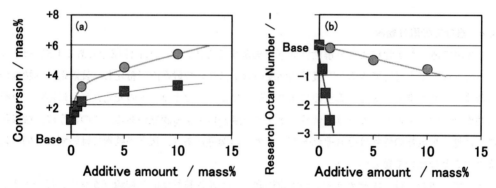

図6 所定重量配合した際の分解活性向上およびオクタン価変化 (●：Al-P, ■：希土類金属)
(a)分解活性 (Conversion, Conv.＝100−LCO−SLO 得率)，(b)オクタン価
評価装置：ACE-MAT
強制劣化条件：Ni/V＝1000/2000 massppm，水熱劣化＝800℃×6h

術である希土類金属に比べ，同一添加量において分解活性が高く，また，オクタン価低下を抑制しており，当初想定していた触媒性能が得られることを見出した。

4.5 総括

多くの触媒メーカー，大学では，更なる触媒性能改善を目指し，メタルトラップ剤や安定性の高いゼオライトの製造方法，新規ゼオライトの適用など鋭意検討がなされている。また，石油精製各社，プラントメーカーでは新規FCCプロセスの検討が進められている。今後，石油燃料油の需要構造変化に伴い，FCC触媒に求められる性能は大きく変化していくと考えられ，将来的にはプロセス改良と一体となった実用化が期待されている。

第4章　触媒の長寿命化

謝辞

本研究は，経済産業省の補助金により（一財）石油エネルギー技術センターの研究の一環として行われたものであり，ここに謝意を表する。

文　　献

1) Yang S. J, Chen Y. W., *Stud. Surf. Sci. Catal.*, **84** 1655-1661 (1994)
2) Xiao S, Le Van MAO R, Denes G, *J. Mater. Chem.*, **5**, 1251-1255 (1995)
3) Niu G, Huang Y, Chen X, He J, Liu Y, He A, *Appl. Catal. B*, **21**, 63-70, (1999)
4) K.Watanabe, ペトロテック, **32**, 201-205, (2009)
5) S.Sakai, 触媒化成技報, **24**, 35-43, (2007)
6) Wallenstein D., Burhin T., *Catal. Today*, **127**, 54-69, (2007)
7) Wang F, Zhu O R, Qian J, Sun Z, Zhou S., *Prepr. Am. Chem. Soc. Div. Pet. Chem.*, **43**, (2), 324-327, (1998)
8) M.Watanabe, 触媒化成技報, **18**, 70-77, (2001)
9) Y.Saka et al., *J. Jpn. Petrol. Inst.*, **58**, (1), 40, (2015)
10) Y.Saka et al, *J. Jpn. Petrol. Inst.*, **58**. (5), 285, (2015)
11) Watanabe, T., Taremizu, E., Tuda, S., *J. Surf. Finish. Soc. Jpn.*, **5**, 644 (1991).

5 直脱／RFCCのインテグレーション

渡部光徳*

5.1 諸言

近年の石油精製において，石油のノーブルユースの観点から重質油を軽質油等の高付加価値製品へ転換する技術，すなわち，重質油アップグレーディング技術の高度化が求められている。重質油アップグレーディングとして，熱分解，溶剤脱れき，水素化精製，水素化分解，接触分解等，種々のプロセスがあり[1]，その中でも直脱（直接残油脱硫）-RFCC（Residue FCC：残油流動接触分解）プロセスの組合せが，燃料油としてのガソリン，プロピレンやブテン等の石油化学原料を高い収率で得るのに有効である。触媒面からのアプローチとして，ニーズに合った直脱触媒およびRFCC触媒を適用することで，プロセスの収益性を最大化することができる。より重質な原料油を処理することや装置を経済的に運転することは，触媒に対する過酷度（シビアリティー）が増すことに繋がり，触媒劣化の制御が重要な因子になる。両プロセスの触媒劣化に対する理解を深め，触媒設計に生かすことで，効率的な重質油アップグレーディングが図れる。このような直脱およびRFCCのインテグレーションの観点から，それぞれの触媒技術を紹介する。

5.2 直脱およびRFCCの概要

直脱とRFCCの概要を表1に纏めた。直脱装置は固定床流通式プロセスで，一般的な反応条件は，LHSV 0.1～0.5 hr^{-1}，水素オイル比 600～1,500 Nm^3/kl，反応温度 350～430℃，反応圧力

表1 直脱およびRFCC概要

直脱	RFCC
■主な目的 ・脱硫、脱メタル、脱CCR、脱アスファルテン、脱窒素	■主な目的 高オクタンガソリン、LPG(C3=、C4=)生産
■反応器タイプ ・固定床流通式	■反応器タイプ ・流動床式
■一般的な反応条件 ・LHSV 0.1～0.5Hr^{-1} ・反応温度 350～430℃ ・反応圧力 14～25MPa ・H$_2$/Oil比 600～1500Nm^3/kl	■一般的な反応条件 ・反応温度 490～530℃ ・再生塔温度 650～800℃ ・触媒/Oil比 5～15
■触媒 ・形状：ペレット(四葉、三葉等) ・担体：アルミナ、複合酸化物 ・活性金属：Ni, Co, Mo	■触媒 ・形状：球形粒子(平均サイズ60～70μm) ・ゼオライト：USY型 ・マトリックス：活性アルミナ、メタルトラップ、バインダー、細孔形成剤等
■触媒劣化 ・運転初期：コーク劣化 ・中期：コーク及びメタル(Ni,V等)劣化 ・後期：急激なメタル劣化	■触媒劣化 ・水熱劣化、メタル(Ni,V等)堆積劣化 ・コーク劣化 ・窒素被毒

* Mitsunori Watabe　日揮触媒化成㈱ R&Dセンター　触媒研究所　触媒研究所長代行

14～25 MPa の範囲である[2]。直脱触媒は，アルミナや複合酸化物系担体にモリブデンと助触媒としてニッケルやコバルトを担持するのが一般的であり，触媒形状はペレットである。直脱で処理する原料油は，一般的に幅広い分子量分布であるため，単独の触媒で処理するのではなく，数種類の触媒をリアクターへ多段に組み合せて充填する触媒グレーディングをすることが多い。それぞれの機能に合わせて担体および担持金属の設計がなされ，残油の分子サイズを考慮した触媒細孔設計が非常に重要である。一方，RFCC は流動床式プロセスで，一般的な運転条件は，反応温度 490～530℃，再生塔温度 650～800℃，平衡触媒上のメタル分（ニッケル＋バナジウム）は数千～1 万 ppm 以上の堆積量である。プロピレン増産を目的とした石化型 FCC では更に高い反応温度（580～650℃）で運転される[3]。RFCC 触媒は，平均粒子径 60～70 μm の球形粒子で，ゼオライトおよびその支持母体となるマトリックスから構成される。現在では Y 型ゼオライト系触媒が主流であり[4]，マトリックスには，バインダー，ボトム分解性向上のための活性アルミナ，メタル被毒抑制を目的としたメタルトラップ剤等が含まれている。RFCC 触媒粒子とは別粒子でそれぞれの機能を持ったアディティブを系内に添加する場合もある。一般的に RFCC 触媒に求められる特性として，ボトム分解性，コーク収率，高オクタン価ガソリン収率，プロピレン収率，耐水熱性および耐メタル性，流動化特性，耐摩耗性，脱硫機能等があり，装置特性，原料油性状，石油製品の需要動向等により，優先順位が異なる。

5.3 触媒劣化に対する原料油性状因子

RFCC 触媒劣化に対する影響因子として，メタル分（ニッケル，バナジウム，鉄），CCR（Conradson Carbon Residue：残炭），硫黄分，窒素分がある。また，芳香族含有量等の組成，分子量分布等も，RFCC 特性に大きく影響を与える。

残油に含まれるニッケルおよびバナジウムは，ポルフィリン錯体として存在する。RFCC では原料油中に存在するニッケルおよびバナジウムが触媒上に堆積して触媒毒となり，触媒活性や選択性を悪化させ，製品収率や RFCC 触媒の劣化に大きく影響する。これらのことから，前段プロセスの直脱触媒にはそれに見合う脱メタル機能が求められる。

また，RFCC 装置において，原料油中に含まれる鉄の影響も報告されている[5,6]。原料油中の鉄は RFCC 触媒表面に過度に堆積すると，多数の突起物（ノジュール）を形成して触媒の流動性悪化の原因となること，触媒表面に鉄化合物由来の溶融状態が形成され，原料油の触媒細孔内への進入度（アクセシビリティー）低下をもたらし，触媒活性を低下させること，等の悪影響がある。原料油中の鉄は無機鉄としての存在がほとんどで，前段の直脱において水素化反応により除去されるものではなく，触媒の外表面（触媒間の空隙）による捕捉が有効な脱鉄方法となる。一般的には触媒間の空隙を制御する触媒ペレット形状およびサイズを設計し，直脱の最前段のガードリアクターおよび後段リアクターのサイズグレーディングによりスケール除去を含む脱鉄を実施している。

RFCC 原料油中には RFCC 装置でコークを生成しやすい多環芳香族を多く含み，その指標と

してCCRが用いられる。また，芳香族指数もその指標となる。CCRが多いRFCC原料油を処理すると，RFCC触媒上のコークが増加し，再生塔で過度に温度上昇し，触媒劣化を引き起こす。前段プロセスの直脱装置での水素化反応や水素化分解反応により，CCR低減や芳香族指数の低減を図ることができる。

　残油中の硫黄分に関して，RFCC装置での接触分解反応によって得られるガソリン等の製品中の硫黄分濃度に関連し，コーク中に含まれる硫黄は再生塔排ガス中の硫黄酸化物（SOx）に影響する。これらはガソリン硫黄低減アディティブやDeSOxアディティブ等で制御可能である。RFCC原料油中の硫黄濃度とRFCCガソリン等製品の硫黄濃度は，ほぼ比例関係にある[7]。また，近年の直脱プロセスや直脱触媒技術の進歩により，RFCC原料油の硫黄濃度は，0.1～0.3 wt%まで低減することも可能となった。

　原料油中の窒素，特に塩基性窒素はRFCC触媒の酸点を被毒するため好ましくない。再生塔で燃焼除去されるため，可逆的な被毒と考えられているが，RFCC反応を阻害させないために直脱触媒により高い脱窒素機能が求められる。

　RFCCでの接触分解反応において，芳香族環の側鎖の分解は起こるが，芳香族環の開環はほとんど進行しないため，直脱側で芳香族環の水素化を進めておけば，RFCC側で効率的な接触分解反応が進む。

5.4 直脱触媒の劣化対策
5.4.1 直脱触媒の劣化因子

　直脱の運転期間中には，触媒上へのコークとメタルの堆積により，複合的に触媒劣化が進行する。直脱の運転は，生成油硫黄濃度が一定になるように反応温度を制御する場合が多い。運転初期においてコーク生成による急激な劣化がみられるが，一定期間後には平衡値に達する。運転中期においては定常的な劣化パターンを示し，コークおよびメタル劣化がみられる。運転後期には急激に劣化するが，これはメタルによる触媒細孔閉塞が原因である。触媒劣化に関して，残油中のアスファルテンの影響は大きく[8,9]，コーク生成を抑えたアスファルテンの粗分解が求められる。これらのメタルやコーク劣化に対する耐性を高める触媒システムや堆積メタル許容量を最大化する触媒システムの開発が行われている。

5.4.2 脱メタル・トランジション触媒技術[10]

　直脱装置の運転期間を通して，より多くのメタルを長期間で安定的に捕捉し，CCRをより多く低減することが，後段RFCCプロセスでの製品収率および品質向上には重要である。直脱リアクターの上段部に充填する脱メタル触媒に求められる機能として，原料油の効率的な粗分解機能，水素化機能，メタル捕捉容量がある。重質な原料油が効率的に拡散して粗分解できる細孔径を有し，メタル分をより多く捕捉し得る細孔容積を有することである。また，重質留分が細孔内で滞留することで，粗分解に伴うコーク生成の増加となるため，脱メタル触媒には十分な細孔径を付与し，原料油重質留分の細孔内での拡散性を促進する必要がある。

第4章　触媒の長寿命化

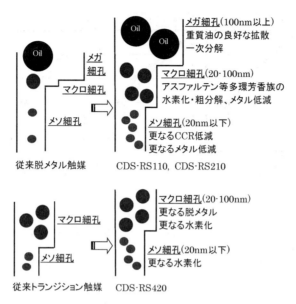

図1　CDS-RS シリーズの細孔設計

　日揮触媒化成の脱メタル触媒 CDS-RS110 および CDS-RS210 には，メガ孔（100 nm 以上の細孔径）が付与され，メガ孔で分子サイズが小さくなった重質留分の金属除去等を進めるためにマクロ孔（20～100 nm）とメソ孔（～20 nm）が付与されている。そのコンセプトを図1に示す。本触媒には卓越した担体調製技術"MAGIC（Meridian Approach to Gamma-processing Inorganic Chemical）技術"を適用しており，触媒強度を損なわずにメガ孔・マクロ孔を付与し，細孔容積を大幅に増大させている。更に本 MAGIC 技術にはもう一つの特徴があり，担体表面の化学的特性を制御し，担持金属分散性の向上や担体－担持金属の相互作用を制御することで，水素化活性の向上を図っている。

　トランジション触媒は，上段部の脱メタル触媒で粗分解された油を処理するのに適した反応場としてのメソ孔（～20 nm）をより多く付与することを設計思想としている。トランジション触媒 CDS-RS420 のコンセプトを図1に示す。従来触媒と比較してメソ孔が大きく，効率的な二次的脱メタルおよび水素化反応が進行する。本触媒にも上記の MAGIC 技術が採用されている。

　本 CDS-RS シリーズを適用したベンチ評価を図2に示す。リアクター軸方向の各触媒層出口油の脱硫，脱メタル，脱 CCR 性能を表している。メガ，マクロ，メソ孔を有する上段の CDS-RS110 および CDS-RS210 部分にて，脱メタル反応と重質油の粗分解が進行し，より多くのメソ孔と水素化機能を高めた中段の CDS-RS420 部分で，効率的な水素化反応が進み，高いメタルおよび CCR 除去率を示している。上段部での脱メタル反応進行により，下段の脱硫触媒へのメタルスリップが抑制され，高い脱硫性能を長期に渡って得られる利点もある。また，短期寿命試験を実施し，リアクター出口硫黄濃度 0.4 wt% 一定とした運転では，CDS-RS システムでは従来システムと比較して，安定的にメタル分を約40%低減できることを確認した。短期寿命試験で得

171

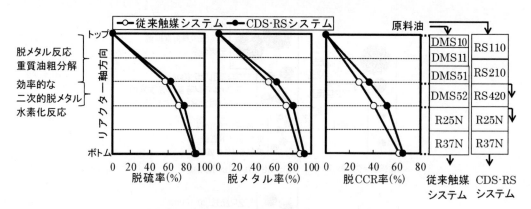

図2 各触媒層出口の脱硫,脱メタル,脱CCR性能
原料油性状:Density@15℃ 0.975 g/ml, Sulfur 4.2%, Nitrogen 2,305 ppm, Ni 20 ppm, V 61 ppm, Asph. 3.9 wt%, CCR 10.9 wt%
反応条件:LHSV 0.3 hr^{-1}, H$_2$ Press. 13.5 MPa, H$_2$/Oil 800 Nm^3/kl, Temp. 370℃

表2 直脱生成油の性状

		CDS-DMS適用	CDS-RS適用
Density @15℃	g/ml	0.928	0.928
CCR	wt%	4.2	4.0
ニッケル	ppm	7.5	5.5
バナジウム	ppm	15.0	10.8

表3 RFCC装置の収率推定

適用直脱触媒		レファレンス CDS-DMS	Case1 CDS-RS	Case2 CDS-RS
RFCC性能推定				
フレッシュ触媒投入量	T/D	6.2	6.2	5.1
Conversion	wt%	65.3	68.0	65.3
Dry Gas	wt%	1.8	2.0	1.8
LPG	wt%	12.4	13.9	12.5
Gasoline(C5-180℃)	wt%	45.3	46.3	45.3
LCO(180-360℃)	wt%	25.4	23.6	25.3
HCO(360℃+)	wt%	9.4	8.4	9.4
Coke	wt%	5.7	5.8	5.7

Case 1: 同一フレッシュ触媒投入量での性能推定
Case 2: 同一性能での推定

た結果に基づいた表2に示す脱硫残油性状を用いて,シミュレーターによりある製油所のRFCC実装置の収率推定を行った。結果を表3に示す。Case 1の同一RFCC触媒投入量では,残油転化率(コンバージョン)向上,高ガソリン収率,低HCO収率が得られ,Case 2の同一FCC製品収率条件では,触媒投入量を6.2 T/Dから5.1 T/Dへと約18%低減できることが分かった。

第4章 触媒の長寿命化

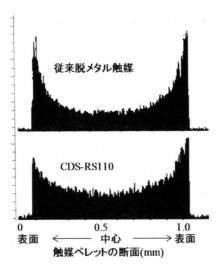

図3 直脱スペント触媒のバナジウム分布

　直脱装置リアクター内に触媒を数百cc充填したバスケットを設置し，運転期間1年後にそのバスケットを取り出してスペント触媒を解析した。従来型脱メタル触媒と新脱メタル触媒CDS-RS110のスペント触媒の堆積バナジウム分布を図3に示す。ニッケルポルフィリンと比較して，バナジウムポルフィリンの方が反応しやすいため，バナジウムはペレット表層に堆積し，ニッケルは比較的に内部まで浸透する[11]。CDS-RS110の方がよりペレット内部までバナジウムが堆積していることから，メガ孔付与などにより重質留分の拡散性が向上したためと考えている。また，細孔径および容積が大きいため，メタル捕捉容量が向上すること，直脱運転後期における細孔閉塞による劣化が低減され耐メタル性が向上することから，触媒の寿命延長あるいは劣悪残油の処理を可能にすると考えている。

5.4.3 脱硫触媒技術

　下段の脱硫触媒へ求められる機能としては，上段および中段部で水素化処理，効率的に粗分解された油を，比較的細孔径が小さく，高い比表面積を有する触媒で更に水素化処理を進め，脱硫，脱CCR，脱窒素反応を進めることである。また，直脱装置運転期間中でのコーク劣化を抑制することによる高い活性安定性も求められる。高い水素化活性を有する日揮触媒化成製の脱硫触媒CDS-R37Nを適用することで優れた脱硫，脱CCR機能と高い活性安定性を得ることができる。本触媒には，最適な細孔径・細孔容積を付与し，担体－担持金属との相互作用制御技術を適用して，水素化能を高めている。更に金属担持技術を改良して高い活性安定性を実現したCDS-R38Cもリアクター最下段に位置するフィニッシング触媒として開発し，顧客のニーズに応えている。

　また，優れた脱硫活性および分解活性を有する残油水素化分解触媒R-HYCを脱硫触媒部の一部に置き換えることにより，直脱で中間留分収率が増加するという報告もある[12]。更に適切な脱

メタル触媒および脱硫触媒との組合せにより，脱メタル性能や脱CCR性能が向上し，RFCC原料油に適した直脱生成油が得られるとしている。

5.5 RFCC触媒の劣化対策
5.5.1 耐メタル性向上技術
(1) バナジウム堆積による劣化とその抑制技術

原料油中のバナジウムは平衡触媒上に堆積し，再生塔の高温水熱条件下で，ゼオライト結晶格子中のアルミニウム脱離を促進し，ゼオライト結晶を崩壊させ，触媒活性の低下を引き起こす。ナトリウムの共存によりその影響が大きくなることも知られている。平衡触媒上に堆積したバナジウムは再生塔内で4価あるいは5価として混在している。5価のバナジン酸は，その融点の低さから移動性が高く，再生塔水熱条件下において触媒粒子内だけでなく粒子間も移動し，触媒の活性劣化を促進させる。

バナジウムによる劣化を抑制するために，RFCC触媒にはバナジウムトラップ剤が含有されている[13]。日揮触媒化成が開発したバナジウムトラップ剤CMT-40は，バナジウムと親和性の高い成分であり，活性点である固体酸を中和しない適度な塩基性を有することが特徴である。移動性が高いバナジウムがゼオライトにアタックする前にトラップ剤で捕捉することで，悪影響が抑制されると考えている。CMT-40を導入した後の平衡触媒の耐バナジウム評価結果（ASTM-MAT unit：ASTM Micro Activity Test unit）を図4に示す。CMT-40を適用した触媒に切り替えた後は，より高いバナジウム堆積量でも活性低下が抑制されていることが分かる。触媒投入量の削減やメタル分の多い原料油の使用が可能になることを意味している。

(2) ニッケル堆積による劣化とその抑制技術

原料油中のニッケルは，移動性が低いため触媒粒子表面に堆積する。ニッケルは，高い脱水素活性を有することから，望ましくないドライガスおよびコーク生成が促進される。対策の一つとして，ニッケルを不活性化するパッシベーターをRFCC原料油に添加するケースもあるが，触

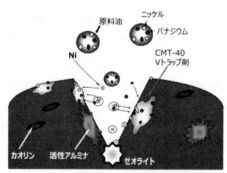 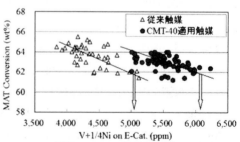

図4 バナジウムトラップ技術

第4章　触媒の長寿命化

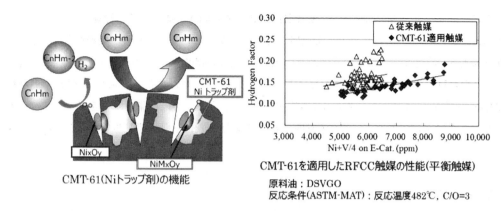

図5　ニッケルトラップ技術

媒の耐ニッケル性を高めるためにニッケルトラップ剤を導入するケースもある。日揮触媒化成が開発したニッケルトラップ剤 CMT-61 は，ニッケルと親和性が高く化合物を形成して不活性化させることと，特徴的な細孔構造を有しておりニッケルの凝集を促進することにより，脱水素活性を低減する。CMT-61 を適用した平衡触媒の性能を図5に示す。ドライガス生成の指標として，縦軸に水素ファクターを用いた。CMT-61 を適用した触媒は，同一メタル量で低い水素ファクターを示しており，ニッケルの脱水素活性を抑制していることが分かる。

(3) 耐メタル性向上ゼオライト[14]

メタルや水熱劣化による結晶崩壊を抑制するY型ゼオライトも開発されている。結晶子径の大きいY型ゼオライトを適用することにより，耐メタル性，耐水熱性が向上される。更に本ゼオライトには外表面にメソポアが付与されており，ボトム分解性向上も確認されている。

5.5.2　コーク生成低減技術

FCC 反応でのコーク生成について，接触分解反応によって生成するコーク（Catalytic Coke），ニッケルやバナジウムの脱水素反応によって生成するコーク（Contaminant Coke），ライザーでの反応後にストリッピングされず再生塔に同伴する触媒上の未反応物（Cat-to-Oil Coke），ライザー内で気化されないか熱分解されずに液状のまま触媒に付着して再生塔に持ち込まれるコーク（Non-distillate Coke），CCRやアスファルテン等のコーク前駆体により生成するコーク（Conradson Coke）の5種類に分類して議論される場合が多い[15]。直脱プロセスにおいて，触媒種や触媒システム，運転条件を最適化してCCRの低減を図ることで Non-distillate Coke や Conradson Coke 生成が抑制できる。一方，Catalytic Coke, Contaminant Coke, Cat-to-Oil Coke は，RFCC 触媒の設計により低減が可能である。Catalytic Coke については，接触分解に付随して生成するコークであり，ゼオライト／マトリックス比や固体酸性質制御等により，低コーク収率を実現する。マトリックス細孔での強酸点がコーク生成しやすいことは知られており，コーク生成を抑制しつつ高度なボトム分解を達成するためには，弱酸点によるマイルドな分解が望ましい。Contaminant Coke 低減については，前述のニッケルトラップ剤が適用される。

最後に Cat-to-Oil Coke に関して，触媒細孔設計により低減可能である。触媒中にメソ孔（2-50 nm）やマクロ孔（50 nm 以上）を適切に配置させることで，ライザーでの接触分解反応後に触媒細孔内に滞留している炭化水素が速やかに細孔外に排出され，二次反応のコーク生成へ進行するのを抑制することができる。また，この適正なメソ孔，マクロ孔の付与は，RFCC 原料油の触媒細孔内拡散にも寄与し，ボトム分解性が向上する。但し，過剰な細孔の付与は，触媒の摩耗強度低下や触媒嵩密度低下による装置内での触媒流動性悪化を引き起こすため注意が必要である。

5.6 直脱-RFCC のインテグレーション

これまで直脱触媒および RFCC 触媒の技術の例を紹介してきたが，これらの触媒技術をニーズに応じて最適化させることで，直脱−RFCC のトータルでの収益性向上が可能となる。直脱装置は固定床流通式で装置シャットダウンの期間中にのみ触媒および触媒システムが変更できるが，RFCC の場合は系内の触媒を常時一部抜き出して新しい触媒を投入していくため，製品ニーズ等に合わせて触媒を変更しやすく，フレキシビリティーがある。

触媒面からの直脱−RFCC インテグレーションを表 4 にまとめた。例えば RFCC 装置でのコーク収率低減が必要なケースにおいて，RFCC 触媒のコーク低減技術を適用し，加えて直脱における触媒および触媒グレーディングを再構築し，直脱生成油の CCR を低減することで，更なる RFCC でのコーク低減が可能となる。また，直脱に脱メタル性能および耐メタル性の高い触媒および触媒システムを導入することにより，RFCC 原料油のニッケル，バナジウム量が低減でき，RFCC 側での触媒投入量の低減やドライガス，コークの生成を抑制することができる。RFCC 触媒の設計においてもバナジウムトラップ剤やニッケルトラップ剤を適用することもできる。

表 4　直脱−RFCC のインテグレーション

	RFCCへの影響	RFCC触媒技術	直脱触媒技術
バナジウム	活性低下 （ゼオライト結晶低下）	Vトラップ剤 高耐メタル性USY	高性能脱メタル触媒 （高脱メタル&耐メタル性） 触媒グレーディング技術
ニッケル	ドライガス&コーク収率増加 （脱水素活性促進）	Niトラップ剤 活性アルミナ種	
鉄	流動性悪化 （触媒表面ノジュール形成） 活性低下 （原料油アクセシビリティー低下）	細孔制御 （メソ細孔制御）	ガードリアクター触媒 触媒グレーディング技術 （サイズグレーディング）
CCR	コーク収率増加	コーク生成低減技術 （酸性質&細孔制御）	高性能脱CCR触媒 触媒グレーディング技術
硫黄	FCCガソリン中S濃度増加 再生塔排ガスSOx濃度増加	水素移行反応促進触媒 ガソリンS低減アディティブ DeSOxアディティブ	高性能脱硫触媒 触媒グレーディング技術
塩基性窒素	活性低下 （活性サイト被毒）		高性能脱窒素触媒 触媒グレーディング技術

第4章 触媒の長寿命化

RFCC でプロピレン増産のニーズがあれば，RFCC 触媒の水素移行反応制御や ZSM-5 アディティブ添加等で対応できるが[16]，直脱側で水素化能を高めて水素炭素比（H/C 比）の高い原料油を RFCC へ供給することで，接触分解性を上げてオレフィンリッチなガスを生成することもでき得る。このように直脱－RFCC トータルでの経済性を考えることで，効率的な重質油アップグレーディングが達成できると考えている。

5.7 結言

直脱および RFCC の更なる効率化には，触媒面における技術開発が重要である。重質油アップグレーディングプロセスの一つである直脱－RFCC プロセスは，今後も石油精製の中で大きな役割を果たしていく。直脱－RFCC を更に一体化した考えで触媒開発することで，石油精製の大きな課題を克服できると考える。

文　献

1) S. Nagamatsu, T. Kayukawa, *J. Jpn. Inst. Energy*, **89** (11), 1042 (2011)
2) Y. Sugi, Petrotech, **22** (9), 758 (1999)
3) Y. Fujiyama, *J. Jpn. Petrol. Inst.*, **53** (6), 336 (2010)
4) T. Masuda, Shokubai, **45** (1), 29 (2003)
5) S. Arakawa, K. Teshima, M. Watabe, *J. Jpn. Petrol. Inst.*, **54** (4), 258 (2011)
6) M. Watabe, Shokubaikaseigiho, **18** (1), 70 (2001)
7) Y. Hori, T. Takatsuka, Petrotech, **26** (3), 230 (2003)
8) H. Seki, M. Yoshimoto, Sekiyu Gakkaishi, **44** (2), 102 (2001)
9) T. Takahashi, Petrotech, **28** (10), 749 (2005)
10) S. Tagawa, The 15th JGC C&C Technical Seminar (2011)
11) H. Beuther, B.K.Schmid, *VI th World Petrol. Congr.*, **3** (20), 276 (1967)
12) K. Inamura, A.Iiono, *Catal. Today*, **164** (1), 204 (2011)
13) T. Masuda, *Zeolite*, **23** (1), 11 (2006)
14) S. Nagano, The 14th JGC C&C Technical Seminar (2009)
15) Y. Ishihara, Shokubai, **40** (4), 220 (1998)
16) M. Watabe, *Zeolite*, **24** (4), 125 (2007)

6 高圧・超臨界流体反応場による炭素析出抑制

中坂佑太[*1], 増田隆夫[*2]

6.1 はじめに

石油精製, 石油化学プロセスでは, ゼオライトや金属酸化物など様々な固体触媒が用いられている。近年, 人口増加にともなう世界的なエネルギー消費量の増大, 石油枯渇懸念などの背景から残油, オイルサンドビチュメンなどの重質油から軽質燃料油を得る触媒反応プロセス開発が進められている。また, エンジニアリングプラスチックなどの石油化学製品の高度化に伴い, 高分子量の化学原料を選択的に合成する触媒開発が期待されている。一方で, 高分子量の炭化水素が関わる触媒反応では, 反応原料そのものがコーク前駆体となりうるため, 反応中のアルキル化や環化, 脱水素反応の進行により触媒上へコークが析出することにより触媒活性が著しく低下する[1,2]。

高分子量炭化水素の関わる反応に対し高圧・超臨界流体反応場の利用が注目されている[3,4]。森本らは, 超臨界水中で重質な炭化水素の分散性が高く, 重質炭化水素の分解生成物間の反応による高分子量分子の生成抑制, コーク析出の抑制に対し超臨界水が有用であることを報告している[5]。また, Hassanらは溶媒であるメタノールの圧力を高くすることにより, 有機物の溶解度が向上することを報告している[6]。このように高圧・超臨界流体は高分子量炭化水素の関わる触媒反応に対し, コーク析出抑制の観点で有用であることを示している。

ここでは, 亜臨界から超臨界水中での酸化鉄系触媒を用いたオイルサンドビチュメンの軽質燃料油化[7]および超臨界メタノール中でのMTW型ゼオライト触媒を用いた2-メチルナフタレンのメチル化反応[8]について紹介する。

6.2 重質油の軽質化反応

オイルサンドビチュメンは, 地下に堆積した砂表面に油が付着したものの総称であり, 非在来型石油に分類される。また, オイルサンドビチュメンはアスファルテン（重質成分）とマルテン（軽質成分）から構成されている[9]。特に, アスファルテンは分子量が約1,000～100,000の縮合多環芳香族の集合体[10]と考えられており, 軽質化反応中に重質成分が触媒上へ付着, 成長することでコークとなり触媒活性が低下するという問題が生じる[1,2]。

オイルサンドビチュメンの採掘法の一つにSteam Assisted Gravity Drainage（SAGD）法があり, これは地中のオイルサンド層に水蒸気を圧入することでオイルサンドビチュメンを溶解させ採取する方法である。オイルサンドビチュメンは粘度, 比重が非常に高く, そのままではパイ

[*1] Yuta Nakasaka 北海道大学 大学院工学研究院 応用化学部門
化学システム工学研究室 助教

[*2] Takao Masuda 北海道大学 大学院工学研究院 応用化学部門
化学システム工学研究室 教授

第4章 触媒の長寿命化

プライン輸送が難しいために井戸元で軽質化を行うことが望ましいと考えられる。

ベンゼンで 10 wt％に希釈した PetroCanada 社製オイルサンドビチュメンを原料に用い，CeO_2-ZrO_2-Al_2O_3-$FeOx$ 触媒[11]（以後，酸化鉄系触媒）により軽質化を行った。SAGD 法への適用を目的とし，反応は水蒸気雰囲気下で実施した。図1，2は回分式の反応器を用い，異なる反

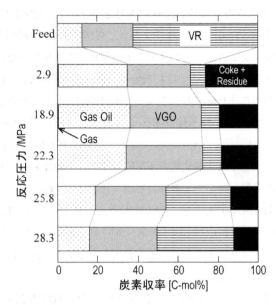

図1 反応圧力がオイルサンドビチュメン分解活性に及ぼす影響（炭素収率）

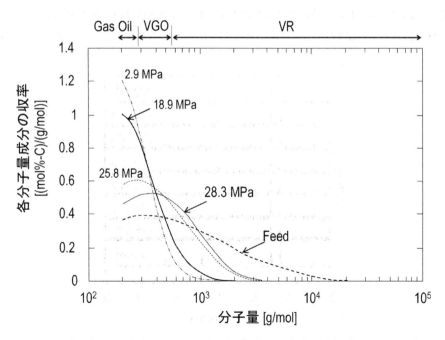

図2 反応圧力がオイルサンドビチュメン分解活性に及ぼす影響（生成液分子量分布）

触媒劣化—原因,対策と長寿命触媒開発—

応圧力下(2.9〜28.3 MPa)でオイルサンドビチュメンの軽質化を行ったときの生成物炭素収率および生成液分子量分布を示す(反応温度:420℃)。なお,生成液成分は炭素数からGas Oil成分(沸点250〜350℃,炭素数14〜20,分子量200〜280),VGO成分(沸点350〜525℃,炭素数21〜40,分子量281〜567),VR成分(沸点526℃〜,炭素数41〜,分子量568〜)の3つに分類している。また,反応管内に付着した重質成分をResidue,触媒上に堆積した炭素成分をCokeとした。CokeおよびResidue分に着目すると,反応圧力の増加に伴い,その生成量は減少した。反応圧力を増加させることで,共存する水の相状態が変化したためと考えられる。水の臨界温度,臨界圧力はそれぞれ374℃,22.1 MPaであり,25 MPa以上の超臨界水中ではより重質な成分が流体中に高分散化され触媒上でのコーク析出が抑制されたためと考えられる。生成油の収率に着目すると22 MPa以下の亜臨界水中で重質成分(VR)が減少し,軽質成分であるGas Oil収率が増加した。22 MPa以下の反応条件下ではいずれの圧力においても二酸化炭素の生成が確認されている。本触媒は,酸化鉄が主反応場であり,触媒の格子酸素を消費した部分酸化反応によって重質油を分解していると考えられることから,二酸化炭素の生成は本触媒の作用による重質油の分解軽質化が進行したことを示すと考えられる。一方,25 MPa以上の圧力下では,生成物中のGas Oil量は原料中のGas Oil量に近い値であった。生成物中のVR量も多いことから,超臨界水中ではアスファルテン等の超重質成分が分解されたために,見かけ上軽質分収率が増加しなかったと考えられる。

図3は,オイルサンドビチュメンの軽質化反応前後における触媒のX線回折パターンを示す。いずれの反応圧力条件においても反応後の触媒は反応前と同様にヘマタイト構造であることから亜臨界,超臨界水中において酸化鉄系触媒は安定に存在し触媒活性を維持している。

図4は,流通式反応器を用い0.1 MPa,19.0 MPaで酸化鉄系触媒によるオイルサンドビチュメ

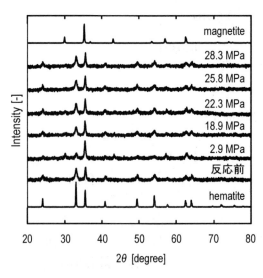

図3 反応前後での酸化鉄系触媒の粉末X線回折パターン

第4章 触媒の長寿命化

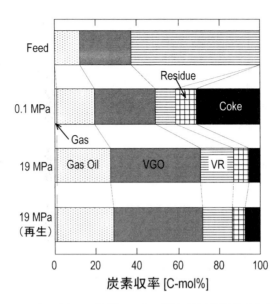

図4 反応圧力および触媒の再生の影響（固定層流通式反応器）

ン軽質化反応を行った時の生成物の炭素収率を示す。反応圧力 0.1 MPa では酸化鉄系触媒によりオイルサンドビチュメンの軽質化の進行が確認されるが，固体成分（Coke + Residue）が約 40 C-mol％であり重質成分の多くが固体成分となっていることがわかる。一方，反応圧力 19.0 MPa の条件では，固体成分の収率が約 15 C-mol％と 0.1 MPa の条件に比べて半分以下に低減した。さらに，Gas Oil 成分，VGO 成分の合計収率は約 70 C-mol％と軽質化の進行が確認される。19 MPa と高い圧力下での反応であるため，固体成分の前駆体となりうる重質成分の溶媒への溶解性が向上し，触媒上で Coke へと成長することなく反応器外へ流出されたためと考えられる。また，触媒への Coke 析出による劣化が抑制されるため，軽質成分の収率向上につながったと考えられる。空気中で燃焼再生を行った触媒を用い同様の反応を行ったところ，フレッシュ触媒と同程度の炭素収率を示したことから，燃焼再生による触媒劣化は無視小と考えられる。図5は流通式反応器を用い 19.0 MPa でオイルサンドビチュメンの軽質化反応を行った時の経時変化を示す。反応は2時間，4時間，6時間の反応実験を実施し，生成液を全量回収した。生成物収率の経時変化は，各反応時間の生成量の差から算出した。0.1 MPa の反応条件では，反応開始から2時間ですでに約 30 C-mol％のコークが析出したが，19 MPa の亜臨界水流通条件下では6時間の反応後においても Coke 生成量は約 10 C-mol％であった。また，0.1 MPa の反応条件では反応開始2時間で反応前のヘマタイト構造からマグネタイト構造へと酸化鉄触媒の構造が変化したが，19.0 MPa の反応条件では反応開始前と同様にヘマタイト構造を維持しており，触媒の劣化が抑制されていることが明らかになった。

以上から，酸化鉄系触媒を用いたオイルサンドビチュメンなどの重質油の軽質化において，19 MPa 程度の高圧反応場を用いることは活性低下要因となるコーク析出を抑制するとともに，

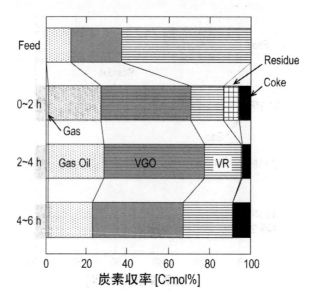

図5 反応時間の影響(固定層流通式反応器,反応圧力:19 MPa)

酸化鉄系触媒の構造変化による劣化も抑制することが可能である。

6.3 2-メチルナフタレンのメチル化反応

2,6-ジメチルナフタレンは,優れたエンジニアリングポリマーであるポリエチレンナフタレート(PEN)の原料である。ジメチルナフタレンは10種の異性体を有しており,これらの沸点はほとんど同じであるため,一般的な蒸留操作による分離が困難である。そこで,ゼオライト触媒を用いた選択的な合成プロセス開発が期待されており,MFI型,FAU型ゼオライトなど様々な細孔径の異なるゼオライトが検討されてきた[12~17]。

気相中でゼオライト触媒による2-メチルナフタレンのメチル化反応を行った場合には,コーク析出により反応時間の経過とともに活性は速やかに低下する。ゼオライト触媒上にコークが析出することにより,ゼオライトの活性点である酸点の被毒やゼオライトの細孔閉塞が起こるためであると考えられる。コークは多環芳香族のアルキル化反応,成長したアルキル基の環化反応によって成長する[18,19]。ゼオライトの細孔内部は空間的な制約があるためコークの成長は遅いと考えられるが,ゼオライトの外表面は細孔内のような制約がなく,3次元的な成長が可能である。外表面酸点上における反応生成物からの逐次反応(コーク成長)抑制が触媒活性低下の抑制の点で重要となる。

図6は,回分式の反応装置を用い反応圧力の異なる条件で2-メチルナフタレンのメチル化反応を行った反応結果を示す。触媒には2,6-ジメチルナフタレン分子径と同程度の細孔径を有する粒子径が約80 nmのMTW型ゼオライト(Si/Al=100,以後,ナノ粒子)を用いた。反応圧力を2.9 MPaから25 MPaへと高くすることで,2-メチルナフタレンの転化率は向上した。さらに,

第4章　触媒の長寿命化

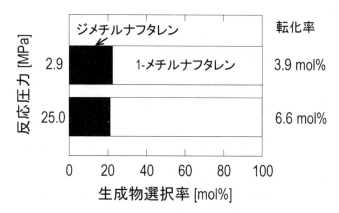

図6　2-メチルナフタレンのメチル化反応における反応圧力の影響

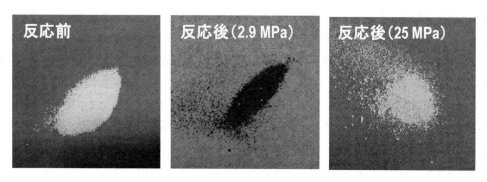

図7　反応前後のMTW型ゼオライトの写真

　反応開始から90分後のコーク析出量は13 wt%（2.9 MPa）から0.5 wt%（25 MPa）へと劇的に低下した。反応前後のMTW型ゼオライトの写真を図7に示す。また，反応時間を90分～270分まで変化させたところ，2-メチルナフタレンの転化率が高くなるに伴いコーク析出量も増加したが，270分においてコーク析出量は約1 wt%であった。本反応は，反応原料である2-メチルナフタレンに対し物質量比で10倍メタノールが多い反応条件でメチル化反応を行っている。メタノールの臨界圧力，温度はそれぞれ8.1 MPa，512.6 Kであることから，2.9 MPaは気相，25 MPaは超臨界流体中での反応である。超臨界メタノールを用いたメチル化反応では，反応中に生成したジメチルナフタレンがバルク流体中に速やかに移動することにより，ジメチルナフタレンの逐次的なメチル化反応によるコーク前駆体析出，成長が抑制されたためと考えられる。

　コーク析出の大幅な低減が達成されたことから，コーク析出による活性低下が無視小な条件での反応速度解析が可能となる。本反応系は，2-メチルナフタレンのメチル化反応によるジメチルナフタレン生成，異性化反応による1-メチルナフタレン生成の並列反応として速度解析を行った。また，メタノール（アルキル化剤）が2-メチルナフタレンに比べ非常に多いことから上記反応は2-メチルナフタレン濃度に対する1次反応とした。

触媒劣化―原因,対策と長寿命触媒開発―

　MTW 型ゼオライト (Si/Al=100) を用いた 2-メチルナフタレンのメチル化反応を行った時の 2-メチルナフタレンのメチル化反応,異性化反応の反応速度定数のアレニウスプロットを図 8 に示す。MTW 型ゼオライトの粒子径に着目すると,ナノ粒子を用いた 2-メチルナフタレンのメチル化反応の反応速度定数は,粒子径約 3 μm の MTW 型ゼオライト (Si/Al=100,以後,マクロ粒子) を用いたメチル化反応の反応速度定数に比べて高い反応速度定数を示した。また,メチル化反応の反応速度定数を用いて算出した反応速度定数の活性化エネルギーは,マクロ粒子 (105 kJ/mol) の場合に比べナノ粒子 (176 kJ/mol) で高い値が得られた。ゼオライト細孔内を拡散する分子の拡散抵抗は,拡散距離を拡散係数で除して表される[20]。ここで用いた MTW 型ゼオライトはミクロ孔容積や酸量は等しく,粒子径のみが異なるため,粒子径の大きいマクロ粒子はナノ粒子に比べ反応原料や生成物の拡散抵抗が大きい。そのため,MTW 型ゼオライトのマクロ粒子を用いた 2-メチルナフタレンのメチル化反応の反応速度定数および反応速度定数から求められた活性化エネルギーはそのナノ粒子を用いた場合に比べて低下したと考えられる。一方で,2-メチルナフタレンの異性化反応の反応速度定数を用いて算出される異性化反応の活性化エネルギーは粒子のサイズによらずほぼ等しい値であった。MTW 型ゼオライトの細孔径よりも大きい分子径を有する 1,3,5-トリイソプロピルベンゼンの接触分解反応の速度解析を,マクロ,ナノ粒子を用いて行ったところ,ナノ粒子を用いた場合の反応速度定数はマクロ粒子を用いた場合に比べ約 2 倍大きく,2-メチルナフタレンの異性化反応速度定数の比に近い値が得られた。また,1-MN が MTW 型ゼオライトの細孔内で受ける拡散抵抗は,2-メチルナフタレンに比べ 5 倍以上大きく[21],MTW 型ゼオライトの細孔内を拡散しづらいため,異性化反応は主に MTW

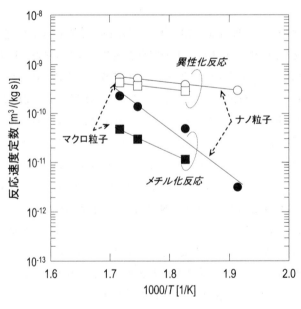

図 8　2-メチルナフタレンのメチル化反応,異性化反応の反応速度定数のアレニウスプロット

型ゼオライトの粒子外表面で進行すると考えられる。したがって，異性化反応は拡散の影響が小さい外表面上での反応であるため，異性化反応の反応速度定数から算出される活性化エネルギーは粒子径によらずほぼ等しい値であったと考えられる。

6.4 おわりに

本稿では，亜臨界～超臨界流体を反応場に用いた重質油の軽質化および 2-メチルナフタレンのメチル化反応について紹介した。触媒を用いた炭化水素の分解反応やアルキル化反応では，反応中のコーク析出により活性低下が問題として挙げられる。特に気相で反応を行う場合には，触媒からの高沸点成分の脱離速度が遅いため，生成物との重合反応により高分子量化が進みやすくコーク析出による触媒劣化が顕著である。これに対し，亜臨界～超臨界流体を反応場に用いることで，気相ではコーク前駆体となる高沸点成分が溶媒に対し溶解しやすくなり，反応物，生成物の高分子量化が抑制されコーク析出が抑制された。さらに，コーク析出抑制の達成により，気相系では実現が困難であった 2-メチルナフタレンのメチル化反応の速度解析を可能とした。高圧の反応場の活用は，このようにコーク析出抑制に加え，新しい学術的知見を与えるものであると期待できる。

ここで示した研究成果の一部は，（公社）石油学会「研究助成金」の援助を受けて行われたものである。

文　　献

1) A. M. Radwan, *et al.*, *Fuel Process. Technol.*, **55**, 277 (1998)
2) J. Ancheyta, *et al.*, *Appl. Catal. A: Gen.*, **233**, 159 (2002)
3) M. Liu, *et al.*, *Energy & Fuels*, **29**, 702 (2015)
4) D.-W. Kim, *et al.*, *Energy & Fuels*, **29**, 2319 (2015)
5) M. Morimoto, *et al.*, *J. Supercrit. Fluids*, **55**, 223 (2010)
6) F. Hassan, *et al.*, *Chem. Eng. J.*, **207-208**, 133 (2012)
7) H. Kondoh, *et al.*, *Fuel Process. Technol.*, **145**, 96 (2016)
8) G. Watanabe, *et al.*, *Chem. Eng. J.*, **312**, 288 (2017)
9) M. Tojima, *et al*, *Catal. Today*, **43**, 347 (1998)
10) J. T. Miller, *et al.*, *Energy & Fuels*, **12**, 1290 (1998)
11) E. Fumoto, *et al.*, *Energy & Fuels*, **20**, 1 (2006)
12) S. B. Pu, T. Inui, *Appl. Catal. A: Gen.*, **146**, 305 (1996)
13) H. Klein, *et al.*, *Microporous Mater.*, **3**, 291 (1994)
14) J. N. Park, *et al.*, *Appl. Catal. A: Gen.*, **292**, 68 (2005)
15) D. Frankel, *et al.*, *J. Catal.*, **101**, 273 (1986)

16) J. Weitkamp, M. Neuber, *Stud. Surf. Sci. Catal.*, **60**, 291 (1991)
17) T. Komatsu, *et al.*, *Stud. Surf. Sci. Catal.*, **84**, 1821 (1994)
18) L. Pinard, *et al.*, *J. Catal.*, **299**, 284 (2013)
19) L. Pinard, *et al.*, *Catal. Today*, **218-219**, 57 (2013)
20) T. Masuda, *J. Jpn. Petrol. Inst.*, **46**, 281 (2003)
21) R. Millini, *et al.*, *J. Catal.* **217**, 298 (2003)

7 高水熱安定性ゼオライト触媒の開発

佐野庸治*

7.1 はじめに

　分子レベルの大きさの均一なミクロ細孔を有する結晶性アルミノケイ酸塩ゼオライトは，分子ふるい作用，固体酸性，イオン交換能等を有する機能性ナノ空間材料であり，石油改質および化学工業における固体酸触媒，吸着分離剤，イオン交換剤等として幅広い分野で利用されている。しかし，水蒸気雰囲気あるいは高温下にゼオライトがさらされると骨格構造からの脱アルミニウムが進行し，その物理化学的性質の変化を引き起こす。脱アルミニウムの程度が大きければ結晶構造そのものが破壊されることがある。そのため，ゼオライトを機能性材料として利用していく際の最大の課題は，使用環境下での構造・組成の安定性であり，その耐熱性／耐水熱性の向上を目的に様々な研究が行われている。本稿では，「メタノールからの低級オレフィン合成」および「自動車排ガス中の窒素酸化物のアンモニア選択触媒還元」における筆者らの触媒開発の成果を概説する。

7.2 脱アルミニウム挙動

　工業触媒として用いられているMFIゼオライトに焦点を当て，その物理化学的性質および構造安定性に大きく影響を及ぼす脱アルミニウム挙動を600℃・種々の水蒸気分圧（10～100 kPa）下で詳細に調べた[1]。脱アルミニウムは水蒸気分圧が高いほど激しく進行し，ゼオライト骨格構造中の四配位アルミニウム量の逆数の二乗の変化量とスチーミング時間との間には良好な直線関係が得られた。なお，四配位アルミニウム量は固体 ^{27}Al MAS NMR スペクトルにおける ca. 53 ppm ピークの積分強度から算出した。t をスチーミング処理時間，A_0 をスチーミング処理前の骨格構造中の四配位アルミニウム量，A を時間 t における骨格構造中の四配位アルミニウム量，k を脱アルミニウムの見掛けの速度定数とすれば

$$(1/2) \times \{(1/A)^2 - (1/A_0)^2\} = kt \tag{1}$$

が成立した。ここで(1)式を時間 t で微分すれば，

$$-dA/dt = kA^3 \tag{2}$$

となる。したがって，水蒸気分圧 10～100 kPa の本実験条件下では，脱アルミニウム速度は，見掛け上骨格構造中の四配位アルミニウム量の三次に比例することが明らかとなった。この脱アルミニウム速度が骨格構造中の四配位アルミニウム量に対して一次ではなくより高次の次数を持つという結果は，後述するが固体酸性を示す橋かけ水酸基 Si(OH)Al のプロトンがゼオライト細孔内を自由に動き回り，Si-O-Al 結合の加水分解反応の触媒として働いていることを示している。

　＊　Tsuneji Sano　広島大学　大学院工学研究科　応用化学専攻　教授

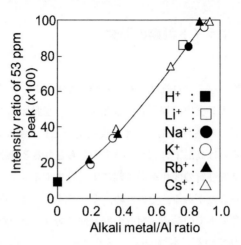

図1 MFIゼオライトの脱アルミニウムに及ぼすアルカリ金属イオン交換の影響

また，5 kPa程度の低い水蒸気分圧下では脱アルミニウム速度はその結晶性に大きく依存し，格子欠陥の多いゼオライトほど大きいことも分かった。図1には各種アルカリ金属でイオン交換したゼオライトをスチーミング処理（600℃・13.5時間）した後のゼオライト骨格構造中の四配位アルミニウム量とイオン交換率の関係を示す。図から明らかのようにイオン交換率とNMRピーク強度との間には良い相関関係があることがわかる。すなわち，スチーミング処理後の骨格構造中の四配位アルミニウム量は，アルカリ金属の種類によらずイオン交換率により決まる。言い換えれば残存する四配位アルミニウム量はアルカリ金属イオンの量とほぼ同じであり，プロトンが脱アルミニウムに大きく関与していることが明らかとなった。このゼオライトの脱アルミニウムに関与している橋かけ水酸基 Si(OH)Al のプロトンのモビリティーについては，MFIゼオライト膜（SiO_2/Al_2O_3 = 170）およびシリカライト膜の Cole-Cole プロット解析により算出した伝導度の水蒸気分圧依存性より検討した[2]。MFI膜の伝導度は水蒸気分圧に大きく依存しその圧力の増大とともに大きくなった。一方，ゼオライト骨格構造中にアルミニウムを全く含まないシリカライト膜の伝導度は，水蒸気分圧に全く依存せず一定値を示した。このことは，伝導度の発現はゼオライト骨格構造中の四配位アルミニウムに起因していること，すなわち電荷不足を補う形でアルミニウムの近傍に存在する橋かけ水酸基のプロトンが伝導種であり，水蒸気雰囲気下では細孔内を比較的自由に動き回れることを示している。

以上のMFIゼオライトの脱アルミニウム速度が，見掛け上骨格構造中の四配位アルミニウム量の三次に比例したという事実を説明するため，図2のような脱アルミニウム機構を推定した[3]。なお，水蒸気存在下では

$$H^+ + H_2O \rightleftarrows H_3O^+ \tag{3}$$

の平衡は原系に片寄っており，ゼオライトのブレンステッド酸点に基づくプロトンは単独で存在

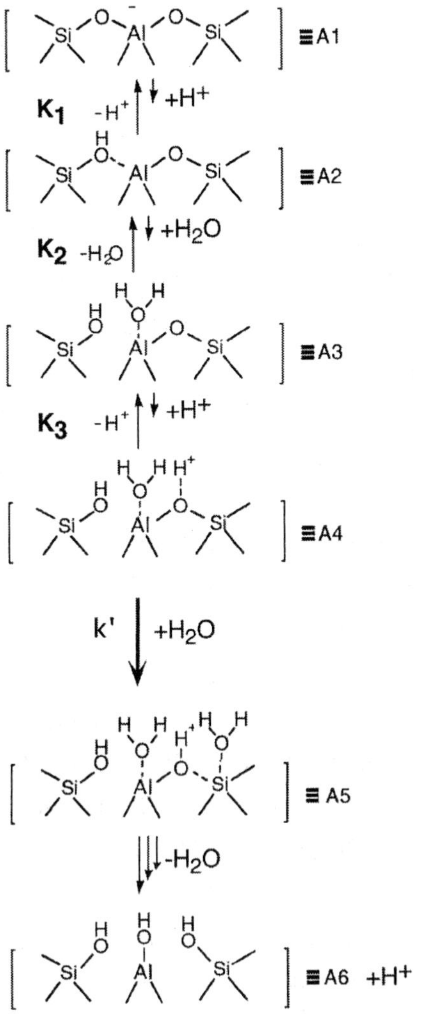

第 4 章　触媒の長寿命化

図2　水蒸気雰囲気下での MFI ゼオライトの脱アルミニウム機構

し，細孔内を自由に動き回る触媒として作用している。また，A4 から A5 の過程が律速段階で，A1 から A4 まではすべて平衡と考えている。すなわち，

$K_1 = [A2]/[A1][H^+]$
$K_2 = [A3]/[A2][H_2O]$
$K_3 = [A4]/[A3][H^+]$

となる。よって，脱アルミニウムの速度式は次式で示される。

$$-dA/dt = k'[A4][H_2O]$$
$$= k'K_3[A3][H^+][H_2O]$$
$$= k'K_2K_3[A2][H^+][H_2O]^2$$
$$= k'K_1K_2K_3[A1][H^+]^2[H_2O]^2 \qquad (4)$$

ここで[H^+]は電荷のバランスを保つために骨格構造中の四配位アルミニウム濃度[A1]とほぼ等しいと考えられ、脱アルミニウム速度は見掛け上骨格構造中の四配位アルミニウム量の三次に比例する。このことはプロトンの数をゼロにすれば脱アルミニウムは進行しないことを示しているが、それでは固体酸触媒として機能しないことになる。したがって、固体酸性を維持しつつ脱アルミニウムを抑制するためには、水酸基 Si(OH)Al のプロトンの数あるいはモビリティーを減少、すなわち酸性質を低下させるしかないことがわかる。

7.3 アルカリ土類金属修飾 MFI ゼオライト触媒の開発

メタノール転化反応においてエチレン、プロピレン等の低級オレフィンを効率良く合成するためには、重合、アルキル化反応を抑制するとともに生成した高級オレフィンを分解する必要がある。そのために、高温ほど低級オレフィン合成は有利となるが、高温かつ生成する水蒸気存在下で触媒が耐えられるかが問題となる。炭素質析出による触媒の活性劣化は炭素質の燃焼除去により再生できるが、水蒸気によるゼオライト骨格構造からの脱アルミニウムは、反応活性サイト（酸点）の永久破壊につながる。そのため、ゼオライト骨格構造からの脱アルミニウムをいかに抑制できるかが触媒開発の大きな課題である。上述のように、脱アルミニウムを抑制するためには、橋かけ水酸基プロトンの数あるいはモビリティーを減少、すなわち酸点の酸性質を低下させれば良いことになる。そこで、MFI ゼオライト水熱合成時にアルカリ土類金属塩を出発水性ゲルに添加し、ゼオライトの酸性質の制御を行った[4]。図3には種々のアルカリ土類金属含有 MFI ゼオライト触媒の SiO_2/Al_2O_3 比と（エチレン＋プロピレン）収率および触媒寿命の関係を示す。なお、触媒寿命はジメチルエーテルが検出されるまでの時間と定義した。SiO_2/Al_2O_3 比 100～800 のカルシウム含有 MFI 触媒（Ca-MFI）および SiO_2/Al_2O_3 比 80～300 のストロンチウム含有 MFI 触媒（Sr-MFI）では（エチレン＋プロピレン）収率はそれぞれ 60％ および 50％ 以上で、かつ BTX 生成が著しく抑制され炭素質も少なく触媒寿命も向上した。Ca-MFI および Sr-MFI 触媒の水熱安定性をスチーミング処理（600℃）により調べた結果、MFI 触媒に比べ脱アルミニウムは著しく抑制されていた。このことはカルシウムおよびストロンチウム導入により MFI ゼオライトの酸性質が低下したことを示している。

次に、メタノール転換反応中での Ca-MFI 触媒の酸点の安定性を調べた。400℃から 600℃まで昇温したのち、600℃でさらに 50 時間反応を行った後、空気中で炭素質を燃焼除去した。フレッシュ触媒では 7％ であった炭化水素へのメタノール転化率が、再生後には 100％ となり、触媒活性の向上が観察された。再生処理後の触媒の FT-IR スペクトルにおいて架橋水酸基 Si(OH)

第4章 触媒の長寿命化

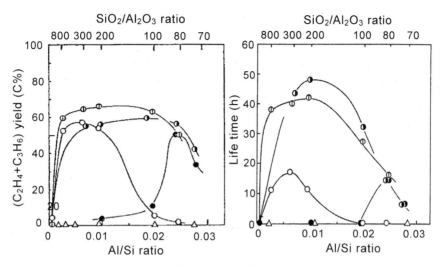

図3 アルカリ土類金属含有MFIゼオライト触媒のSiO₂/Al₂O₃比と（エチレン＋プロピレン）収率および触媒寿命の関係
反応条件：LHSV = 2.3 h^{-1} (MeOH/Ar = 1)，Ar = 40 mL/min，Temp. = 600℃
(○) Mg-MFI, (◐) Ca-MFI, (◑) Sr-MFI, (●) Ba-MFI, (△) MFI

表1 Ca-MFIの触媒寿命に及ぼすアルカリ土類金属炭酸塩の効果

No.	Alkaline earth metal carbonate mixed (g/g zeolite.)		C_2H_4	C_3H_6	C_4H_8	C_5H_{10}	C_2–C_5 paraffins	CH_4	BTX	C_6^+	$CO+CO_2$	Lifetime (h)
1	–		16.0	44.4	19.9	4.3	1.2	1.1	4.1	8.0	1.0	22
2	MgO	(0.5)	14.6	45.6	21.1	5.4	1.2	1.0	1.1	7.4	2.6	22
3	CaCO₃	(0.3)	14.2	46.3	21.9	5.1	1.2	0.9	0.3	6.5	3.6	122
4	CaCO₃	(0.5)	13.3	45.7	21.9	6.1	1.2	0.9	0.2	5.8	4.9	150
5	CaCO₃	(1.0)	11.4	44.0	21.5	7.7	1.1	1.0	0.1	6.4	6.8	126
6	SrCO₃	(0.3)	13.6	46.4	22.0	6.1	1.2	0.9	0.5	6.3	3.0	105
7	SrCO₃	(0.5)	13.3	46.4	22.2	6.5	1.2	0.9	0.3	5.2	4.0	125
8	SrCO₃	(1.0)	12.0	46.6	22.5	7.4	1.0	1.1	0.2	4.3	4.9	113
9	BaCO₃	(0.3)	14.8	48.3	22.5	5.1	1.3	1.0	0.7	3.0	3.3	79
10	BaCO₃	(0.5)	13.1	47.2	22.5	6.4	1.1	1.0	0.3	3.7	4.7	92
11	BaCO₃	(1.0)	11.6	45.1	21.9	7.5	1.1	1.1	0.2	5.9	5.6	75
12	Silicalite	(0.5)	13.4	43.1	19.9	5.9	1.1	1.5	4.6	9.2	1.3	15

Reaction conditions：LHSV = 4.6 h^{-1} (MeOH/Ar = 1.1)，Temp. = 600°C
Lifetime = Time-on-stream until dimethyl ether was detected in the effluent gas.

Alに基づくピーク強度が増大したことから，カルシウム離脱による強酸点の再生が明らかとなった。そこで固体イオン交換によるCa-MFIの活性サイト（酸点）の安定化の可能性を検討した。具体的には，Ca-MFIと各種アルカリ土類金属炭酸塩の物理混合を行った。その結果を表1に示すが，CaCO₃およびSrCO₃との物理混合によりCa-MFIの触媒寿命は6～7倍と著しく向上した。これは，反応中に生成する水蒸気により，混合したCaイオンが結晶内部と外表面との

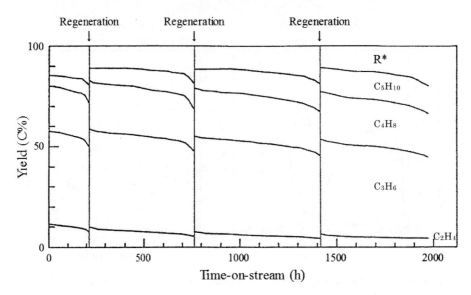

図4 SrCO$_3$ 修飾 Sr-MFI (SiO$_2$/Al$_2$O$_3$=100, Sr/Al$_2$=1.90) 触媒の長期活性試験
反応条件: LHSV=2.3 h^{-1}(MeOH/Ar=1), Ar=40 mL/min, Temp.=550℃
R*=CH$_4$+C$_2$-C$_5$ paraffins+BTX+CO+CO$_2$+C$_6^+$

間の濃度差により細孔内部の活性サイトまで拡散し,活性サイトからのカルシウム離脱を抑制していることを示している。図4にはSrCO$_3$修飾Sr-MFI触媒の長期活性試験の結果を示す。2,000時間を超える触媒寿命が確認できた。

7.4 ゼオライト水熱転換によるリン修飾CHAゼオライト触媒の開発

一般にゼオライト合成はアモルファス原料を用いて行われるが,その合成過程において最終的に生成するゼオライトとは異なるゼオライトが中間生成物として時々観察される。これは合成過程で生成したゼオライトが,熱力学的により安定な目的のゼオライトへ転換することを示しており,ゼオライトを原料に用いたゼオライト合成と捉えることができる。このような観点から,筆者らはゼオライトを原料としたゼオライト合成「ゼオライト水熱転換法」に注目して研究を進めている[5~7]。本手法は「原料ゼオライトの分解→局所的秩序構造を持つアルミノシリケート種（ナノパーツ）の生成→目的ゼオライトの再構築」というプロセスにより進行する。本ゼオライト水熱転換法によるゼオライト合成では,アルミニウムを安定な状態で含む構造ユニット（ナノパーツ）を化学的操作により組み立てていくため,その分布および,格子欠陥量をある程度制御することが可能である。しかし,その耐熱性および耐水熱性はまだ実用化レベルには達していない。その主要な原因は,ナノパーツの再構築の際にどうしても生成してしまう格子欠陥および,高温下での骨格構造からのアルミニウムの脱離による構造破壊と考えられる。そのため,格子欠陥の低減および脱アルミニウムをいかに抑制できるかが大きな課題となる。

ゼオライト由来のナノパーツの構造は,ゼオライトの分解過程に大きく依存することは容易に

第4章 触媒の長寿命化

類推できる。そこでまず，出発ゼオライト（FAU）の分解過程およびナノパーツの集積によるゼオライト骨格の再構築過程において，アルカリ源および有機構造規定剤（OSDA）としての2つの機能を有する4級アンモニウム水酸化物の種類を様々に変えて，ゼオライト水熱転換条件を詳細に検討した。その結果6種類のゼオライト（*BEA，CHA，LEV，OFF，MTNおよびRUT）が得られた。テトラアルキルアンモニウムカチオンやアミン等の一般的なOSDAの代替としてテトラアルキルホスホニウムカチオンもOSDAとして有効である[8]。ゼオライト水熱転換過程では，出発ゼオライトと目的ゼオライトの構造類似性が極めて重要な要因であり，出発ゼオライトの分解により生成する局所的秩序構造を有するナノパーツが大きな役割を果たしている。

ところで，8員環細孔（ca. 4Å）を有する小細孔径ゼオライト（CHA，AEI，およびLEV）[9]は，窒素酸化物のアンモニア選択触媒還元（NH_3-SCR）への応用が期待されており，その耐熱性／耐水熱性の向上を目指してリン酸などを用いた種々の後処理が行われている。しかし，細孔径が小さく後処理では必ずしも期待通りの効果は得られていない。ゼオライト水熱転換法ではこれらのゼオライトはホスホニウムカチオンとアンモニウムカチオンを併用した2成分混合系でも合成できる。ゼオライト細孔内に取り込まれたホスホニウムカチオンの熱分解／酸化により生成するリン酸化物種によるゼオライト骨格のリン修飾を可能にした[10]。図5にP/Al比の異なるCHAゼオライトを1,050℃で1時間熱処理した後のX線回折図を示す。リン未修飾のCHAゼオライトでは非晶質由来のブロードな回折パターンが観察され，結晶構造が完全に崩壊していた。一方，リン修飾CHAゼオライトではリン修飾量の増加とともに熱処理後においてもピーク強度の低下は抑制され，効率的なリン修飾による耐熱性の向上が確認された。このことは，リン含有OSDAを併用したゼオライト合成・リン修飾は，小細孔径ゼオライトの耐熱性を向上できる有効な手段であることを示している。

次に，このリン修飾小細孔ゼオライトのNH_3-SCR触媒への応用を検討した。Cu担持CHA触媒は，硝酸銅水溶液を用いて含侵法により調製した（1.5 wt%）。触媒の耐水熱安定性の調査のた

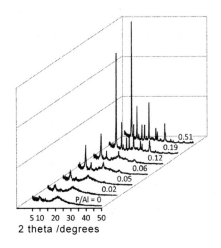

図5 1,050℃熱処理後のP/Al比の異なるCHAゼオライトのX線回折図

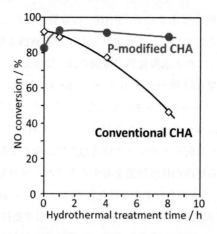

図6 Cu担持リン修飾および未修飾CHA触媒の反応温度200℃
でのNO転化率と900℃水熱処理時間と関係
反応条件：GHSV = 60,000 h^{-1}, Temp. = 500 − 150℃, 混合ガス
(200 ppm NO, 200 ppm NH$_3$, 10% O$_2$, 3% H$_2$O, バランス N$_2$)

め，10%水蒸気を含む空気流通下900℃で1時間，4時間，および8時間処理した後の触媒についても活性を評価した。図6から明らかなように，リン未修飾CHA触媒では，水熱処理時間の増加とともに，反応温度200℃におけるNO転化率は低下し，900℃・8時間水熱処理後のNO転化率は50%程度であった。これは，高温の水蒸気によってゼオライト骨格からの脱アルミニウムが進行し，イオン交換サイトに保持されていた活性種Cuイオンが酸化銅などの非活性種へと変換されたためと考えられる。一方，同条件での水熱処理後もリン修飾CHA触媒では活性の低下は全く起こらず，NO転化率は80%以上を維持し，本触媒が高い耐水熱性を有していることが明らかとなった。反応後の触媒のX線回折図において，リン未修飾CHA触媒ではピーク強度が大きく低下し結晶構造が崩壊していたが，リン修飾CHA触媒ではピーク強度に大きな変化は観察されず結晶構造を維持していた。すなわちリン修飾によりゼオライト骨格構造の安定性が向上し，厳しい水蒸気雰囲気下でもイオン交換サイトが安定に維持されていることを示している。同様のリン修飾の効果はAEIゼオライトでも確認された[11]。

7.5 おわりに

機能性材料ゼオライトを触媒として利用していく際の最大の課題は，構造・組成の安定性に影響する脱アルミニウムをいかに抑制できるかである。アルカリ土類金属やリン修飾によりある程度脱アルミニウムを抑制できることを明らかにしたが，まだ十分といえるレベルではない。しかし，ゼオライト合成に関する研究は世界で活発に行われ，筆者らのゼオライト水熱転換法を含む合成技術に関する新たな発見が続いており，高耐久性ゼオライトの合成が近い将来可能になると期待している。

第 4 章　触媒の長寿命化

文　　献

1) 佐野庸治, 近江靖則, ゼオライト, **19**, 133 (2002)
2) 栗田聡ほか, 日化, 456 (1997)
3) T. Sano et al., *Zeolites*, **19**, 80 (1997)
4) T. Sano et al., *J. Jpn. Petrol. Inst.*, **35**, 429 (1992)
5) 板倉正也ほか, ゼオライト, **27**, 74 (2010)
6) T. Sano et al., *J. Jpn. Petrol. Inst.*, **56**, 183 (2013)
7) 津野地直, 佐野庸治, "高性能ゼオライトの最新技術", p.78, シーエムシー出版 (2015)
8) T. Sonoda et al., *J. Mater. Chem. A*, **3**, 857 (2015)
9) International Zeolite Association Web site, http://www.iza-online.org/
10) Y. Yamasaki et al., *Microporous Mesoporous Mater.*, **223**, 129 (2016)
11) Y. Kakiuchi et al., *Chem. Lett.*, **45**, 122 (2016)

8 メタクリル酸メチル製造用金-酸化ニッケルコアシェル型ナノ粒子触媒の開発

鈴木　賢*

8.1 はじめに

　金-酸化ニッケルナノ粒子触媒が，酸素分子によるメタクロレインとメタノールからメタクリル酸メチルへの酸化エステル化反応に高い活性，選択性を示すことを見出し，長期触媒寿命を併せ持つ工業触媒技術を確立した。本触媒は，金をコアとしその表面が高酸化型の酸化ニッケルで被覆されたコアシェル型ナノ粒子が担体上に担持されている。また，高強度シリカ系担体の開発，触媒中のナノ粒子の精密分布制御，および酸化ニッケルによる触媒の化学的安定性の向上により，触媒の長期寿命化が実現した。本稿では，筆者らが行った金-酸化ニッケルナノ粒子触媒の開発と実用化について概説する。

8.2 金-酸化ニッケルナノ粒子触媒の開発

　メタクリル酸メチル（MMA）はメタクリル樹脂（PMMA）のモノマーや塗料，接着剤，樹脂改質剤などの分野のコモノマーとして多くの需要があり，その生産量は世界で年産300万トンを越える。MMAモノマーの製造方法は，1937年に工業化されたアセトンシアンヒドリン（ACH）法が欧米では現在もなお用いられているが，原料の青酸確保の特殊性や大量に副生する酸性硫安の処理が問題である。1982年にはイソブテンまたは*tert*-ブチルアルコールを原料とし，二段階の酸化によりメタクロレイン，メタクリル酸を合成し，これをエステル化してMMAを製造する方法（直酸法）が工業化された。直酸法は余剰C4留分を活用し，ACH法のもつ諸問題を解決したが，二段目の酸化工程の収率や生産性が比較的低いとされ，今もなお高性能な触媒の開発が続けられている[1]。1999年には旭化成により，Pd_3Pb_1金属間化合物を触媒とするメタクロレインとメタノールから直接MMAを合成する酸化エステル化法（直メタ法）が工業化された[2]。この方法はMMA収率が高く，原料の利用効率が高いが，MMAの選択率低下，ギ酸メチルの副生，触媒劣化などの課題が浮かびあがり，これに代替する革新的な触媒プロセスの開発が望まれていた。

　酸素を用いたアルデヒドの酸化エステル化は，古くからパラジウム触媒が作用することが知られている[3]。旭化成はパラジウムと鉛からなる二元系のPd_3Pb_1触媒が本反応に有効であることを見出し，工業化に成功した。メタクロレイン（1a）とメタノールの酸化エステル化反応における触媒種の依存性を表1に示す。パラジウム触媒はメタクロレインの脱カルボニル化が起こり，選択的にMMA（2a）を得ることはできなかった（表1, entry 1）。Pd_3Pb_1触媒では脱カルボニル化が抑制され，MMAの選択率は84%まで向上した（表1, entry 2）。しかしながら，過剰に

---

*　Ken Suzuki　旭化成㈱　研究・開発本部　化学・プロセス研究所
　　　　　　　無機・フッ素化学開発部　部長；プリンシパルエキスパート

第4章 触媒の長寿命化

表1 種々の触媒を用いたメタクロレインの酸化エステル化反応[a]

entry	catalyst[b]	conversion of aldehyde 1a (%)[c]	selectivity for ester 2a (%)[c]
1	Pd	20	40
2	Pd$_3$Pb$_1$	34	84
3	Au-NiO$_x$	58	98
4	NiO$_x$	<1	trace
5	NiO	0	0
6	Au	14	91
7	Au-Ni	12	89

[a]Reaction conditions : 1a (15 mmol), catalyst (Pd : 0.5 mol%, Au : 0.1 mol%, Ni : 0.3 mol%) in methanol (10 mL), O$_2$ (O$_2$/N$_2$=7 : 93 v/v, 3MPa) at 60 ℃ for 2 h. [b]carrier; entries 1,2 : SiO$_2$-Al$_2$O$_3$, entries 3～8 : SiO$_2$-Al$_2$O$_3$-MgO. [c]Determined by GC analysis using an internal standard.

存在するメタノールの酸化が併発し，多くのギ酸メチル（MF）が副生した（0.2 mol-MF/mol-MMA）。ターンオーバー数（TON）は61（mol-MMA/mol-Pd）であった。これまでにメタクロレインの酸化エステル化触媒として，種々のパラジウム合金[4,5]，ルテニウム[6]，金ナノ粒子[7,8]が報告されているが，メタクロレインは他のアルデヒドに比べて不安定であるため，副反応が起こりやすく，高活性かつ高選択的にMMAを得ることは困難とされていた。

そこで筆者らは，新しい独自の視点から金－酸化ニッケル（Au-NiO$_x$）コアシェル型ナノ粒子触媒を創製し，従来のPd$_3$Pb$_1$触媒を凌駕する高効率なMMA合成法を確立した[9]。本技術であるAu-NiO$_x$触媒を用いて反応させると，転化率58%，MMAが選択率98%で得られた（表1, entry 3）。Pd$_3$Pb$_1$触媒および各々単一の過酸化ニッケル（NiO$_x$），NiO，Auに比べ著しく反応性が向上した（表1, entries 2, 4～6）。TONは621（mol-MMA/mol-Au）となり，Pd$_3$Pb$_1$触媒に対して10倍の活性を示した。さらにギ酸メチル（MF）の副生量は0.007（mol-MF/mol-MMA）に低減した。本触媒は，担体としてSiO$_2$-Al$_2$O$_3$-MgOを用い，担体中の酸化マグネシウムと塩化金酸および硝酸ニッケルを反応させて金－ニッケル水酸化物前駆体を担体に析出させ，次いで熱処理を精密に制御することで自己組織化による相分離反応によりコアシェル型ナノ粒子を形成させることで調製した。Au-NiO$_x$触媒を400℃にて水素還元処理して調製したAu-Niメタル触媒の活性は低かった（表1, entry 7）。またAu-NiO$_x$の反応活性はAuとNiO$_x$の担持組成に強く依存し，MMAの収率はAuが20 mol%の組成比で極大値を示した。

次に，Au-NiO$_x$触媒のキャラクタリゼーションを行った。TEM像からは，粒子径2～3 nmの球状粒子が担体上に均一に担持されていることが観察された。STEM-EDSによる元素分析からは，いずれのナノ粒子にもAuおよびNiが存在し，Au粒子の表面がNiで覆われた形態である

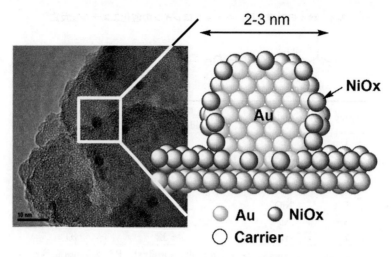

図1 金-酸化ニッケルナノ粒子触媒の透過型電子顕微鏡像とナノ粒子断面イメージ

ことが確認された。XRDからは，Auは結晶質，Niは非晶質相として存在していた。XPSによるAu 4f, Ni 2pスペクトルより，Auは0価のメタル，Niは2価として存在していることを確認した。UV-vis分析では，530 nm近傍のAuナノ粒子に由来する表面プラズモン吸収ピークは現れなかった。スペクトル形状と触媒の色は，NiOをNaOClにより酸化して合成したNiO$_2$と類似していた。またCOを吸着させた際のFT-IRスペクトルでは，Ni^{2+}-COに帰属される弱いシグナルが検出されたが，Au^0-COに帰属されるバンドは観察されなかった。以上の結果から，Au-NiO$_x$触媒は，Auナノ粒子をコアとし，その表面が数原子層の高酸化型のNiO$_x$で被覆されたコアシェル構造を有しているものと推定される（図1）。

8.3 長期触媒寿命を保証する工業触媒の開発

工業触媒として利用するには，活性，選択性に関する開発のみならず，触媒の安定性と劣化に関する研究が不可欠であり，触媒寿命に十分配慮した検討を行う必要がある。筆者らは，高強度シリカ系担体の開発，触媒中のナノ粒子の精密分布制御，および酸化ニッケルによる触媒の化学的安定性の向上により，長期触媒寿命を保証できる工業触媒技術を確立した。

本反応は，液相懸濁条件下で触媒同士が衝突し，触媒表面が摩耗，剥離して触媒劣化が進行する。そこで筆者らは，高強度SiO$_2$-Al$_2$O$_3$-MgO担体（平均粒子径60 μm）を開発し，さらに触媒中のナノ粒子の分布を表面近傍かつシャープに分布させることで，活性と耐摩耗性に優れた触媒を設計した。EPMAによるAu-NiO$_x$/SiO$_2$-Al$_2$O$_3$-MgO触媒粒子断面の二次電子像および線分析の結果を図2に示す。触媒中のAu, Niの分布はほぼ一致しており，触媒表層から10 μm以内の深さ領域にAu-NiO$_x$層がシャープに分布している（図2a）。さらにAu-NiO$_x$を表層からサブミクロン内部に移動させ，触媒粒子の最表面が薄いシリカ層で覆われた構造（図2b）にする

第 4 章　触媒の長寿命化

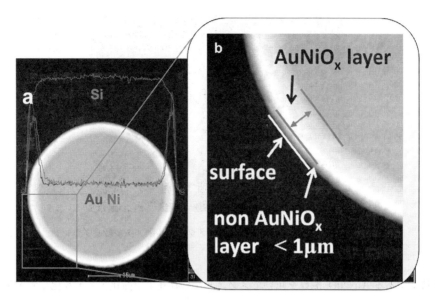

図 2　EPMA による Au-NiO$_x$ 触媒粒子断面の二次電子像および線分析

ことで，液相懸濁状態という反応条件下での摩耗，剥離による活性成分ロスを無くし，かつ高い反応活性を実現した。

　さらに本触媒は，酸化ニッケルによる触媒の化学的安定性の向上により，長期触媒寿命化を実現させている。Pd$_3$Pb$_1$ 触媒の連続流通反応装置による触媒寿命評価では，触媒担体の細孔径拡大に伴う金属のシンタリングが観察され，経時的に活性が低下した。一方，Au-NiO$_x$ 触媒では細孔径および金属粒子径の変化は全く観察されず，活性低下は起こらない。この要因を明らかにするため，Au-NiO$_x$ 触媒のニッケルの化学状態を高分解能蛍光 X 線分析により調べたところ，Ni はハイスピン 2 価と推測され，NiKα スペクトルの相違から単一の NiO や NiO/SiO$_2$ とは異なる化学状態であることが判明した。本触媒では，Au-NiO$_x$ ナノ粒子とは別に単独の NiO が担体に担持されている。その NiO が担体中の金属成分と反応して複合酸化物を形成し，それが担体の Si-Al 架橋構造の安定化に作用することで，触媒の化学的安定性を高めている。この構造安定化と NiO によるアンカー効果により，Au-NiO$_x$ ナノ粒子のシンタリングが抑制されたと推定される。触媒劣化加速試験により予測される Au-NiO$_x$ の触媒寿命は，Pd$_3$Pb$_1$ や Au ナノ粒子触媒に比べて 10 倍以上に向上した。

8.4　本技術の実用化

　本技術は，パイロットスケールでの技術実証，触媒の工業生産を経て，2008 年に年産 10 万トンの MMA 製造プラント（旭化成，川崎製造所）にて実用化された。本プロセスは，自社で確立している技術でイソブテンを Mo-Bi 系触媒により気相酸化してメタクロレインを合成し，次

触媒劣化—原因,対策と長寿命触媒開発—

図3　金-酸化ニッケル触媒を用いたメタクリル酸メチル製造プラント

いで本技術であるAu-NiO$_x$触媒を用いてメタノールの存在下で酸化エステル化してMMAを製造する。

　Au-NiO$_x$触媒は,MMAが96%と極めて高い選択率で得られ,副生成物が激減した。触媒活性は従来のPd$_3$Pb$_1$触媒に対して10倍になり,触媒寿命も10倍以上に向上した。さらにメタノールの酸化生成物であるギ酸メチルの副生成量は1/10に抑制された。またメタノールのリサイクル,メタクロレイン吸収・回収,副生物の分離等に要するエネルギー消費量が大幅に低下し,プロセスが大きく改善された。新技術導入後,触媒劣化はほとんど観測されておらず,安定運転を継続している(図3)。

8.5　おわりに

　本稿では,金-酸化ニッケルナノ粒子触媒を用いた酸化エステル化法によるMMA製造技術について紹介した。コアシェル構造と特異な化学状態を有する二元金属ナノ粒子の形成によって,単一金属ナノ粒子とは異なった優れた触媒機能を創出することができた。本技術は近年注目される金ナノ粒子を触媒成分として用いた化学工業分野における初の実用化プロセスである。金と酸化ニッケルの複合化により,単一の金ナノ粒子では達成できなかった優れた効果を実証し,本製法の省エネ・省資源化と,高い経済性が実現した。

第4章　触媒の長寿命化

文　　献

1) K. Nagai, *Appl. Catal. A*, **221**, 367 (2001)
2) S. Yamamatsu, T. Yamaguchi, K. Yokota, O. Nagano, M. Chono, A. Aoshima, *Catal. Surv. Asia.*, **14**, 124 (2010)
3) 特開昭 49-35322, 住友化学
4) B. Wang, W. Sun, J. Ran. Zhu, W., Chen, S., *Ind. Eng. Chem. Res.*, **51**, 15004 (2012)
5) Y. Diao, R. Yan, S. Zhang, P. Yang, Z. Li, L. Wang, H. Dong, *J. Mol. Catal. A: Chem.*, **303**, 35 (2009)
6) 特開 2001-220367, 旭化成
7) 特許 3818783, 三井化学
8) 特開 2004-181358, 日本触媒
9) K. Suzuki, T. Yamaguchi, K. Matsushita, C. Iitsuka, J. Miura, T. Akaogi, H. Ishida, *ACS Catal.*, **3**, 1845 (2013)

9 エチレンイミン製造用触媒の開発と長寿命化

常木英昭*

9.1 緒言

エチレンイミン（EI）は窒素を含む歪みの大きな3員環を持つ2級アミンであり，アジリジン環の開環反応性と2級アミンの反応性を合わせ持つ。この性質を利用して，合成医薬品・有機合成品の原料そしてポリアミン系ポリマーのモノマーとして用いられる。EIはスキーム1に示すようにモノエタノールアミン（MEA）を硫酸でエステル化し，ついで水酸化ナトリウムを用いて加熱により環化させる方法で製造されてきた。しかしこの液相プロセスは大量の副原料を必要とし，またこれらの副原料は硫酸ナトリウムとなり大量の廃水を副生するため工業的には問題のある方法であった。これに対して日本触媒では酸・塩基触媒によって気相反応でEIが選択的に合成できることを見出し，この触媒を用いたプロセスの工業化に世界で初めて成功した[1,2]。この触媒の工業化に当たっては触媒の劣化の問題を解決する必要があった。触媒の劣化には短期的な劣化と長期的な劣化がある。短期的にはコーク蓄積の問題があり，これは酸素含有ガスによって燃焼除去することで再生できる[3]。長期的な劣化の原因にはシンタリング・触媒有効成分であるリンの飛散[4]などがある。本稿では長期的な劣化の原因の解析および，その対策（＝長寿命化）を中心に述べる。

9.2 触媒・反応プロセスの概要

一般に1級，2級アルコールの場合，脱水活性は触媒の酸性度と相関し，脱水素反応によるカルボニル化合物の生成は塩基性度に関係していると考えられている。EIの生成は酸触媒が関与して起こり，アセトアルデヒド（AcH）の生成は主として塩基触媒で起こるとすれば触媒の酸塩基性と選択性の関係は理解できる。したがって触媒の酸塩基性を制御すれば活性・選択性が発現する可能性がある。弱い酸触媒であるSiO_2に塩基性のアルカリ金属元素あるいはアルカリ土類金属元素を担持した2元系での検討では塩基性が中程度のNaやBaがよい性能を示した。酸

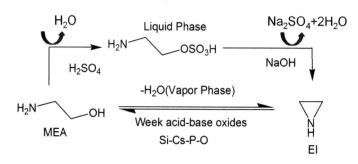

スキーム1　EI合成　従来法と新法の反応スキーム

---

*　Hideaki Tsuneki　㈱日本触媒　事業創出本部　技監

第4章　触媒の長寿命化

塩基を更に制御するために第3成分として SiO_2/塩基成分系にリンを添加した結果を単独酸化物・SiO_2/塩基2元系の結果と合わせて表1に示した（注：実用触媒の組成とは異なる）。2元系触媒に対するリンの添加によって酸・塩基強度は共に弱められている。特にEI収率の優れたRbとCs（No.8, 9）は酸・塩基性は極めて弱くほとんど中性といってもよいほどである。これらの触媒は対応する2元系触媒より活性・選択性共に向上している。しかしNa, Kを含む触媒系ではリンの添加効果はRb, Cs系ほど顕著ではない。$Si-X_m-P_n-O_p$（X：アルカリ金属元素）系における酸点はSiとPであり，塩基点はO原子であると考えられる。またこれらの活性点の強度と活性点間の距離は添加するアルカリ金属元素の種類と量で変化し，それによって触媒性能に影響があらわれている。

MEAの気相脱水によるEI生成反応において，副反応が並発反応であるにもかかわらず，逐次反応のようにある転化率を超えると急激に選択率が低下し，その限界の転化率が原料濃度と反応温度によって大きく変化するという奇妙な反応挙動が観測された。反応速度の解析によって主反応が平衡反応であり，副反応が平衡の制約を受けないと考えることで説明することができた。また転化率を上げていった場合に，理論的に到達できる最大の選択率があることが示された。さらに詳細な反応速度の解析から転化率・選択率の関係をおおよそ記述できるL-H機構の反応モデルを提案し[5]，反応器設計に用いた。

反応プロセスの構築には，生成物の捕集工程が必要であるが，実験室を単にスケールアップしたキャリアーガスを用いる反応形式では，この捕集工程に大きな問題があることがベンチスケールの実験で明らかになった。その課題を解決するために，この反応モデルを用いてキャリアーガスを用いない減圧反応が可能なことを示し，ベンチスケールで実証した。また反応条件の変化による触媒性能の予測が可能なことを示し，実プラントの反応プロセス設計に役立てることができた。

表1　種々の触媒の触媒活性／選択性

No.	Catalyst[a]	H_0 acid	H_- base	Temp [K]	SV [h^{-1}]	MEA Conv. [mol%]	Selectivity [mol%] EI	AcH	PP
1	Mg	< +18.4		673	1,000	25.8	−	85.2	−
2	Si	+3.3<		643	2,500	11.6	57.4	17.3	23.3
3	$Si_{10}-Mg_1$	+4.8<	< +9.3	643	1,000	25.7	80.1	12.1	7.8
4	$Si_{10}-Ba_1$	+4.8<	< +9.3	673	1,000	45.5	74.6	9.4	16.0
5	$Si_1Cs_{0.1}$	+4.8<	< +9.3	673	1,000	72.7	48.2	43.7	2.4
6	$Si_1Na_{0.1}P_{0.03}$	+6.3<	< +9.3	643	2,500	21.4	67.8	8.6	20.9
7	$Si_1K_{0.1}P_{0.05}$	+4.8<	< +9.3	643	2,500	51.1	70.1	8.2	18.8
8	$Si_1Rb_{0.1}P_{0.08}$	+6.3<	< +9.3	643	2,500	70.7	76.4	7.6	11.8
9	$Si_1Cs_{0.1}P_{0.08}$	+6.3<	< +9.3	643	2,500	70.1	78.7	10.6	5.8

a）酸素を除く原子比，MEA 5 vol% N_2 バランス

触媒劣化―原因，対策と長寿命触媒開発―

9.3 触媒劣化と対策
9.3.1 短期的な劣化：コーキング

触媒を実用化する上での大きな課題の一つに触媒の劣化がある。Si-X_m-P_n-O_p系触媒でも短期的な劣化と長期的な劣化が見られる。短期的な劣化はいわゆるコーキングである。この触媒系では酸塩基性を制御してコークの生成量を抑えたこともあって，コーキングによる活性の低下は小さく長時間反応が可能である。しかし，蓄積コーク量が多くなりすぎると触媒が物理的に損傷したり，再生が困難になったりするので数日の間隔でコークの燃焼除去による触媒の再生を行う。コークの生成量はMEAの転化量（MEA供給量×転化率）と良い相関関係にある。反応温度を上げると急激にコークの生成量が増加するので反応温度を上げることには限界がある。スイッチコンバータではなく単一の反応器で触媒再生中も中間タンクから送液して精製系を連続運転するため，再生所要時間をできるだけ短くする必要がある。再生はコークの燃焼による発熱で触媒層温度が上昇しすぎないように酸素の供給速度（酸素濃度×ガス流量）を制御することで行う。再生条件はコークの燃焼速度を測定して速度式を決定し，それに基づいたシミュレーションから触媒層温度が上昇しすぎないように決定する。再生時は入口からコークの燃焼によって触媒層の温度が上がるが，酸素が消費されてしまうとそれ以上発熱は起こらない。一方管壁からは熱が除去されるため燃焼が起こっている部分を過ぎると温度は低下していく。このようにして温度ピークが現れる。この温度ピークはコークの燃焼除去と共に徐々に触媒層の後ろへ移動していく。この酸素濃度を制御することで触媒層温度を抑えかつ再生時間を短縮することができる。

9.3.2 長期的な劣化-1：シンタリング

触媒の長期的な劣化の原因のひとつにシンタリングによる比表面積の低下がある。本項では触媒のシンタリングの状況を解析し，その要因を分析して，シンタリングを加速評価する方法について述べる。

パイロット装置での長期試験を行った場合の使用後の触媒を抜き出し触媒の分析を行った結果を表2に示す。パイロットでは1,760 hで一旦停止し，複数ある反応管のうち1本だけを抜き出した。抜き出し後には新しい触媒を充填し反応を継続した。また触媒のパイロット抜き出し時には入口から4分割した。パイロット抜出触媒の比表面積は同じ抜出位置では反応時間が長いほど小さくなっている。また，触媒層の位置ではどちらかというと出口ほど小さくなる傾向が見られる。これは，生成した水の分圧が触媒層出口ほど大きいことによると考えられる。比表面積の低下は触媒の劣化ではよく見られるシンタリング現象である。シンタリングの原因として，

　　①熱負荷，②発生した水蒸気，③反応そのもの

などが考えられる。本反応は脱水反応のためかなりの量の水が発生するうえ，反応温度もかなり高温である。また反応中に触媒に蓄積したコークを燃焼除去する工程で触媒層温度が反応温度よりも上がると同時に，コーク中の有機物が水素を含有しているためこの燃焼によっても水が発生する。この比表面積低下原因の解明とシンタリングに強い触媒の開発のため加速テストを検討した。実施した処理は，処理温度673，723，773 Kでの約500 hの空気中での単なる熱処理と約

第4章 触媒の長寿命化

表2 パイロット抜き出し触媒の活性／選択性と触媒物性

Time on stream [h]	Fresh (53)	Pilot 1760				Pilot 2450				Labo. 4000
Segment (Cat. No.)	F	1* A-1	2 A-2	3 A-3	4** A-4	1* B-1	2 B-2	3 B-3	4** B-4	C
MEA con. [mol%]	36.4	15.0	31.8	31.5	28.0	8.6	17.3	32.8	28.2	26.5
EI sel. [mol%]	83.6	75.2	83.1	82.8	84.3	74.7	81.4	83.6	84.8	77.8
AcH sel. [mol%]	9.5	14.2	10.9	10.4	9.5	19.1	11.9	11.0	10.5	15.6
PP sel. [mol%]	6.9	10.6	6.0	6.8	6.2	6.2	6.8	5.4	4.8	6.6
Specific surface area [m²/g]	7.8	7.7	8.4	8.0	7.2	7.0	6.8	6.4	6.4	6.5
P content Fresh catalyst：100	100	81	102	101	102	60	67	85	90	76
Color Change test (phenolphtalein)	−					+				−

モデル触媒組成：$Si_5Cs_1P_{0.8}O_x$ （注：実用触媒の実組成とは異なる）
活性試験条件：MEA 濃度 20 vol%, GHSV 2,000 h^{-1}, 反応温度 653 K, 1*：入口, 4**：出口

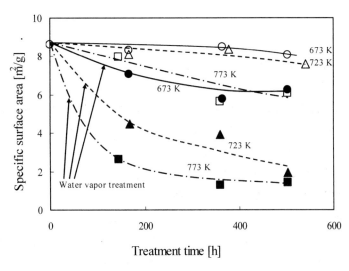

図1 種々の処理による比表面積の変化
処理温度　○●：673 K, △▲：723, □■：773 K,
塗りつぶしマーカー：水蒸気 10 vol%

10 vol％の水蒸気を含む窒素ガスでの処理の2種類である．図1に処理時間による各種処理触媒の比表面積の変化を示した．

　処理温度が高く，処理時間が長いほど比表面積の低下は大きい．単なる熱処理では723 K 程度ではほとんど比表面積の低下はない．水蒸気が存在する場合は存在しない場合に比べ比表面積の低下は大きく，673 K でも20％ほど，723～773 K では80％も低下する．このことからシンタリングに対する水の影響が大きいことが分かる．先に述べたように，反応負荷の小さい触媒層後半

205

触媒劣化―原因,対策と長寿命触媒開発―

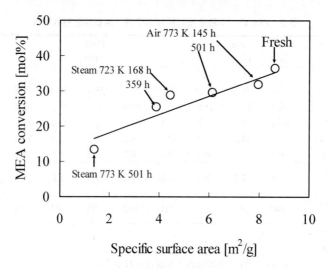

図2 熱処理後,触媒比表面積と活性の関係
反応条件:MEA 濃度 20 vol%,GHSV 2,000 h^{-1},反応温度 653 K

の方が比表面積の低下の傾向が大きいのは,生成する水によって水蒸気分圧が(触媒層後半の方が)大きいとしたことが裏付けられている。図2には種々の処理触媒のMEA 転化率(→活性)を,比表面積をパラメータにして示した。比表面積と活性が強く相関していることが分かる。773 K,200 h 程度で比表面積の大きな低下が観測されることから,この処理によってシンタリングがある程度予測でき,耐シンタリング性触媒のスクリーニングに有用であると考えられる。耐水性を増す方法としては SiO$_2$ 表面に TiO$_2$ や ZrO$_2$ などを担持することがよく用いられる。その場合触媒の酸塩基性に影響があることから,触媒組成のチューニングが必要になる。

9.3.3 長期的な劣化-2:活性成分(リン)飛散

表2に示した触媒の劣化(活性と選択性の低下)は比表面積の低下だけでは説明できず,一部逆転しているところもあり,別の要因も複合していると考えられる。一般的には触媒構造の変化あるいは活性成分の喪失が考えられる。表に示した触媒組成の項でリン(存在状態は複合酸化物あるいはリン酸塩と考えられる)の含有量は反応時間が長いほど,また同じ反応時間では触媒層の入口ほど少なくなっており,反応中にリンが失われていることを示している。図3には 2,450 h 経過後の触媒中(B-1〜B-4)のリンの相対的な含有量と MEA 転化率・EI 選択率の関係を示した。リンの含有量と MEA 転化率(=活性)には強い相関関係がある。また EI 選択率もリンの量と相関関係があるが,リンが少ないところで急に低下する傾向が見られる。

触媒の酸塩基性を指示薬法で調べると,フレッシュ触媒ではフェノールフタレインで呈色するような塩基点はないが,リンが40%ほど失われた 2,450 h 後の入口部の触媒(B-1)では呈色が見られ,触媒表面にある程度塩基点が生成していることが分かった。同じ反応時間でも出口部は呈色せずフェノールフタレインを変色させるほどの塩基点が生成していなかった。これはリンが

第4章 触媒の長寿命化

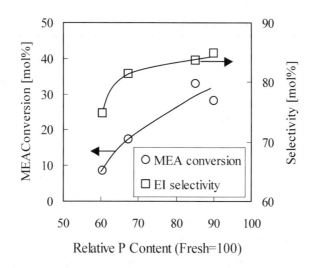

図3 パイロット抜き出し触媒，リン含有量と活性／選択性の関係
反応条件：MEA 濃度 20 vol%，GHSV 2,000 h^{-1}，反応温度 653 K

10%程度しか失われていないためと考えられる。反応成績を詳しく見ると入口部では AcH の副生率が大きくなっていた。触媒表面の塩基性が強くなると AcH が増加するという知見とも符合している。

リンがほとんど失われていない 1,760 h の出口部の触媒 (A-4) でもフレッシュ触媒と比較すると転化率は低下しているため，シンタリングも比表面積を低下させるため触媒活性低下の一因である。しかし，B-1 に見られるような激しい活性劣化はリンの飛散が主な原因であると考えられる。そうであるならば触媒にリン成分を戻してやることができれば活性をある程度回復できると期待される。

反応器に触媒が充填された状態の実際のプロセスに適用可能な操作を考えると，乾式での操作が好ましい。表面が塩基性になっていることから，リン酸誘導体を気体としてリンの失われた触媒に供給すれば，そのリン酸誘導体が表面で塩基点と反応して触媒に固定されることが期待できる。蒸気圧を持ったリン酸誘導体としては五酸化リンなども考えられるが，操作性を考えると常温で液体のリン酸エステル特に沸点が 470 K と比較的低いリン酸トリメチル (TMP) が扱いやすいので，これを用いて処理を行った。使用した触媒は B-1，使用量 5 g，電気炉内に設置したガラス管に充填して 663 K で窒素ガスキャリアーを 160 mL・min^{-1} で流し，TMP を 0.958 g・h^{-1} で供給した。TMP の濃度は 1.57 vol%となる。TMP 供給終了後キャリアーガスを空気に切り替え約 1 時間処理した。フレッシュ触媒に含まれるリンの濃度は 4.93 mass%で，劣化触媒ではその 40%が失われたので補給すべきリンは触媒 5 g 当たり 0.0986 g である。TMP 換算では 0.446 g となる。供給した TMP がすべて触媒に固定されるとは限らないので必要量とその約 1.5 倍を供給して処理し，触媒性能を確認した。表3に結果を示す。

触媒劣化—原因，対策と長寿命触媒開発—

表3 劣化触媒に対する TMP 処理効果

Catalyst No.	Amount of fed TMP [g]	MEA conversion [mol%]	Selectivity [mol%] EI	AcH	PP
B-1	–	8.6	74.7	19.1	6.2
D-1	0.4788	25.4	79.7	12.6	7.7
D-2	0.6384	31.4	81.3	10.3	8.5

TMP 処理に用いた触媒：B-1，5 g
反応条件：MEA 濃度 20 vol%，GHSV 2,000 h^{-1}，反応温度 653 K

　TMP 処理でリンを触媒に戻してやると大きく活性が回復する。触媒の分析から求めた必要量 0.446 g より多い 0.6584 g を供給した D-2 触媒の，蛍光 X 線分析から求めたリンの相対的な含有量はフレッシュ触媒の 93%であった。元の触媒中のリン量の約 33%分が固定されたことになる。供給量は 59%分であったので触媒に固定されたのは供給した TMP の 50%強ということになる。

　TMP を 0.4788 g 供給して再生した触媒（D-1）について，初期性能だけではなく 100 h ほど反応を継続して経時変化を観測したところ活性の経時変化は少なく，TMP 処理の効果は初期の一時的なものではないことが分かった。

　触媒の劣化はそれが起こる前に防止するのが好ましい。リンの飛散による劣化は，触媒性能に影響が出る前にリンを補給できれば防止できると考えられる。具体的にはコークの燃焼除去操作が終了した後に，失われたリンを TMP の形で供給し，触媒中のリンの量を一定に保つ操作を行う。供給するリンが多すぎれば，触媒の酸塩基性のバランスが崩れて酸点が増加し，EI 選択率が低下する（ピペラジン類などの 2 量化物が増加する）ことが考えられる。実プラントでは触媒を抜き出して調べるのは困難であるので，初期はパイロットでの実績から推定される量を供給した。その後はプラントから重質分として廃棄されるタール状物質中のリンの含有量を測定して反応中に失われるリン量を推定し，その量を供給した。このようにしてリンの飛散による劣化を防止（＝長寿命化）することができ長期間安定して操業することができた。

文　　献

1) 常木英昭ほか，日本化学会誌，**1993**, 1209 (1993)
2) H.Tsuneki, *Appl. Catal. A:Gen.*, **221**, 209 (2001)
3) 常木英昭，触媒再生方法，特開平 05-192590 (1993)
4) H.Tsuneki, K. Ariyoshi, *Appl. Catal. A:Gen.*, **331**, 95 (2007)
5) 常木英昭，日野洋一，化学工学論文集，**34**, 249 (2008)

10 亜硝酸メチルを用いた気相カルボニル化触媒の開発

山本祥史[*1], 井伊宏文[*2]

10.1 緒言

宇部興産㈱は亜硝酸エステルを用いるカルボニル化反応プロセスを研究開発[1]している。一般的な酸素を用いるカルボニル化反応に対して, 本プロセスの特徴は酸素および生成する H_2O が一酸化炭素（以下, CO）と貴金属触媒, 主として Pd 触媒に接触することなく, 選択的にカルボニル化合物を合成することにある。触媒開発は, 亜硝酸エステルと CO から Pd 触媒存在下, 主に二つの生成物である炭酸エステルとシュウ酸エステルを選択的に, しかも気相法で安定的に合成することであった。詳細な触媒解析等から特徴ある触媒を開発することで, 亜硝酸メチル（以下, MN：CH_3ONO）を用いて高活性・選択的に炭酸ジメチル（以下, DMC：$CO(OCH_3)_2$）およびシュウ酸ジメチル（以下, DMO：$(COOCH_3)_2$）が得られ, それぞれの気相法プロセスを工業化した[2,3]。そこで, 亜硝酸メチルを酸化剤とする気相カルボニル化反応の Pd 触媒開発を触媒劣化とその対策の観点から紹介する。

10.2 MN による気相カルボニル化

亜硝酸エステルにおいて, 常温で気体となる MN を用いることで気相カルボニル化触媒反応を達成した。次のそれぞれの主反応(1)および(1')と MN 再生反応(2)から成る二段プロセス（図1）である。

$$CO + 2CH_3ONO \rightarrow DMC + 2NO \tag{1}$$

$$2CO + 2CH_3ONO \rightarrow DMO + 2NO \tag{1'}$$

$$2CH_3OH + 2NO + 1/2O_2 \rightarrow 2CH_3ONO + H_2O \tag{2}$$

反応(2)では MN 再生に伴って生成する H_2O は, MN の沸点（261K）が低いため, MN とは容

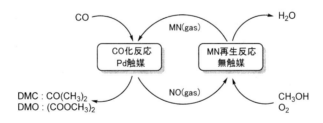

図1 亜硝酸メチルによる気相カルボニル化プロセス

---

* 1 Yasushi Yamamoto 宇部興産㈱ 研究開発本部 基盤技術研究所
革新触媒研究グループ グループリーダー
* 2 Hirofumi Ii 宇部興産㈱ 化学カンパニー 電池材料・ファイン事業部
ケミカル開発部 ケミカルグループ グループリーダー

易に分離される。この点が、一般的な酸素を用いたカルボニル化反応の触媒開発とは異なる。具体的には、MN は Pd 触媒層にガスとして供給され、生成した H$_2$O は反応(2)の MN 再生反応器から除去される。これによって Pd 触媒層では非水状態となり、高活性・選択的な気相法による触媒プロセスが実現される。したがって、主反応(1)および(1')のそれぞれの触媒開発が必要となる。

10.3 気相カルボニル化触媒の開発

10.3.1 Pd 触媒による気相カルボニル化反応特性

当初の検討において、主に Pd 種がカルボニル化反応を触媒することが判明していたので、まずは Pd 種に関する気相カルボニル化活性を評価した。表1に結果を示す。

担体に Pd(0)を担持した触媒は DMO 活性が高く、Pd(II)を担持したものは DMC 活性が高いことから、Pd 酸化状態により DMC および DMO 活性制御が可能と考えられた。PdCl$_2$/担持触媒は選択的に DMC 活性を発現する。Pd の対アニオン種による触媒活性については酢酸イオンや硝酸イオンでは DMO 生成の選択率が高くなるのに対して、塩化物イオンが共存した Pd 触媒は DMC 生成の選択性が高くなった。Pd 存在下、Cu 種は助触媒効果が確認され、特に塩化物イオンが Pd と作用する状態が高活性触媒となった。そのため、DMC 合成反応は Pd 高酸化状態のものが好適であると推察された。

10.3.2 DMC 合成触媒の劣化とその対策

当該触媒の好適な担体はアルミナや活性炭であった。工業化に向けた生産性を得るために、アルミナ表面特性を制御した Li スピネル担体を開発した[4]。しかしながら、いずれの担体においても、触媒上に生じた Pd(0)は凝集により触媒劣化（活性と選択性の低下）した。Pd 凝集に関しては、経時変化した触媒の TEM 観察や XAFS 解析から確認された。当然のことであるが、触

表1 カルボニル化反応に対する触媒活性種

触媒種	触媒活性 (mol/cat-l, h)	
	CO(OCH$_3$)$_2$	(COOCH$_3$)$_2$
Pd(0)	0.31	1.37
PdCl$_2$	2.03	0.10
CuCl$_2$	0.04	N.D
PdCl$_2$-CuCl$_2$	6.14	0.25
PdCl$_2$-Cu(OAc)$_2$	3.00	0.15
Pd(OAc)$_2$-Cu(OAc)$_2$	0.58	1.88
PdCl$_2$-Cu(NO$_3$)$_2$	4.24	0.21
Pd(NO$_3$)$_2$-Cu(NO$_3$)$_2$	0.78	2.18

反応条件：393K, 0.4 MPa, GHSV 4,000h^{-1}
ガス組成：CO 20%, MN 10%, N$_2$ base
担持量：1 wt%Pd-1.2 wt%Cu/ 活性炭
N.D：not detected

第 4 章　触媒の長寿命化

表2　還元-酸化処理による Pd 状態と触媒活性

触媒	処理	Pd 状態[a]	触媒活性 (mol/cat-l, h) CO(OCH$_3$)$_2$	(COOCH$_3$)$_2$
PdCl$_2$/活性炭	–	Pd(Ⅱ)	2.21	0.05
（還元）	H$_2$[b]	Pd(0)	0.60	2.14
（還元→酸化）	MN+HCl[c]	Pd(Ⅱ)	2.17	0.13
（還元→酸化）	ClCO$_2$CH$_3$[d]	Pd(Ⅱ)	2.25	0.10

反応条件：393 K, 0.1 MPa, GHSV 8,000h^{-1}
ガス組成：CO 8%, MN 8%, N$_2$ base
担持量：1 wt%Pd
a) C 1s (284.6 eV) 補正による Pd3d B.E から帰属
b) 473K×1h
c) 473K×1h (MN 8%, HCl 100 ppm, N$_2$ base)
d) 473K×1h (ClCO$_2$CH$_3$ 100 ppm, N$_2$ base)

媒上の残存塩化物イオン量は，Pd 凝集が顕著なほど少なくなる傾向があった。

　そこで，Pd 担持触媒の還元-酸化処理により Pd 酸化状態と DMC および DMO の活性相関を検討した。その結果を表2に示した。

　PdCl$_2$/活性炭担持触媒を H$_2$ 還元した Pd(0)/活性炭担持触媒を用いると選択的に DMO が得られた。この触媒を反応剤である MN に塩化水素添加して再酸化処理後に反応に用いると DMC 活性が回復した。この時，塩化物イオン源として ClCO$_2$CH$_3$ を用いても，同様に DMC 活性が回復できた。DMC 活性の回復効果は塩化水素よりも ClCO$_2$CH$_3$ が高かった。これは，塩化物イオン源による Pd(0) に対する再酸化能の違いとして理解される。以上のことから，Pd 活性状態を維持するために，塩化物イオンの存在が重要な役割を果たしていることが判った。

　DMC 触媒活性の低下は小さいが，塩化水素ガスを微量添加することで触媒活性がより安定し，長寿命触媒プロセスが実現できた。これは，前述したように添加された塩化物イオンが Pd 酸化状態を好適に保持していると考えている。また，塩化物イオンの添加を必要としない Pd/ゼオライト担持触媒も見出している[5]。

10.3.3　DMO 合成触媒の劣化とその対策

　前述したように，担体に Pd(0) を担持した触媒は DMO 活性が高い。担体は活性炭，シリカや SiC，特に α-アルミナ担体が高活性を示した。Pd(0)/アルミナ担持触媒において，Pd(0) が反応経時的に凝集することが CO 吸着量測定や TEM 観察から確認されている。そこで，触媒活性の向上や維持のために，第二成分の添加効果を検討した。その結果を表3に示した。

　Fe や Ti が触媒活性維持の効果を示した。この効果は，触媒能の高活性化というよりはむしろ，第二成分による Pd 凝集抑制の効果が大きい。そこで，上記の効果要因を明らかにするため，Pd および Pd-Fe/アルミナ担持触媒解析として，担体上の Pd 粒子について TEM による粒子分布観察とその組成分析を行った。Pd/アルミナ担持触媒に比べて Pd-Fe/アルミナ担持触媒では，Pd 粒子径が小さく，その分散状態が高いことが確認されると共に，Pd と Fe は同一粒子中に存

表3 添加剤によるDMO触媒活性の経時変化

触 媒	触媒活性 (2h目のDMO活性に対する比活性)	
	2 h	200 h
0.5 wt%Pd/α-アルミナ	(1)	0.80
0.5 wt%Pd-0.3 wt%Ti/α-アルミナ	(1)	0.97
0.5 wt%Pd-0.3 wt%Fe/α-アルミナ	(1)	0.98

反応条件；393 K，0.1 MPa，GHSV 10,000h^{-1}
ガス組成；CO 20%，MN 15%，N$_2$ base

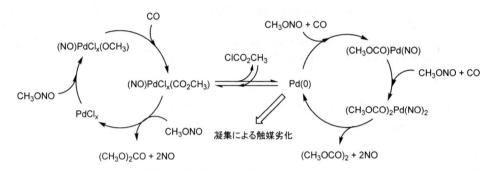

図2 反応機構（推定）

在することが判った。XANES, EELSによる触媒上のFe酸化状態については，Fe(II)およびFe(III)が主体であった。添加したFeはPdと合金化していないものの同一粒子中に酸化物として存在することによりPd(0)の高分散化に寄与していると推定されることを，経時変化した触媒のXAFS解析から確認している。

DMO合成触媒ではPd(0)の分散状態を維持することが重要である。以上のような知見を生かし，より効果的な次世代触媒も見出している。

10.3.4 反応機構

Pd(II)/担持触媒において，DMCの生成速度はCO分圧に一次であり，MN分圧に依存しないことから，DMC合成反応の律速段階はPd種へのCO挿入段階であると推測される。ここで，Pd(II)カルボメトキシ錯体から還元的脱離によるClCO$_2$CH$_3$副生，およびその際に生じるPd(0)へClCO$_2$CH$_3$が酸化的付加する[6]ことが触媒活性の維持を左右している（図2左サイクル）。他方，Pd(0)/担持触媒によるDMO生成機構は，分光学的な手法によりCOのダブルカルボニル化ではなく，ビス-(カルボメトキシ)Pd種からのカップリングにより触媒サイクルは形成されると考えている（図2右サイクル）。

10.4 まとめ

気相カルボニル化反応の触媒劣化はPd凝集であり，DMC合成では塩化物イオン源の添加に

第4章　触媒の長寿命化

よるPd酸化状態を，DMO反応では金属酸化物の添加によるPd分散状態を維持することが肝要であった。

　以上のような触媒開発によって，気相法プロセスによるDMC生産能力3,000トン／年のプラント稼働から，現在では15,000トン／年に能力が増強されている。他方，DMOプロセスに関しては，従来の亜硝酸ブチル（BN）による液相反応からMNによる気相反応へプロセス転換を行い，2006年からDMO生産能力6,000トン／年で商業生産が稼働している。当該技術により得られるDMCおよびDMOは，C1化学プロセスとして国内での製造のみならず，現在ではライセンスによる大型プラント化が達成されている。

文　　献

1) S. Uchiumi, K. Ataka, T. Matsuzaki, *J. Organomet. Chem*, **576**, 279 (1999)
2) T. Matsuzaki, A. Nakamura, *Catal. Surv. Jpn*, **1**, 77 (1997)
3) Y. Yamamoto, *Catal. Surv. Asia*, **14**, 103 (2010)
4) T. Matsuzaki, M. Hitaka, S. Tanaka, K. Nishihira, *Nippon Kagaku Kaishi*, **5**, 347 (1999)
5) Y. Yamamoto, T. Matsuzaki, S. Tanaka, K. Nishihira, K. Ohdan, A. Nakamura, Y. Okamoto, *J. Chem. Soc. Faraday Trans*, **93**, 3721 (1997)
6) N. Manada, M. Murakami, Y. Yamamoto, T. Kurafuji, *Nippon Kagaku Kaishi*, **11**, 985 (1994)

11 固体酸触媒プロセスにおける触媒活性劣化の抑制

佐藤智司*

　固体酸触媒を用いる気相反応プロセスにおいて、劣化がまったく認められない好ましい触媒がある一方で、反応初期から活性が著しく劣化する事例にしばしば出会う。たとえば、ベンゼンのエチル化によるエチルベンゼン生成反応において、H-ZSM-5ゼオライトが触媒劣化しないのに対して、HYゼオライトは反応初期から急激な劣化を起こす。劣化しないH-ZSM-5のようなケースは稀であり、固体酸触媒上に炭素質が堆積することによって活性点が被覆され、触媒の活性劣化が起こることが多い。触媒の機能として、活性・選択性・寿命はそのどれ一つが欠けてもプロセス実現の支障となることは言うまでもない。固体酸触媒反応における炭素質生成の抑制を目的として、気相固定床流通反応装置を用いた著者らの酸触媒反応の研究例を紹介する。

　まず、固体触媒上における炭素質の生成について考えてみる。反応物である有機物（炭化水素）は固体触媒表面に吸着・結合組換・脱離の過程を順に繰り返すことで目的の化学反応が進行する。ここで、脱離の過程が遅いか起こらなければ、反応物は触媒表面に留まることになり、炭素質の原料となる。脱離が起こらないほど吸着力の強い生成物が生じたりすれば、炭素質の蓄積は免れなくなる。一方、吸着していても炭素質に変化しなければ、つまり、吸着した反応物や生成物が脱水素反応を経由して炭素質に変化しなければ、炭素質生成が原因となる触媒劣化は抑制できると考えられる。このような仮説のもとに、生成物などの吸着種から脱水素が起こりにくい触媒系を構築することを目標に、最近著者はいくつかの反応系に取り組んだ[1~6]。以下に紹介する例では、含酸素炭化水素（アルコール類、ケトン類）の気相接触反応において、窒素気流中、シ

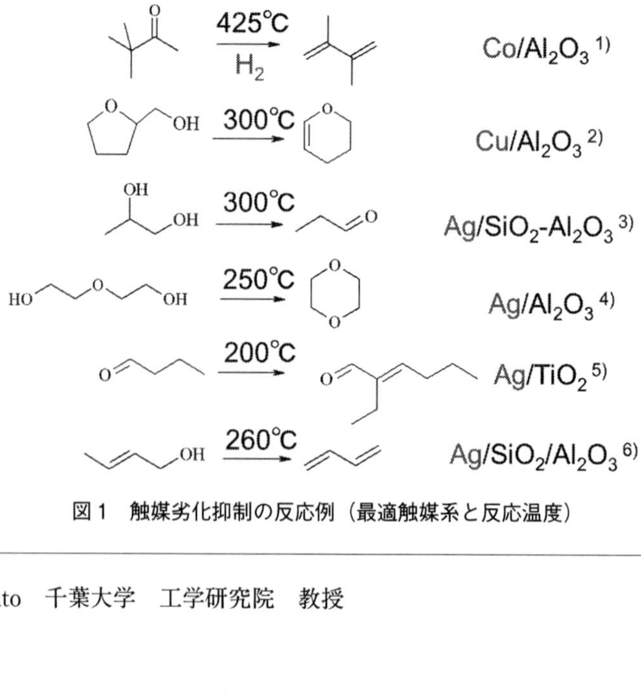

図1 触媒劣化抑制の反応例（最適触媒系と反応温度）

---

*　Satoshi Sato　千葉大学　工学研究院　教授

第4章　触媒の長寿命化

リカアルミナなどの固体酸触媒上で炭素析出が顕著に起こり，反応初期から触媒劣化を起こす系を扱う。このような反応系において，Co，Cu，Agを担持させた固体酸触媒を用いて水素流通下で，炭素析出を抑制することができ，結果として触媒活性劣化の速度を低下できる。紹介例は，目的の酸触媒プロセスが効果的に作動する反応温度に応じて，炭素質生成を抑制できる金属種が異なり，反応温度に応じて水素共存下で金属状態のAg，Cu，Coのいずれかが触媒表面への炭素質生成を抑制できるといった手法である。図1に示す6つの反応事例を以下に解説する[1~6]。

　第1の例として，ピナコロン（3,3-ジメチル-2-ブタノン）の転位・脱水反応が挙げられる。ピナコロンは，アルミナなどの酸触媒によるピナコール（2,3-ジメチル-2,3-ブタンジオール）の脱水生成物（ピナコール転位）である。ピナコロンは，ピナコール転位が起こる反応温度（200～300℃）よりもさらに高い温度で，転位・脱水反応により 2,3-ジメチル-1,3-ブタジエン（DMB）を生成する[1]。この反応はアルミナ触媒で300から450℃までの温度域で進行するが，いずれの温度でも反応初期から転化率が急激に低下する。アルミナにCo，Rh，Cu，Agの金属を担持した触媒で，水素気流下で反応を行うと，劣化抑制の効果があり，転化率の低下は抑制される。し

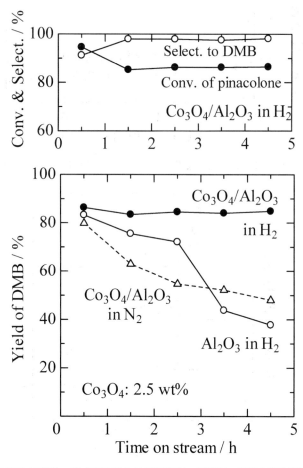

図2　ピナコロンの転位・脱水反応における転化率・選択率・収率の経時変化（425℃）[1]

かし，Rh，Cu，Ag を担持した触媒では，生成物が水素化され，アルケンおよびアルカンが生成し，目的の DMB 選択率・収率が低下する。一方，Co を担持した触媒では，水素化能が低いため，副生物が少量に抑えられ，水素気流下でのみ触媒劣化が抑制される（図2）。Co が劣化抑制に機能するためには前駆体酸化物を 425℃以上で還元する必要があることに加えて，担持量にも最適値が存在する（図3）。図3の転化率は反応開始初期の5時間の平均転化率を示しており，低担持域では十分に活性劣化を抑制できないことを示しており，逆に高担持域では，望まない水素化が起こり副生物増加のため選択率が減少する。実際に，図4に示すように，Co はこの反応

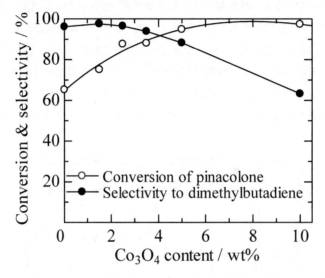

図3　ピナコロン転位・脱水反応における Co$_3$O$_4$ 担持量の効果（425℃）[1]

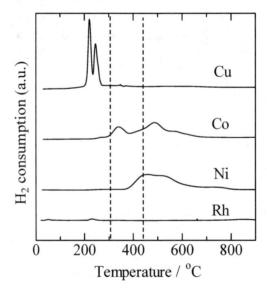

図4　アルミナに担持した種々の金属の昇温還元プロファイル[2]

第4章 触媒の長寿命化

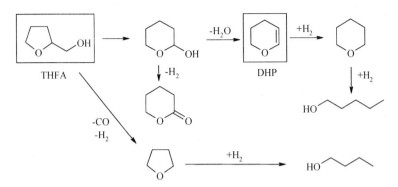

図5 THFA転位・脱水によるDHP生成反応とその副生成物[2]

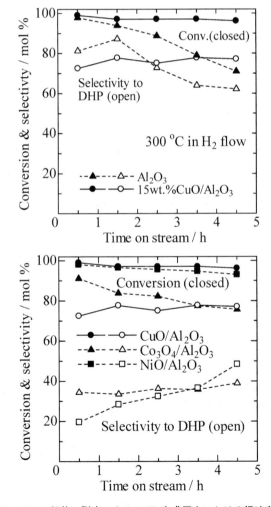

図6 THFA転位・脱水によるDHP生成反応における経時変化[2]

温度付近で還元される。

第2の例は，テトラヒドロフルフリルアルコール（THFA, 2-ヒドロキシメチルテトラヒドロフラン）の転位・脱水反応である。アルミナ触媒による THFA の転位・脱水によるジヒドロピラン（DHP）生成反応は以前から知られているが[7]，反応初期の数時間でアルミナ触媒が失活する。この反応では，主生成物の DHP 以外に図5に示すような種々の副生成物を生じる。Pt，Pd, Rh, Co, Cu, Ni を担持したアルミナ触媒を300℃で試したところ[2]，貴金属の中では，Rh が比較的高い選択率（70%程度）で DHP を生成し，高い転化率を維持できる。Pt, Pd を担持したアルミナ触媒では，分解および水素化が併発的に進行し，DHP 選択率が低下する。Cu が劣化抑制の効果が高く，Co, Ni は300℃では劣化抑制に機能しない（図6）。Cu の劣化抑制効果は水素気流下でのみ発揮され，図2同様，窒素気流下では劣化抑制の効果は見られない。図5に示したような Cu 担持により劣化が抑制された触媒では，Cu を担持していないアルミナに比べ，TG 過程での重量減少量が少なく，炭素質の生成が抑制されていることが触媒反応の前後における触媒試料の TG/TDA 測定よりわかる（図7）。このような炭素質生成の抑制は Cu に限ったことでなく，図1に示した触媒反応で劣化が抑制された触媒のほとんどで認められる現象である。

第3の例は，1,2-プロパンジオールの脱水反応である。この反応では，ヘテロポリ酸やシリカアルミナなどのブレンステッド酸が300℃程度でプロピオンアルデヒドを選択的に生成するが，窒素気流下では炭素質堆積による活性劣化が起こる[8]。先の THFA の脱水反応では300℃水素気流下で Cu が劣化抑制に機能したが，Cu はこの温度で1,2-プロパンジオールの脱水素活性を有するため[9]，プロピオンアルデヒドの選択率が低下する。この反応で劣化抑制を示した金属は，

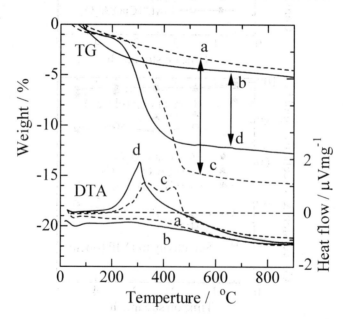

図7 THFA 転位・脱水反応前後の触媒の TG/DTA プロファイル[2]
(a)反応前 Al$_2$O$_3$, (b)反応前 CuO/Al$_2$O$_3$, (c)反応後 Al$_2$O$_3$, (d)反応後 CuO/Al$_2$O$_3$

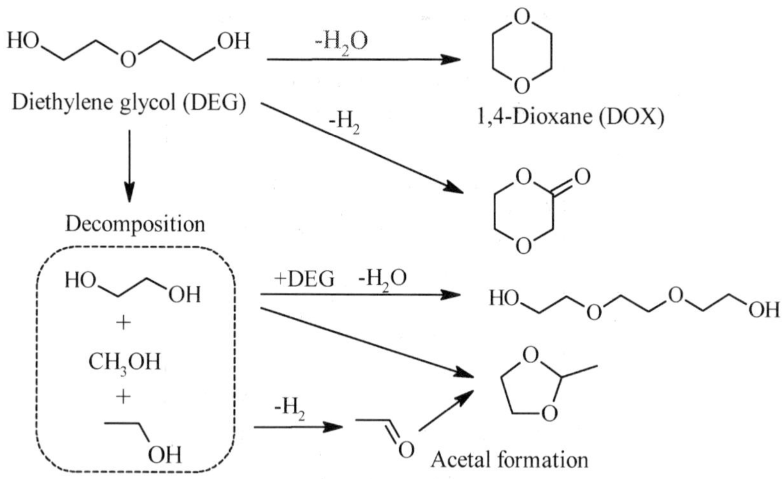

第4章 触媒の長寿命化

図8 ジエチレングリコールの環化・脱水による1,4-ジオキサン生成反応[4]

Agである[3]。THFAの反応においては[2]，Agの効果を試験しなかったので，AgもCuと同等以上の高い劣化抑制効果を示す可能性は残っている。

ジエチレングリコール（DEG）の環化・脱水による1,4-ジオキサン（DOX）生成反応では，図8に示すような種々の生成物が副生する可能性がある[4]。この反応でも上述の1,2-プロパンジオールの脱水と同様にAgが劣化抑制に効果を示し，250℃でアルミナがAgの担持により劣化が抑制される。種々のゼオライトおよびシリカアルミナではAgによる劣化抑制効果は大きくなく，Agを担持しても劣化が認められるベータゼオライトは，アルミナと同程度の活性にまで劣化する。図9にAgを担持した担持アルミナによる経時変化を示す。Agを担持していないアルミナでは，経時とともにDEGのエチレングリコールへの分解が増大するため目的のDOX選択率が低下する。

ブチルアルデヒドの気相アルドール縮合反応は，今回紹介する反応例の中では最も低温の200℃で反応が進行する[6]。アルミナ，ニオビアおよびシリカアルミナ触媒でもこの反応は進行するが，初期5時間での劣化は著しい。チタニアでも同様に劣化を伴い反応が進行する。上述と同様に，金属と水素の組み合わせを検討した結果，Agを担持したチタニアにおいて，劣化は起こるものの，劣化速度を最小にすることができる。

最後の例は，2-ブテン-1-オールの脱水反応による1,3-ブタジエンの生成反応である[6]。この反応はバイオマス由来のブタンジオール類から不飽和アルコール経由して，二段階でブタジエンを生成するルートを提供可能にできる。この脱水反応は，市販のシリカアルミナ上でも進行するが，触媒の酸強度が強いと触媒劣化が急激に起こる。そこで，アルミナにシリカ成分を担持した触媒を反応に用いると，酸強度は市販のものより弱くなり，結果として，触媒劣化の速度が低下する。この触媒にAgを担持すると，劣化速度をさらに低下させることができ，劣化を完全に抑制でき

219

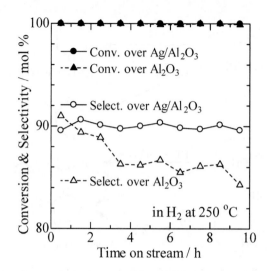

図9　ジエチレングリコールの環化・脱水反応における経時変化[4]

ないものの，触媒劣化を抑制できる。

　以上のように，当研究室で最近検討した劣化抑制の例を紹介した。酸触媒反応において，触媒の酸性質（B酸L酸のバランス・強度等），反応が進行する最適温度，副反応の種類，脱水素を抑制できる金属の種類など，種々の条件からベストな炭素質生成を抑制できる条件を見出すことができれば，水素気流下での金属助触媒を利用した劣化抑制が可能になると期待する。

文　　献

1) S. Sato *et al.*, *Chem. Lett.*, **41**, 831 (2012)
2) S. Sato *et al.*, *Appl. Catal. A: Gen.*, **453**, 213 (2013)
3) D. Sun *et al.*, *Chem. Lett.*, **43**, 450 (2014)
4) D. Sun *et al.*, *Appl. Catal. A: Gen.*, **505**, 422 (2015)
5) D. Sun *et al.*, *Appl. Catal. A: Gen.*, **524**, 8 (2016)
6) D. Sun *et al.*, *Appl. Catal. A: Gen.*, **531**, 21 (2017)
7) R. L. Sawyer, *et al.*, *Org. Synth.*, **23**, 25 (1943)
8) K. Mori *et al.*, *Appl. Catal. A: Gen.*, **366**, 304 (2009)
9) S. Sato *et al.*, *Appl. Catal. A: Gen.*, **347**, 186 (2008)

12 自動車触媒の耐熱性向上による触媒の長寿命化

赤間　弘*

12.1　はじめに

　燃焼触媒，改質触媒および自動車触媒などの高温条件下で使用される触媒においては，触媒成分および担体となる基材の熱劣化抑制対策が重要な課題である。特に，自動車触媒は，車両の様々な走行条件に伴う排気雰囲気，ガス流量等の排気条件の目まぐるしい変動，さらにはエンジン冷間始動時の外気温～1,000℃程度の高温度条件にもさらされる。触媒の劣化を抑制して長寿命化を図るには，排気中の，燃料・潤滑油由来の硫黄（S）やリン（P）などの成分による被毒を抑制することも重要な課題ではあるが，高耐熱性触媒の開発は，現状使用されている希少資源である貴金属の有効利用および担持量低減にもつながる重要な基本課題である。

12.2　高温暴露による触媒劣化；シンタリング現象

　自動車触媒の主要触媒成分である貴金属（Pt，Pd，Rh）は，通常はAl_2O_3（アルミナ）やCeO_2（セリア）等の基材上に担持され，焼成を経て安定化される。この段階では，基材表面上における貴金属は，粒子径が1 nm以下の微細な状態で分散される。これが高温排気に長時間さらされると，熱によるシンタリング現象により貴金属粒子は100 nmを超えるサイズに成長し，貴金属粒子の比表面積は1/100以下に低下して，触媒活性の低下を引き起こす。これが，触媒の熱劣化現象である。

　三元触媒に，大気雰囲気下で高温にさらす耐久処理を行ったときの触媒中の貴金属のシンタリング挙動を図1に示す。ここで触媒は担持Pt・Rh系触媒である。平均貴金属粒子径および比表面積を耐久処理温度に対してプロットすると，750℃で既に顕著に粒子成長が始まり，さらに，

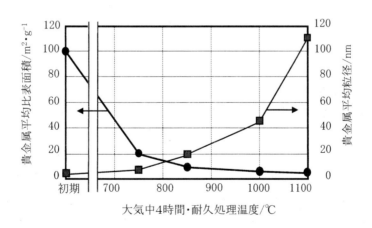

図1　PtRh系触媒の大気中熱処理における貴金属のシンタリング

---

*　Hiroshi Akama　日産自動車㈱　総合研究所　先端材料研究所

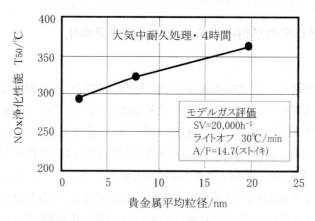

図2 大気中熱処理 PtRh 系触媒の平均貴金属粒径と NOx 浄化性能（T_{50}）の関係

1,000℃では粒子径は40 nmを超え，比表面積は10 m²/g以下にまで低下した。図2には，モデルガスを用いた上記触媒の NOx 浄化性能の指標として NOx 転化率50%を示す温度 T_{50} を，耐久処理後触媒の貴金属の平均粒径に対してプロットした。貴金属の平均粒径と共に T_{50} は高温側に移行しており，触媒活性が低下していくことがわかる。

シンタリング現象は，主に以下の2つの要因で引き起こされると考えられている[1]。

① 基材上において，貴金属粒子が動き廻ることにより引き起こされる貴金属粒子同士の結合・凝集による大粒子化

② 貴金属粒子の土台である基材同士の凝集により，貴金属粒子の動きが促進され，貴金属粒子同士の結合・凝集が引き起こされる，Earthquake Effect とも呼ばれるメカニズム

したがって，高耐熱性触媒の開発には，触媒の主成分である貴金属粒子のシンタリング抑制および助触媒も含めた基材の安定化を図ることが重要である。このため，シンタリングとその抑制策に関する数多くの研究がなされてきている[2〜4]。

12.3　担持貴金属触媒の耐熱性向上技術

12.3.1　貴金属−担体基材間相互作用活用による触媒のシンタリング抑制

上記要因における貴金属および基材の凝集挙動を，Pt/Al_2O_3 をモデル触媒として，熱耐久処理により調べた結果を図3に示した。ここでは，大気中700℃5時間予備焼成した Al_2O_3 基材（比表面積170 m²/g）と未焼成 Al_2O_3 基材（比表面積200 m²/g）を準備して，Pt 担持した触媒を，大気中700℃で保持した際の Pt 粒子径の経時変化を示した。Pt 粒子径は TEM 観察にて求めた。予備焼成は基材同士の凝集効果を排除するためであり，未焼成 Al_2O_3 基材を用いた触媒においては比表面積の減少を伴いながら Pt 粒子の成長が起こることになる。

Pt の粒子径は，初期の2 nm 程度から30時間後には約20 nm にまで増加したが，Al_2O_3 基材の予備焼成の影響は小さいことから，この場合の Pt のシンタリングの主要因は貴金属粒子自体

第4章　触媒の長寿命化

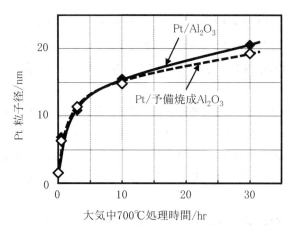

図3　Pt/Al$_2$O$_3$ 触媒における Al$_2$O$_3$ 予備焼成効果

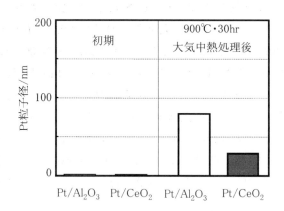

図4　Pt/Al$_2$O$_3$ 触媒と Pt/CeO$_2$ 触媒における Pt のシンタリング挙動の比較

の凝集であり，その抑制が重要となることが分かる。

　貴金属粒子の基材表面上でのシンタリング抑制には，貴金属と基材との相互作用が活用されてきた[5,6]。Pt に対しては CeO$_2$，Pd および Rh に対しては Al$_2$O$_3$ との組み合せが有効とされる。図4に Pt/CeO$_2$ 触媒と Pt/Al$_2$O$_3$ 触媒の大気中 900℃ 30 時間熱処理後の Pt の粒子径を比較した。Pt 粒子径は TEM 観察にて求めたものである。初期状態ではどちらの触媒においても Pt の粒子径は 1～2 nm レベルで基材表面に高分散していたが，Pt 粒子は熱処理により，Pt/CeO$_2$ 触媒で約 30 nm，Pt/Al$_2$O$_3$ 触媒においては 80 nm レベルにまで粒成長を起こした。DFT 計算（密度汎関数理論）によると，Pt-CeO$_2$ は Pt-Al$_2$O$_3$ の約 1.5 倍の結合力を有することが分かっている。

　また，CeO$_2$ を Pt の基材とすることで，Pt が一旦シンタリングしても Pt-O-Ce の強い結合力を利用して，還元雰囲気中で Pt を再分散させることができる[7,8]。

　ここで，貴金属と基材とが強く相互作用する場合には注意が必要となる。高温の厳しい条件においては，この強い相互作用が基材への貴金属の固溶を引き起こし，貴金属のシンタリングは抑

制されるものの基材への貴金属の埋没が起こる。典型例として、Rh/Al$_2$O$_3$触媒におけるRhのAl$_2$O$_3$への固溶が、NOx浄化の活性低下を引き起こすことが知られている[9]。また、Rh/CeO$_2$触媒においては、900℃の高温条件で還元雰囲気にさらされるとRh粒子表面がCeO$_2$で被覆される現象も報告されている[10]。

一方、貴金属と基材との強い相互作用を触媒の耐熱性向上に活用した実用例として、インテリジェント触媒と称される技術がある。これは、貴金属がシンタリングし易い高温酸化雰囲気においては、貴金属を複合酸化物であるペロブスカイト化合物格子に固溶させることで貴金属の凝集を防ぎ、還元雰囲気では貴金属をその格子から出して再分散させることで貴金属の活性を維持させるものである[2]。

12.3.2 基材の凝集抑制による貴金属のシンタリング防止

次に、上記シンタリング要因②における基材同士の凝集が貴金属の凝集に顕著な影響を及ぼす例を紹介する。実エンジン排気中で上記Pt/CeO$_2$触媒を耐久処理した際のPt粒子の成長挙動を調べた例を示す。実エンジン排気には、炭化水素、COその他成分が存在するため、比較的単純な大気中の高温熱処理耐久に対して概して厳しい条件になる。900℃30時間の熱処理を施した触媒のPtおよびCeO$_2$粒子のTEM像を図5に示す。図には大気中高温処理の場合のTEM像も比較として示した。TEM像ではPtおよびCeO$_2$粒子は共に黒くみえるので、区別のためPt粒子を白線で囲って明示した。大気中高温処理後触媒のTEM像においては、比較的分散性の良いCeO$_2$粒子の中に成長したPt粒子がみられるが、Pt粒子径は25 nm程度に止まる(図5(b))。対して、エンジン耐久後の触媒のTEM像には、径が200 nmを超える大粒子のPtも観察された(図5(c))。このPt大粒子近傍のCeO$_2$粒子は顕著な凝集を起こしていることがわかる(図5(c))。

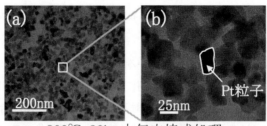

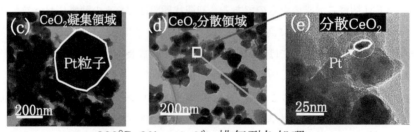

図5 耐久後のPt/CeO$_2$触媒のPtシンタリング(TEM像)

第4章 触媒の長寿命化

この触媒中にはCeO$_2$粒子が比較的良く分散した領域も観察されるが（図5(d)），その領域のPt粒子径は20 nm程度に止まり（図5(e)），大気中高温処理の場合と同レベルの粒径を保っている。

すなわち，過酷な高温条件において基材粒子同士が顕著な凝集を起こすと，貴金属のシンタリングが促進されることが分かる（図5(c)）。基材粒子間の凝集抑制も，貴金属－基材間の相互作用を活用した貴金属のシンタリング防止策を活かすためには重要である。

基材粒子の凝集抑制法としては，高温燃焼触媒の開発で用いられた技術が活用できる。Al$_2$O$_3$基材への第二成分（La, Baなど）の添加による熱安定性の高いLa・β・Al$_2$O$_3$基材[11]，Baヘキサアルミネートの生成[12]などがあげられる。また，Al$_2$O$_3$基材表面へのペロブスカイト型複合酸化物の一種であるLaアルミネートをAl$_2$O$_3$表面に生成することで，Al$_2$O$_3$の相転移による比表面積の低下を防止すると共に，PdをLaアルミネートの表面格子に固溶させるコンセプトにより，Pdのシンタリング防止が試みられた[13]。

自動車触媒に適用化された技術として，CeO$_2$基材とZrO$_2$の複合化によるCe-Zr-Ox形成[7]は，前述のPt-O-Ceの強い相互作用を活用する上で有効である。複合酸化物Ce-Zr-M-Ox表面にシングルナノサイズの貴金属を埋め込んで高分散させる技術も実用化されている[4]。

上記とは違うアプローチとして，基材間に基材と反応し難い化合物を挿入する技術も実用化されている[3]。これは数十nm～数百nmのサイズに制御した基材間に別の化合物を"仕切材"として挿入し，物理的障壁の機能を持たせることで，基材粒子同士の凝集防止を狙ったものである。50～100 nm程度のCeO$_2$粒子を用いたPt/CeO$_2$触媒の粒子間にCeO$_2$と反応し難いAl$_2$O$_3$粒子を仕切材として挿入して得た触媒を，実エンジン排気による900℃30時間の耐久処理を行った後のTEM像を図6に示す。図6中において，Pt/CeO$_2$触媒粒子は白い点線で囲った部分であり，Al$_2$O$_3$粒子群の中に島状に存在している。耐久処理後の触媒のPtのシンタリングは抑制されており，仕切材であるAl$_2$O$_3$粒子の凝集はみられるが，CeO$_2$粒子同士の凝集は起こっていないことがわかる。

実際の自動車触媒において触媒性能を十分に発揮するためには，耐熱性向上のための貴金属の

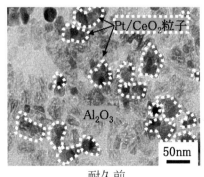
耐久前

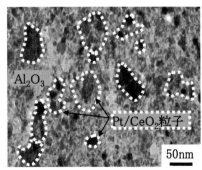
エンジン耐久 900℃・30 hr

図6　基材間に"仕切り材"を配置させた効果（TEM像）

シンタリング防止策として，貴金属−基材間の相互作用の活用および基材の凝集抑制技術の組み合せが重要であり，上記の仕切り材を用いる技術などはナノレベルでの材料設計が行われている。ここでは触れないが，実用化された高耐熱性触媒においては，ガス拡散のための触媒層中の細孔形成，貴金属間距離，さらには酸素吸蔵放出材であるCeO_2の配置等の制御も含めて総合的にナノレベルでの設計技術が駆使されている。

文　献

1) 村上他，触媒劣化メカニズムと防止対策，技術情報協会，(1995)
2) 上西他，触媒，**45** (4), 282 (2003)；M. Taniguchi *et al.*, SAE technical papers, 2004-01-1272, 2004；田中他，自動車技術，**59** (1), 42 (2005) など
3) M. Nakamura *et al.*, SAE technical papers, 2009-01-1069, 2009；中村他，自動車技術会論文誌，Vol. 40, No. 4, p.985-999, 2009；自動車技術，**63** (11), 48 (2009) など
4) 高見他，自動車技術，**63** (11) 34 (2009)；H. Iwakuni, *et al.*, SAE technical papers, 2009-01-1079, 2009 など
5) A. F. Diwell *et al.*, *Stud. Surf. Sci. Catal.*, Vol.71, p.139-152 (1991)
6) L. L. Murrell *et al.*, *Stud. Surf. Sci. Catal.*, Vol.71, p.275-289 (1991)
7) T. Suzuki, *et al.*, *R&D Review of Toyota CRDL*, Vol. 37, No. 4, p.28-33
8) 畑中他，触媒，**51** (1), 132 (2009) など
9) 堂前他，豊田中央研究所R&Dレビュー，vol.32, No.1, p75-82 (1997. 3)
10) S. Bernal *et al.*, *Catal. Today*, **23**, 219 (1995), *Catal. Today*, **50**, 175 (1999)
11) 山下他，日本化学会誌(9), 1169 (1986)
12) 町田他，第14回触媒燃焼に関するシンポジウム前刷集，9 (1992)
13) 特許第2930975号；赤間他，第7回触媒燃焼に関するシンポジウム前刷集，8 (1989) など

13 自動車排ガス浄化用Ag触媒の高活性化とシンタリング抑制

薩摩 篤*

13.1 はじめに

Ag触媒はディーゼルなどの希薄燃焼排ガス中の窒素酸化物（NO, NO_2）の還元や粒子状物質（PM）の酸化に高活性を示す。Agは反応雰囲気に依存して容易に粒子の凝集分散が起こり，それと共に触媒活性も大きく変化する特徴的な挙動を示す。この節では，Ag触媒のユニークな挙動について紹介したい。

13.2 NO還元活性の還元剤依存性と水素添加効果

炭化水素（以下，HC）を用いたNOの選択還元反応（Selective Catalytic Reduction：HC-SCR）において，Ag触媒の活性はHCの種類に大きく依存する。具体的な例として，図1に炭素数1〜10のパラフィンを用いた場合のAg/Al_2O_3，Cu/Al_2O_3，Ag-MFI，Cu-MFI上でのNO還元速度を示す[1]。いずれの触媒でも，HC内のC-CおよびC-H結合エネルギーの平均値が低くなるほどNO還元速度が速くなり，より活性化しやすいHCがNO選択還元に有利である。ただし，Ag/Al_2O_3の直線の傾きは他の触媒に比べて大きく，NO還元活性がHCの反応性に著しく依存している。つまり，プロピレンのような低級炭化水素を還元剤とするより，オクタンやデカンを使った方が高いNO還元活性が得られる。Ag/Al_2O_3は最初エタノールによるNO選択還元で注目されたことからもわかるように[2]，Ag/Al_2O_3は白金系触媒と比較するとHCの活性化能が低いため，還元剤として使えるHCを選ぶ。ただし，NOのNO_2への酸化活性は高く，HC

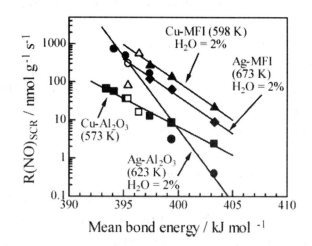

図1 種々の炭化水素（直鎖は黒塗，分枝は白抜）を還元剤としたときのCuおよびAg触媒上でのNO選択還元の反応速度 横軸は炭化水素のC-C, C-H結合エネルギーの平均値[1]

---

* Atsushi Satsuma 名古屋大学 工学研究科 応用物質化学専攻 教授

触媒劣化—原因，対策と長寿命触媒開発—

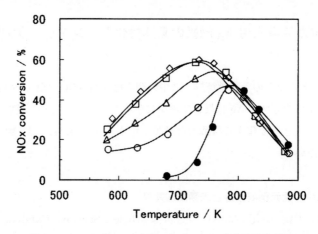

図2　Ag/Al$_2$O$_3$上でのC$_3$H$_8$-SCRにおける水素添加効果
NO 91 ppm, C$_3$H$_8$ 91 ppm, O$_2$ 9.1%, H$_2$O 9.1%, H$_2$(●)0 ppm,
(○)227 ppm, (△)451 ppm, (□)909 ppm, (◇)1818 ppm, GHSV = 44,000 h^{-1} [4]

は酸素に比べて触媒表面に吸着したNO$_2$（IRスペクトルにはnitrateとして観察される）と優先的に反応し，結果として選択的なNO還元が実現する[3]。AgがHC-SCRに有効な理由は「活性が高い」よりも「選択性が高い」と解釈した方が良い。

図2に示すように，低級炭化水素を還元剤としても，水素を共存させるとAg/Al$_2$O$_3$やAg-ゼオライトのNO還元活性が著しく向上する[3〜6]。これはAg触媒が苦手とするHCの酸化が促進されるからである。触媒はH$_2$共存下でAg原子4〜8個で構成されるAgクラスターを形成する[3,5,6]。ただし，Agクラスターは高活性の必要十分条件ではない。実際，HC-SCR条件にCOを共存させるとAgクラスターが形成されるが，HC-SCR活性に変化は無い[6]。NO還元活性向上には物質としての水素そのものが不可欠で，Agクラスター上でのH$_2$の不均等解離により生じたヒドリド（H$^-$）種とO$_2$との反応により生じた過酸化水素（HOO$^-$）がHCの部分酸化を促進することにより，NOを効率的に還元するアセテートなどの含酸素炭化水素を形成するためである[7]。また水素添加による活性向上はNH$_3$-SCRでも見いだされている[8,9]。

13.3　NO還元活性の反応雰囲気および担体依存性

希薄燃焼エンジンの排ガスは8〜10%程度の酸素を含むため，HC-SCRは酸化的な条件で行われる。触媒に担持されたAg種は，過剰酸素やNOxにより酸化されてAg$^+$イオンやAg$_2$O微粒子となる。またCeO$_2$などの担体によっても酸化状態が安定となる。一方，Ag種はHCやH$_2$の共存ガスより還元され，またAg$_2$Oは280℃以上で熱分解するため高温では金属Agとなりやすい。このように，HC-SCR条件下でのAg種の状態は反応雰囲気と担体に強く依存する。

Agの分散性に対する水素濃度と担体の効果について，ゼオライトを例として紹介したい[5]。図3には約5 wt%のAgを含むAgイオン交換ゼオライト上でのC$_3$H$_8$-SCR活性のH$_2$分圧依存

第4章 触媒の長寿命化

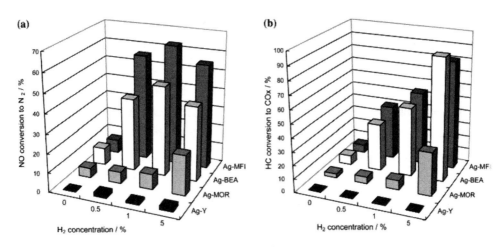

図3 Ag-ゼオライト上での C_3H_8-SCR において H_2 添加が(a)NO 転化率，(b)C_3H_8 転化率に及ぼす効果
反応条件：NO 0.1%，C_3H_8 0.1%，O_2 10%，温度 573 K[5]

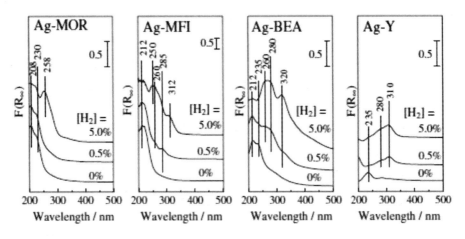

図4 C_3H_8-H_2-SCR 反応後の Ag ゼオライトの UV-Vis スペクトル
条件は図3と同じ[5]

性を示す。活性の序列はMFI＞BEA＞MOR≫Yであった。NO転化率が最大となるH_2濃度は，Ag-MFIおよびAg-BEAで1%，Ag-MORで5%とゼオライトにより異なる。C_3H_6転化率はH_2濃度の増加に伴って単調に増加するが，C_3H_8の転化率は100%未満であり，Ag-MFIおよびAg-BEAにおける水素5%でのNO転化率の低下は還元剤の消費によるものではない。

図3に示したNO還元活性はAgの分散度によって説明できる。H_2-HC-SCR反応条件に曝した後の，AgゼオライトのUV-Visスペクトルを図4に示す。イオン交換サイトに固定されたAg$^+$イオンは210 nm付近に吸収を与え，Agが凝集するほど長波長側に吸収を与える。Ag-MFIでは，H_2が存在しないSCRではAg$^+$イオンのみが観察されるが，0.5%のH_2を添加すると長波長側の260，285 nmに新しい吸収が現れる。これらは部分的に還元した$Ag_n^{\delta+}$クラスター

229

（260 nm）と，それよりサイズの大きい Ag_m 金属クラスター（320 nm, $m>n$）にそれぞれ帰属される。MFI，BEA では H_2 濃度 0.5～1％で $Ag_n^{\delta+}$ クラスターが多く，H_2 濃度が 5％と高くなると Ag_m 金属クラスターも出現する。一方，MOR では Ag^+ イオンが安定で，H_2 濃度を 5％まで上げないと Ag クラスターが形成されない。逆に Y では H_2 を 0.5％導入しただけで，Ag_m 金属クラスターが形成される。いずれも，H_2 濃度増加とともに Ag が凝集し，これは HC 酸化活性の上昇と対応する。また，$Ag_n^{\delta+}$ クラスターが支配的となる条件で NO 還元活性が高くなる。$Ag_n^{\delta+}$ クラスターが HC を効率よく使って NO 選択還元を進行させる化学種として必要であることを示している。ゼオライトの酸強度は MOR>MFI>BEA>>Y であり，酸強度が強いほど Ag^+ が安定で，酸強度が弱いと Ag は凝集しやすくなる傾向が明らかである。気相の酸化還元雰囲気とともに，担体の酸強度が Ag の分散度を制御している。

13.4 Ag 種のシンタリング抑制の例-Ag/Al_2O_3

上述のように Ag は触媒反応条件下で非常に動きやすい化学種であり，還元雰囲気では容易にシンタリングし，酸化雰囲気では容易に酸化される。ただし，酸化されやすい特性をうまく利用すると，シンタリングした後でも反応系中で Ag を再分散させることができる。例えば，Al_2O_3 に担持した粒径 5 nm の Ag ナノ粒子は，900℃での水素還元で 20 nm 程度の粒子径に凝集するものの，1,000℃空気中で焼成後に 300℃で水素還元すると，自己再生により 5 nm 以下のナノ粒子に戻る現象が見られる[10]。

図 5 に Ag/Al_2O_3 の HAADF-STEM 像を示す。図 5D に示す初期の触媒は，市販の Ag 粉末と γ-Al_2O_3 を物理混合した後，1,000℃空気中で焼成し，300℃において H_2 で還元して得た。Ag は 1～5 nm 程度の Ag ナノ粒子となっており，この触媒は高い CO 酸化を示す（100℃で 70％のCO 転化率）。自動車触媒の耐久試験を模して，1％H_2 気流中，900℃で 10 分間処理すると，表面の Ag は平均サイズ 20 nm の大きな粒子へと凝集した（図 5E）。TEM 像では直径 100 nm の大

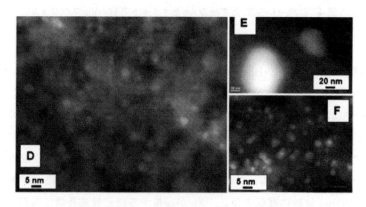

図5　5 wt% Ag/Al_2O_3 の HAADF-STEM 像
（D）Ag と Al_2O_3 の物理混合を 1,000℃，空気中で 12 h 焼成後，300℃H_2 で還元，
（E）900℃，1％H_2 中で 10 分間処理後，（F）1,000℃で再酸化と 300℃での H_2 還元後[11]

第4章　触媒の長寿命化

きなAg粒子も観察されている。COの転化率は70％から10％に低下し，シンタリングにより活性サイトであるAg粒子のコーナー・エッジ部位が減少したことが示唆された。これだけシンタリングが進んだ後でも，再び1,000℃で再酸化と300℃でのH₂還元を施すと，図5FのようにAgが初期状態に近いレベルまで再分散する。これは，酸化雰囲気での高温焼成により，Ag金属粒子がAl₂O₃の酸素原子に囲まれたAg⁺として原子状に分散されたことを示唆している。

13.5　Ag種のシンタリング抑制の例-Ag/CeO₂

酸素吸蔵能を持つことで知られるCeO₂は，担持された金属に対する酸化作用も強い。トヨタ自動車ではこの性質を利用して，Pt/CZY（CeO₂-ZrO₂-Y₂O₃）上でのPtの再分散作用を触媒の劣化防止に応用している[11]。高温・酸化雰囲気でPtを酸化することにより，Pt^{4+}-O-Ce^{4+}の結合を形成させて，原子状にPtを分散させることが可能である。

AgはPtに比べてさらに酸化を受けやすいため，この効果がより顕著に表れる。CeO₂と市販のAg金属粉末を乳鉢で物理混合しただけの粉体のTEM像を図6aに示す[12]。Agの粒子は，数10 nmの小さなものから200 nm程度の大きなものまで分布しており，平均粒子径は66 nmである。この粉体を500℃，3時間，空気中で焼成した後のTEM像が図6bである。大きな金属Ag粒子の塊は消失し，平均8 nmのナノ粒子となった。また粒子径の分布も狭い。AgがCeO₂上で自己分散したことが明らかである。この効果は，程度の大小はあるものの，N型半導体の金属酸化物で見られたことから，金属酸化物上の酸素欠陥サイトが自己分散に重要な役割を果たすことが示唆されている。すなわち，酸素欠陥サイトに吸着・活性化したO₂分子の酸化作用により金属Agが酸化され，その表面に生成したAg⁺イオンがCeO₂表面のアニオンサイトに分散したものと推測される。物理混合の焼成により得られたAg/CeO₂は，含浸法により調製したAg/CeO₂に匹敵する高いPM酸化活性を示した。

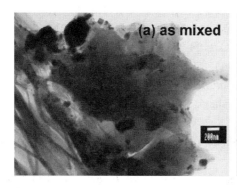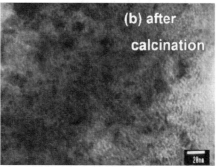

図6　AgとCeO₂の粉体を(a)乳鉢で物理混合，(b)物理混合
試料を500℃，3時間空気中で焼成した後のTEM像
Agの割合は20 wt%[12]

13.6 Ag種のシンタリング抑制の例-Ag/SnO₂

Ag/CeO₂ は PM 燃焼に優れた活性を示すが、さらに高い温度では Ag のシンタリングが激しい。1,000℃, 10 時間の条件で耐久試験をすると、PM 燃焼温度の指標となる T_{max}（PM と触媒を混合して昇温したときに PM の酸化により最大の発熱が見られる温度。これが低いほど高活性触媒）は，Ag/CeO₂ の場合 298℃ から耐久後（1,000℃, 10 時間）には 498℃ まで高温側にシフトしてしまう。この耐久条件で種々の触媒（Ag/SnO₂, Ag/CeO₂, Ag/ZrO₂, Ag/TiO₂, Ag/MgO および，Rh/SnO₂, Ru/SnO₂, Pt/SnO₂, Pd/SnO₂, Cu/SnO₂）を比較したところ，Ag/SnO₂ が 1,000℃ の耐久後でも T_{max} ＝370℃ と唯一 300℃ 台での燃焼活性を示した[13]。Ag の融点は 961℃ であり，1,000℃ は本来なら Ag が完全に凝集してしまう温度である。ところが，Ag/SnO₂ に 800℃ での還元処理をしたところ，表面の Ag と担体 SnO₂ との反応により金属間化合物 Ag₃Sn が形成した。このままでは PM 燃焼活性は低いが，再酸化により Ag₃Sn から Ag 金属微粒子が形成し，活性が回復した。酸化還元雰囲気における SnO₂ と Ag の相互作用を利用した，自己再生型 PM 燃焼触媒の可能性を示している。Pd/SnO₂ でも同様に酸化還元処理により Pd が高分散化されることを神内らは報告しており[14]，SnO₂ 担体のユニークな特徴として注目される。

文　献

1) J. Shibata, K. Shimizu, A. Satsuma, T. Hattori, *Appl. Catal. B: Environ.*, **37**, 197-204 (2002)
2) T. Miyadera, *Appl. Catal. B*, **2**, 199-204 (1993)
3) K. Shimizu, A. Satsuma, *Phys. Chem. Chem. Phys.*, **8**, 2677-2695 (2006)
4) S. Satokawa, *Chem. Lett.*, 294-295 (2000)
5) A. Satsuma, J. Shibata, K. Shimizu, T. Hattori, *Catal. Surv. Asia*, **9**, 75-85 (2005)
6) J. P. Breen, R. Burch, C. Hardacre and C. J. Hill, *J. Phys. Chem. B*, **109**, 4805 (2005)
7) K. Sawabe, T. Hiro, K. Shimizu, A. Satsuma, *Catal. Today*, **153**, 90-94 (2010)
8) M. Richter, R. Fricke and R. Eckelt, *Catal. Lett.*, **94**, 115-118 (2004)
9) K. Shimizu, A. Satsuma, *J. Phys. Chem. C*, **111**, 2259-2264 (2007)
10) K. Shimizu, K. Sawabe, A. Satsuma, *ChemCatChem*, **3**, 1290-1293 (2011)
11) Y. Nagai, T. Hirabayashi, K. Dohmae, N. Takagi, T. Minami, H. Shinjoh, S. Matsumoto, *J. Catal.*, **242**, 103-109 (2006)
12) K. Shimizu, H. Kawachi, S. Komai, K. Yoshida, Y. Sasaki, A. Satsuma, *Catal. Today*, **175**, 93-99 (2011)
13) K. Shimizu, M. Katagiri, S. Satokawa, A. Satsuma, *Appl. Catal. B: Environ.*, **108-109**, 39-46 (2011)
14) N. Kamiuchi, H. Muroyama, T. Matsui, R. Kikuchi, K. Eguchi, *Appl. Catal. A*, **379** 148-154 (2010)

14 アンモニア脱硝触媒の開発と長寿命化

松田臣平*

14.1 はじめに

1960年代の日本の高度経済成長の時代に重化学工業の発展を優先させ，大気・水・大地の汚染に対する環境対策をなおざりにした。1970年代には大気汚染はさらに深刻になり，1973年に「大気汚染防止法（総量規制）」が制定された。1970年代初めには，光化学スモッグが四日市，川崎など各地で発生し，国民の健康を害した。光化学スモッグの一因である窒素酸化物（NO_x）の排出源である自動車，火力発電所に対して，削減対策が要望された。火力発電所は脱硝プラント無くしては，建設が許されない状況になった。

重電メーカ，化学プラントメーカが一斉に脱硝プラントの開発に乗り出し，1970年代の後半には「アンモニアによる選択還元法脱硝プラント（SCR）」の商用プラントがいくつも建設された。日本に続いて，ヨーロッパ先進国は1980年代，アメリカでは1990年代に脱硝プラントのマーケットが開けた。隣国の中国では2010年代に大都市での大気汚染が深刻になり，脱硝プロセスの開発に取組み始めた。脱硝では高度で高価なSCRはあまり注目されず，ボイラーの火炎温度800℃あたりに直接アンモニアを吹き込む"Non-Catalytic DENOX"法が実用化されていた。その脱硝率は50%だが，SCRよりはるかに安価である。

14.2 窒素酸化物（NO_x）除去プロセス

1960年代，日本は燃料として中東から安価な石油を大型タンカーで大量に輸入した。石油火力発電所の排ガスは，煤塵，SO_x，NO_x（NO，NO_2）を含有するダーティガスである。表1に重油ボイラーの排ガスの組成例を示す。

煤塵は電気集塵機，SO_xは石灰石-石膏法による除去法が実用化された。脱硝プロセスとしては，①湿式法（アルカリ液による吸収，鉄-EDTA錯体溶液による吸収法），②乾式法（非選択還元法，選択還元法）などが試された。火力発電所の大量の排ガス（100万kWの発電所で200～

表1 重油ボイラー排ガスの組成例

成 分	濃 度
NO_x	150–200 ppm
SO_2	300–500 ppm
SO_3	9–15 ppm
O_2	2–4%
CO_2	10–15%
H_2O	6–10%
煤塵	60–100 mg/Nm^3
N_2	残 部

---

* Shinpei Matsuda ㈲マツダリサーチコーポレーション　代表取締役

触媒劣化―原因,対策と長寿命触媒開発―

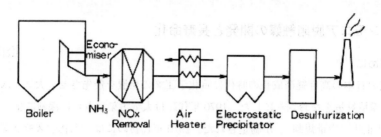

図1　石油火力の環境装置の配置図

表2　脱硝触媒に要求される性能

	性　能	要　求
1	高活性	排ガス量が膨大なので,触媒使用量を抑える
2	高選択性	アンモニアのリークを抑える
3	高耐久性	寿命が1年以上（耐SO_x性）
4	コスト	大量に使用するので経済的な価格

300万Nm^3/hr）を処理する方法としては,NO_Xの還元剤としてNH_3を用いる接触式選択還元法（SCR = Selective Catalytic Reduction）が工業的に有望になり,商用化された。SCR脱硝プラントの配置としては,ボイラーエコノマイザー出口の300～350℃の排ガス温度の位置が選ばれる。火力発電所の排ガス処理のフローを図1に示す。

表2に火力発電所の脱硝触媒に要求される主な性能をまとめた。

14.3　SCR用の脱硝触媒の開発
14.3.1　高活性触媒の探索

一酸化窒素（NO）とアンモニア（NH_3）が酸素大過剰の条件下で,反応(1)

$$6NO + 4NH_3 = 5N_2 + 6H_2O \tag{1}$$

（後に,$NO + NH_3 + 1/4\,O_2 = N_2 + 3/2\,H_2O$に改められた[1]。）

に従って,触媒上で選択的に反応することは1960年代以前から知られていた。

(1) 活性成分の探索

反応(1)に有効な触媒としては,多孔質のアルミナ担体に遷移金属元素を担持して探索がなされた。Fe,Cu,Mo,V,W,Crなどの酸化物を5～10 wt%担持した触媒は,350℃の反応温度で十分な活性を有していた。また,多孔質の酸化鉄（Fe_2O_3）にV,W,Mo,Sn,Tiなどの酸化物を10 wt%程度担持,または混合した触媒も高活性であり,実用できるかに思われた。特に,Fe_2O_3/WO_3（Fe/W = 9/1 wt比）,Fe_2O_3-SnO_2（Fe/Sn = 9/1）は活性および選択性に優れていた。

第4章 触媒の長寿命化

(2) 実ガスによるパイロット試験

　実験室の活性試験は，SO_Xを含まないクリーンな反応ガスが使用されていた。重油ボイラー排ガスは，表1に示すようにSO_Xが含まれている。実験室で高活性・高選択性の触媒は，重油ボイラー排ガスを使用する実ガスのパイロット試験に廻された。ここで，アルミナ担体付き触媒，および酸化鉄系触媒は致命的な欠陥を現す，すなわちそれら触媒は，数百時間で活性を失う。その劣化原因を徹底的に調べた。パイロット試験後には，触媒の細孔容積，および比表面積が激減し，触媒中のS含有量が大きく増加していた。X線回折の結果では，アルミナは硫酸アルミニウムに，酸化鉄は硫酸鉄に変化していた。アルミナ担体に硫酸鉄を含浸した触媒は高活性であるから，酸化鉄が硫酸鉄に変化すること自体は活性劣化の直接の原因ではない。硫酸鉄に変化することにより，その分子の体積が増加し，細孔を埋め尽くして，比表面積を失ってしまうからである。

$$Fe_2O_3 + 3SO_3 = Fe_2(SO_4)_3 \tag{2}$$

アルミナ担体も硫酸アルミニウムに変性することにより，細孔容積および比表面積を失って，失活する。

14.3.2 耐SO_X性触媒の開発

　排ガス中のSO_Xで被毒しない触媒の探索は困難な未知への挑戦であった。多孔質になりうるシリカ，アルミナ，シリカアルミナ，ゼオライト，活性炭，Fe_2O_3，ZrO_2…など入手できるものはすべて試験された。(当時は，チタニアの担体は市販されていない。市販されるようになったのは，酸化チタン系脱硝触媒が商用化されたからである。) Al_2O_3，SiO_2，SnO_2，Fe_2O_3，Cr_2O_3，TiO_2，MgO，ZnO，GeO_2，La_2O_3，CeO_2，…これらの酸化物を2つ混ぜて，固体酸を生成させ，耐SO_X性が出ないかを調べた。その中でFe_2O_3-TiO_2の組合せは，その組成比 (Fe：Ti) を (9:1)，(8:2)，…(5:5)，…(1:9) と変化させても，高い活性を示した。Ti/Fe 9/1 は耐SO_X性を有するが，Ti/Fe(1/9) は耐SO_X性を有しないことが分かった。

　耐SO_X性を有するSCR触媒の開発成功は，1976年のAir Pollution Control Associationの年会 (Portland, Oregon) で発表された[1]。その論文の図面を用いて酸化チタン系触媒の性能と開発経緯を述べる。

(1) 酸化チタン系触媒の活性

　酸化チタンを主成分 (>90 wt%) として，Fe，Ni，Co，Cu，Mo，W，V，Crなどの第2成分を5〜10 wt%添加した混合酸化物で活性を測定した。酸化チタン系触媒の活性を酸化鉄系の活性と併せて図2に示す。

　酸化鉄系のFe_2O_3およびFe_2O_3-Cr_2O_3は，350〜450℃では十分に高い活性を有している。酸化チタン系のTi-Vは250℃でも高活性である。Ti-FeおよびTi-Moはほぼ同じくらいの活性であり，300℃以上で商用に耐える活性である。酸化チタン系の触媒は，総じて酸化鉄系およびアルミナ担体付き触媒より高活性であった。

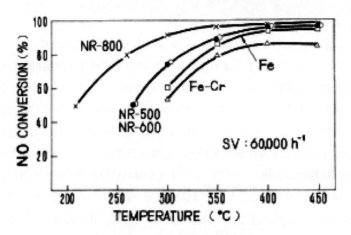

図2 酸化チタン系,酸化鉄系の触媒活性
NR-800は（Ti-V）系,NR-500は（Ti-Fe）,NR-600は（Ti-Mo）を表す。いずれの元素も酸化物の形態である。Ti/第2成分の原子比は9/1～9/0.2の割合である。

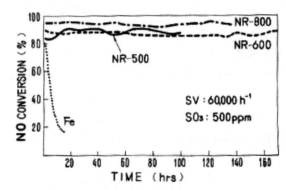

図3 酸化チタン系触媒の耐SO_3加速試験
NR-800は（Ti-V）系,NR-500は（Ti-Fe）,NR-600は（Ti-Mo）

(2) **酸化チタン系触媒の耐SO_x性**

酸化チタン系および酸化鉄系触媒の耐SO_3性を加速試験で試験した結果を図3に示す。

ガス組成は排ガスに類似したクリーンガスであるが,SO_3を500 ppm含有させてある。このように高濃度のSO_3にさらされると,酸化鉄触媒は,20時間の反応でほぼ脱硝活性を失ってしまう[1,2]。

一方,酸化チタン系触媒であるNR-500（Ti-Fe）,NR-600（Ti-Mo）,NR-800（Ti-V）触媒はいずれも初期の活性を100時間以上維持している。ここで注意すべきは,脱硝触媒は基本的には酸化機能を有する触媒であるから,排ガス中のSO_2の一部は酸化されてSO_3になることである[3]。

実験室レベルで耐SO_3性を有することが分かった酸化チタン系触媒の重油ボイラーの実ガス

第4章　触媒の長寿命化

を用いたパイロットテストを行った。その結果を図4に示す[1,2)]。

　この実ガスはSO_3を3～10 ppmを含むが，酸化鉄系触媒が500～1000時間で活性劣化が著しいのに対して，酸化チタン系触媒のNR-600(Ti-Mo)，NR-500(Ti-Fe) 触媒は，1,000～2,000時間で全く活性劣化が認められなかった。パイロット試験後の酸化鉄系触媒では，いずれも硫酸根の含有量が大きく増加し，酸化鉄が硫酸鉄に変化し，かつ細孔容積と比表面積が初期の1/10以下に減少していた。パイロット試験の結果で酸化チタン系触媒の耐SO_X性が十分あることが認められ，1976～1980年に実証試験へと進んだ。実証試験は，電力会社の10～50万kWクラスの商用の重油焚きボイラーあるいはLNG焚きボイラーを使って，脱硝プラントメーカと電力会社の共同研究として行われた。

14.3.3　触媒の形状－モノリシック触媒の開発

　脱硝反応器の圧力損失を小さくするため，モノリシック触媒を用いた平行流型反応器が開発のターゲットになり，板状触媒，ハニカム触媒が開発された。

　図5に商用されているモノリシック触媒を2つ示す。左側は板状触媒，右側はハニカム触媒である。平板と波板の金属板を交互に積み重ねて触媒ブロックとする。

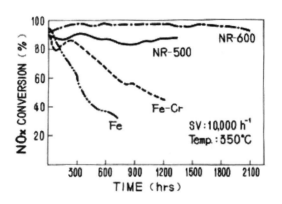

図4　重油ボイラー実ガスパイロット試験

DENOX CATALYSTS
[TiO₂ Based Catalysts]

Plate Type Catalyst
(500 x 500 x 500 mm)

Honeycomb Type Catalyst
(150 x 150 mm Cross Section)

図5　板状およびハニカム状脱硝触媒

237

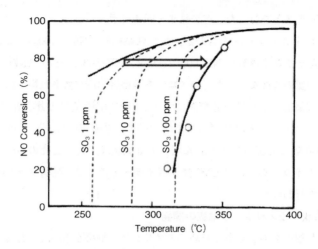

図6 酸性硫安の析出による触媒活性の低下
[使用触媒：TiO$_2$/V$_2$O$_5$（V：5 atom%）]
―――実線：初期活性，―○―：SO$_3$ 100 ppm の時の定常活性
・・・点線：それぞれ SO$_3$ 1 ppm, 10 ppm, 100 ppm の時の活性（計算値）

14.4 酸性硫安の析出による酸化チタン系触媒の活性低下

火力発電所の排ガスは SO$_3$（= H$_2$SO$_4$）含有しているので，アンモニアを NO$_X$ の還元剤に使う場合には，酸性硫安の析出する条件に入ることがある．

$$H_2SO_4 + NH_3 = NH_4HSO_4 \tag{3}$$

酸性硫安の蒸気圧から計算して，触媒表面で析出が起こらないような条件下でも，実際には活性低下が観察される[2]．これは，触媒の細孔に酸性硫安が毛管凝縮するからである．毛細管の中では蒸気圧が低下するので，通常の固体表面では起こらない酸性硫安の毛管凝縮で触媒活性が低下する．図6に酸性硫安の析出（毛管凝縮）による触媒活性の低下を示す．

TiO$_2$/V$_2$O$_5$ 触媒の細孔分布は実験値を用いて，毛管凝縮の起こる細孔径と温度を計算した．酸性硫安の蒸気圧は正確には測定されていないが，実験値とはよく合っていた．図6に見られるごとく，初期活性（上の実線）が毛管凝縮により活性低下する様子がよく分かる．このことから分かるように，実用の脱硝プラントでは排ガス中の SO$_3$ 濃度を実測して，触媒層の温度を決めなければならない．

14.5 まとめ

火力発電所排ガス中の NO$_X$ 除去は，アンモニアによる選択還元法（SCR）により実用化された．最大の発明は，SO$_X$ に被毒せず，画期的に耐久性の良い酸化チタン系の触媒である．この酸化チタン系触媒の基本特許は，世界20ヵ国に出願されて使用され，日本オリジナルの触媒として高く評価された[3,4]．

第4章 触媒の長寿命化

文　献

1) S.Matsuda, *et al.*, "Selective Reduction of Nitrogen Oxides in Combustion Flue Gases", *Air Pollution Control Association JOURNAL*, Vol.28, No.4, 350-353, (1978)
2) S. Matsuda *et al.*, "Deposition of Ammonium Bisulfate in the Selective Catalytic Reduction of Nitrogen Oxides with Ammonia", *Ind. & Eng. Chem.*, PRODUCT RESEARCH & DEVELOPMENT, 1982, Vol.21, p.48
3) US Patent, NO 4,085,193, "Catalytic Process for Reducing Nitrogen Oxides to Nitrogen, (Filed：Dec.10, 1974, Registered：April 18, 1978), 発明者：F.Nakajima ほか6名, 出願人：Mitsubishi Petrochemical Co, Hitachi Ltd, Babcock-Hitachi Kabushiki Kaisha の3社, USA はじめ20ヵ国に出願された。
4) 1988年度, 日本化学会　化学技術賞,「酸化チタン系触媒を用いる選択的 NO_X 除去プロセスの開発と工業化」, 松田臣平（日立）ほか, 化学と工業, 1988年4月号

15 環境浄化触媒の劣化要因と対策

戸根直樹[*1], 梨子田敏也[*2]

15.1 はじめに

経済発展に伴い生じた様々な環境問題に対応すべく，大気汚染防止法をはじめとする種々の規制が導入されてきた。そして，年々高まる環境保護に対する要請を受けて，規制内容は益々厳しくなっていく方向にある。そのような状況下で従来と同様の産業活動を継続していくためには，生産活動と並行して，工場排ガスの無害化，臭気対策といった浄化処理を行っていくことが必要不可欠となる。排ガスの浄化方法には直接燃焼方式等いくつかの手法が存在するが，その中でも処理温度が低く高い処理効率を有する触媒燃焼方式は極めて有効な手法である。しかしながら，使用される環境を考慮した構成の触媒システムを採用しないと，十分な能力が発揮できず性能劣化を招く可能性がある。本稿では，触媒燃焼方式で使用される当社の環境浄化触媒の特長，劣化要因とその対策について説明する。

15.2 触媒燃焼法の特長

触媒燃焼法は排ガス中に含有される比較的低濃度の可燃性物質を触媒によって燃焼させる方法であり，可燃性物質が炭化水素の場合は完全燃焼によって無害，無臭の CO_2 と H_2O とに分解される。直接燃焼法は700〜800℃の高温を要するのに対し，触媒燃焼法では200〜400℃という低温のため大幅な省エネルギーを図ることができる。また，低温で接触酸化させるので直接燃焼法の場合のような火炎燃焼による窒素酸化物（サーマルNO_x）を生成しない利点がある。

15.3 環境浄化触媒の種類

15.3.1 当社触媒の特長

当社の環境浄化触媒は，触媒支持体上にコートされた担体層上に，粒径が数 nm の貴金属微粒子を担持した構造を有する貴金属触媒が主流である。当社触媒の特徴と外観を表1と図1に示す。

活性成分である貴金属としては主に Pt または Pd が用いられている。MnO_2，CuO 等の卑金属酸化物または複合酸化物を活性成分として利用するケースもあるが，酸化活性の差による必要な触媒量，使用温度，耐被毒性，および熱安定性等の見地から総合的にみて貴金属触媒が有利な場合が多い。

貴金属を担持する担体には高比表面積の金属酸化物がよく用いられ，中でもアルミナ（酸化アルミニウム）が最も一般的に用いられている。アルミナには様々な形態が存在するが，環境浄化

[*1] Naoki Tone 日揮ユニバーサル㈱ 研究所 開発センター 環境触媒研究グループ
[*2] Toshiya Nashida 日揮ユニバーサル㈱ 研究所 開発センター 環境触媒研究グループ グループリーダー

第4章　触媒の長寿命化

表1　当社触媒の特徴

項目	NMシリーズ	NHシリーズ	NHXシリーズ	NHHシリーズ	NHPシリーズ	NHNシリーズ	NSシリーズ	
形状	発泡金属状	ハニカム状	ハニカム状	ハニカム状	ハニカム状	ハニカム状	粒状	
標準サイズ (mm)	440×590×t11	150×150×t50	150×150×t50	150×150×t50	150×150×t50	150×150×t50	φ2.5〜4.0	φ4.0〜6.0
充填比重 (g/cc)	0.5〜0.7	0.6〜0.7	0.6〜0.7	0.6〜0.7	0.6〜0.7	0.6〜0.7	0.35〜0.45	0.65〜0.75
耐熱温度 (℃)	NM-1：550 NM-2：600	550	700	550	550	500	550	
標準SV値 (h^{-1})	4万〜5万	3万〜4万	3万〜4万	3万〜4万	3万〜4万	1万	1万〜2万	
用途	一般VOC	一般VOC	一般VOC（耐熱触媒）	・ハロゲン含有ガス ・高濃度S含有ガス	シリコーン含有ガス	・アンモニア ・有機窒素化合物	一般VOC	

図1　当社触媒の外観

　触媒の担体としては，γ-アルミナ，η-アルミナ，χ-アルミナ等の高比表面積活性アルミナが使用される。これら活性アルミナの特長としては，他の金属酸化物に比べ熱安定性に優れること，機械的強度が高いこと，PtやPd等の貴金属を高分散な状態で担持可能なこと，常温で酸やアルカリに侵されにくいこと，等が挙げられ，いずれも触媒担体としての利点となっている。担体として用いられるアルミナ以外の金属酸化物としては，酸化チタン，酸化ジルコニウム，酸化セリウム，各種ゼオライト等が挙げられ，それぞれの特長を生かした用途に使用されている。

　触媒支持体にはハニカム状セラミック，発泡金属，粒状アルミナ等がある。被処理物質（可燃性物質）の反応条件，処理装置の大きさおよび圧力損失等の装置上の制約を考慮して最適な形状が選択される。これらの中で，コージェライト等のセラミックを触媒支持体とするハニカム状触媒は他の形状の触媒と比較して圧力損失が低く，処理効率も比較的良いため，広く用いられてい

触媒劣化—原因,対策と長寿命触媒開発—

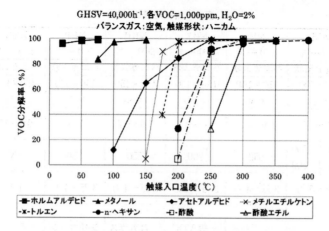

図2 当社Pt触媒:NH-124の各種可燃性物質に対する分解性能

る。また,発泡金属状触媒はNi-Cr合金製の発泡金属を基材として当社が開発した金属触媒であり,反応処理効率が高いという特色を有する。

　環境浄化触媒による可燃性物質の反応性は触媒や可燃性物質の種類,温度,SV等の処理条件によって異なる。一例として,当社のPt触媒(NH-124)による主な可燃性物質の分解率と温度の関係を図2に示した[1]。実際の排ガス中には通常複数の可燃性物質が含まれるため,最も反応しにくい物質に合わせて処理条件を設定する。

15.3.2 適用分野

　表2に主な適用分野を示す。可燃性物質を含む排ガスは酸化燃焼により発熱し触媒出口側の温度が上がるので,これを熱回収することにより単に脱臭処理だけではなくエネルギー源として有効に活用することもできる。

15.4 劣化要因と対策

　環境浄化触媒の主な劣化要因としては熱劣化と触媒毒による被毒が挙げられる。以下にそれぞれの劣化メカニズムおよび対策について説明する。

15.4.1 熱劣化

　貴金属触媒の場合,触媒に担持されたPt,Pd等の貴金属粒子は,高温環境下において徐々に粒子が凝集して粒径が大きくなる。このような現象はシンタリングと呼ばれており,シンタリングが進行すると,貴金属の活性点が減少し触媒活性は低下する。シンタリングの速度は雰囲気の影響を受け,例えば水分の多い雰囲気ではシンタリングは促進される。また,貴金属の種類によってシンタリングのしやすさは異なり,PtとPdを比べるとPdの方がシンタリングしにくい。そのため,当社の触媒においては,Pt触媒の使用可能な温度領域は550℃までなのに対し,Pd触媒では700℃まで使用可能である。ただし,触媒活性の点では通常PtはPdより優れている。

第4章 触媒の長寿命化

表2 触媒燃焼法の適用分野

分野	排ガス主成分	処理風量 (Nm³/min)	使用期間(年) (再生を含む)	備考
オフセット印刷	アルデヒド, ケトン類	30～120	5～7	タール分が多い シリコーン被毒に注意
グラビア印刷	トルエン, 酢酸エチル, MEK（メチルエチルケトン）	50～200	5～7	シリコーン被毒に注意
自動車塗装	アルデヒド, セロソルブ	100～200	5～7	タール分が多い シリコーン被毒に注意
製缶	（外面塗装） キシレン, セロソルブ	60～150	5～7	シリコーン被毒大 前処理剤必須
製缶	（内面塗装） キシレン, メチルイソブチルケトン	60～150	5～7	シリコーン, リン 被毒に注意
化学工業	プロパン, プロピレン, CO	200～1,000	2～5	高濃度では酸化熱高く 自燃するので予熱不要
エナメル電線	クレゾール, フェノール	5～30	2～4	タール分が多い シリコーン被毒に注意
コーター	トルエン, 酢酸エチル, MEK（メチルエチルケトン）	100～300	5～7	シリコーン被毒に注意
コーヒー焙煎	植物油, たんぱく質	150～300	5～10	NO_x対策必要 硫黄被毒に注意
半導体, 下水処理	アンモニア	5～300	2～4	水分が多い 硫黄被毒に注意

　一例としてPt触媒とPd触媒によるメチルエチルケトン（MEK）の触媒反応を図3に示す。特に低温側においてPd触媒に対してPt触媒の活性優位性が顕著である。しかし，高温側ではPd触媒の活性はPt触媒と遜色ないレベルとなる。アルミナ等の触媒担体も高温に曝されると比表面積の低下が進み，貴金属のシンタリングを助長する。環境浄化触媒の場合，凝集した貴金属粒子を再分散させて触媒活性を回復させることはできないので，シンタリングによって劣化した場合は触媒交換が必要となる。

　シンタリングを抑制するには，使用可能な温度域を超えないように使用する必要がある。触媒燃焼によって生じる発熱によって使用可能温度域を超えてしまう場合は，新鮮空気で希釈することによって可燃性物質の濃度を下げて発熱量を低減する必要がある。また，担体として用いるγ-アルミナにランタン等の希土類を添加すると担体としての熱安定性が向上し，その結果，シンタリングを抑制することができる。

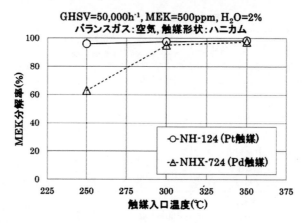

図3　Pt触媒およびPd触媒のMEK分解性能

15.4.2　触媒毒による劣化

　触媒劣化の中で最も多く見られるものとして触媒毒による被毒が挙げられる。触媒毒とは触媒と作用してその性能を低下させる物質である。以下に種々の触媒毒および触媒性能に影響を与える物質（広義の触媒毒）とその対策について述べる。

(1)　**固体物質**

　物質の形状や性状により異なるが一般に触媒性能に対する影響は少ない。しかし，含有量が多いと触媒表面に付着して反応を阻害するとともに圧力損失を増大させる原因となる。特に対象処理ガスが粉塵を含有している場合は注意が必要である。対策としては，触媒の上流側にフィルターを設けることが挙げられる。

(2)　**ミスト（タール，ヤニ）等の液状物質**

　印刷，塗装工場などの排ガスには，タールやヤニなどの液状物質が含まれていることが多い。この液状物質は，塗料などの樹脂分中の低分子物質や分解物等が主成分と考えられている。低分子物質や分解物等は塗装工程または乾燥工程で発生すると考えられるが，発生時には気体状である。しかし，乾燥炉から触媒に到達する途中で冷却されることによって液状物質へと変化し，触媒表面の活性点に付着すると考えられている。触媒の温度が十分でない場合，付着した液状物質を完全に酸化燃焼させることができず，その結果，これらにより触媒の活性点が被覆され性能が低下する。このような場合は触媒を500℃程度に加熱して，付着したタールやヤニなどを燃焼除去させることによって性能を回復させることができる。

(3)　**シリコーン，有機リン化合物および有機金属化合物**

　シリコーン（有機ケイ素化合物）は触媒毒の中でも特に毒性が強く，また，環境浄化触媒が使用される分野の排ガス中に含まれていることが多いので，性能低下の主要因となることが多い。シリコーンは，塗料や潤滑油等に添加されているケースがあり，気化して排ガス中に混入する。また，シール材等に使用されているシリコンゴムも，加熱されると気化性のシリコーンを発生さ

第4章 触媒の長寿命化

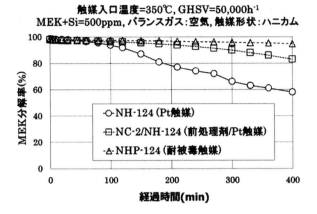

図4 シリコーン共存下 MEK 分解性能

せることが知られている。気化したシリコーンが触媒に到達すると触媒上の活性金属（Pt，Pd等）と選択的に結合し，活性金属上で酸化されて SiO_2 となって活性金属を被覆し，触媒活性を低下させる。シリコーンは，排ガス中に含まれる濃度が ppb オーダーの極低濃度であっても触媒毒として作用する。そのため，排ガス中にシリコーンの存在が疑われる場合には，当社ではあらかじめ現場テストを行いシリコーンの有無や被毒性などを調べ適切な対策を取ることとしている。

具体的な対策としては，触媒の上流側に前処理剤を設置する方法と耐被毒触媒（NHPシリーズ）を用いる方法がある。前処理剤はシリコーンを無害化する特性を有するものであり，これにより下流側の触媒に到達するシリコーンの量を低減し，触媒の性能低下を抑制することができる。一方，NHPシリーズは担体を工夫することでシリコーンへの耐性を高めた触媒である[2]。図4にシリコーン共存下における MEK の触媒分解性能について，NH-124（Pt触媒）単独の場合，当社の前処理剤 NC-2 を上流側に設置した場合，耐被毒触媒 NHP-124 を使用した場合についての性能を示す。前処理剤の使用によってシリコーン被毒による触媒活性の低下が抑制されることがわかる。また，耐被毒触媒は前処理剤よりさらに活性低下の抑制効果が大きく，シリコーンに対する耐久性に優れることがわかる。

有機リン化合物および有機金属化合物についてもシリコーンと類似の作用により触媒性能を大きく低下させる。これらに対する対策についてもシリコーンと同様のものが適用できる。

(4) 水蒸気

常温の飽和湿度程度の水蒸気はほとんどの排ガスに含まれ，触媒性能に僅かに影響を及ぼすものの実用的には支障が無い。しかしながら，数十%濃度の水蒸気条件下では触媒性能への影響が大きくなり無視できなくなる。劣化機構は二通りある。一つは水蒸気が活性点に吸着することで触媒反応を妨げるものであるが，処理ガス中に水蒸気が存在しなくなれば吸着していた水蒸気は脱離するので性能は回復する。もう一つは，熱劣化で述べた水蒸気によるシンタリングの促進で

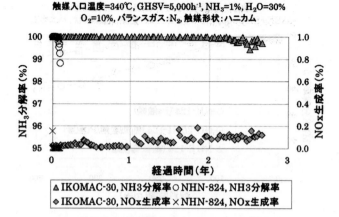

図5 長期アンモニア分解試験結果

ある。すなわち，同一触媒入口温度であれば水蒸気濃度が高い条件ほど活性金属の凝集および担体表面積の減少が促進される。

当社では排ガス中のアンモニアを無害な N_2 に変換できる触媒（NHN シリーズ）を有している。この触媒は，アンモニアを酸化する機能と，生成した NO_x を N_2 に還元する機能を併せ持つ二元機能触媒である。ただし，従来のアンモニア分解触媒は，水分が高い環境（10%以上）では，十分な性能を発揮することが困難であった。そこで，活性成分を改良して安定化させることで高水分下においても活性が高く，耐久性のある触媒 IKOMAC-30 を開発した。図5に従来型アンモニア分解触媒 NHN-824 と新たに開発した耐水アンモニア分解触媒 IKOMAC-30 の水分30%共存下における長期アンモニア分解試験結果を示す。NHN-824 は約1ヵ月間の試験でアンモニア分解率の低下が見られたが，IKOMAC-30 は約2年の長期間にわたり100%に近いアンモニア分解率を示し，約2年半後においても99%以上の高分解率を維持した。NO_x 生成率も約2年半の間 0.2% 以下の低生成率を維持しており，IKOMAC-30 の高水分下における高いアンモニア分解率，低い NO_x 生成率の両面において優れた耐久性が確認されている[3]。

メタン分解においても高水分下での性能が求められる場合がある。他の可燃性物質と異なり，メタン分解に対しては Pt 触媒よりも Pd 触媒の方が高い活性を有する。しかし，Pd 触媒は高水分下における性能が十分ではない。そこで，Pd に種類の異なる貴金属を混合させたところ耐水性が改善することが判明した（図6）。ただし，実用レベルには至っておらず，さらなる改良を進めている。

(5) その他の触媒毒

上述したもの以外にも，ハロゲン，硫黄含有化合物といった物質も触媒毒となりうる。表1に示した通り，当社ではこれらの触媒毒に耐性を有する触媒（NHH シリーズ）も取り揃えている。

第 4 章　触媒の長寿命化

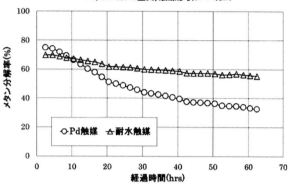

図 6　メタンの酸化分解試験結果

15.5　おわりに

　上述したように，当社では様々な劣化要因に対応すべく，触媒の改良を重ね，広範な分野で実績を残している。しかし，触媒燃焼法の更なる普及という観点から見れば，当社の触媒毒対策技術はまだまだ途上であり，今後更に厳しさを増すであろう排ガス規制強化の動向に対応すべく，新たな触媒劣化防止対策の創出に努めていく所存である。

文　　　　献

1)　梨子田敏也，PETROTECH，**37**，922 (2014)
2)　中野美樹ほか，排ガス浄化用触媒と排ガスの浄化方法，国際公開 WO2005/094991
3)　梨子田敏也ほか，「アンモニア分解触媒の開発」，『第 33 回空気清浄とコンタミネーションコントロール研究大会予稿集』，236 (2016)

第2編
劣化対策事例

第之編

常化対発事例

第5章　環境触媒

難波哲哉[*1]，永長久寛[*2]，濱田秀昭[*3]，志知　明[*4]

公報・公開番号（論文誌名・巻・頁）：特開平6-210175
発明名称（論文名）：排ガス浄化用触媒及びその製造方法
筆頭発明者（著者）：藤川寛敏　ほか
出願人（所属）：ダイハツ工業
要約：【目的】排ガス温度が低い条件でも十分な浄化活性を示し，耐久性も優れたものとする。【構成】ペロブスカイト型複合酸化物と耐熱性酸化物との混合物にパラジウムが共存し，かつパラジウムは耐熱性酸化物上よりもペロブスカイト型複合酸化物上に高濃度に存在するようにする。その製造方法では，ペロブスカイト型複合酸化物に，pHが4以下又は10より大きく調製されたパラジウム塩水溶液を含浸又は吸着により担持させ，乾燥及び仮焼させた後，耐熱性酸化物とともに水に分散させてスラリーとした後，乾燥及び焼成する。

つづく

*1　Tetsuya Nanba　（国研）産業技術総合研究所　福島再生可能エネルギー研究所
　　　　　　　　　　再生可能エネルギー研究センター　水素キャリアチーム
　　　　　　　　　　上級主任研究員
*2　Hisahiro Einaga　九州大学　大学院総合理工学研究院　物質科学部門　教授
*3　Hideaki Hamada　（国研）産業技術総合研究所　触媒化学融合研究センター
　　　　　　　　　　名誉リサーチャー
*4　Akira Shichi　㈱豊田中央研究所　社会システム研究領域
　　　　　　　　　　エネルギーシステムデザインプログラム　プログラムマネージャー

公報・公開番号（論文誌名・巻・頁）：特開平 8-217461
発明名称（論文名）：ペロブスカイト型複合酸化物の製造方法
筆頭発明者（著者）：田中裕久　ほか
出願人（所属）：ダイハツ工業　ほか
要約：【目的】貴金属元素をペロブスカイト型構造の結晶格子中に入れることによって貴金属元素の分散度を増加させ，触媒活性等の特性を向上させる。【構成】La，Ce，Fe 及び Co のアルコキシアルコラートに有機溶媒としてトルエンを加えて撹拌し溶解させて混合アルコキシアルコラート溶液としたものに，硝酸パラジウム水溶液を徐々に滴下し，沈澱を生成させる。その溶液を室温下で撹拌した後，減圧下でトルエンと水を反応系外に留去し，黒褐色の LaCeFeCoPd 酸化物の前駆体を得た。この前駆体の粘稠物を通風乾燥した後，空気中で電気炉で 600℃で 2 時間熱処理してペロブスカイト型単一結晶相の $La_{0.9}Ce_{0.1}Fe_{0.57}Co_{0.38}Pd_{0.05}O_3$ 粉末を得た。

公報・公開番号（論文誌名・巻・頁）：特開 2005-279435
発明名称（論文名）：排ガス浄化用触媒及びその製造方法
筆頭発明者（著者）：金沢孝明
出願人（所属）：トヨタ自動車
要約：【目的】ZrO_2 に Rh を担持した触媒の耐熱性をさらに向上させる。【構成】ランタノイド元素を含む ZrO_2 よりなる担体と，その担体に担持された Rh を含み，Rh の結晶格子が担体の結晶格子と整合している。Rh の結晶格子が担体の結晶格子と整合して安定化されている。そのため担体との親和性が向上し，高温に曝されても Rh 粒子が移動しにくいと考えられる。したがって Rh の粒成長が抑制される。

公報・公開番号（論文誌名・巻・頁）：特開 2008-284534
発明名称（論文名）：排気ガス浄化用触媒及びその製造方法
筆頭発明者（著者）：三好秀和　ほか
出願人（所属）：日産自動車
要約：【目的】製造コストや環境負荷を大きくすることなく，貴金属粒子の活性向上効果を維持する。【構成】排気ガス浄化用触媒は，貴金属粒子 1 と，貴金属粒子 1 を担持し貴金属粒子 1 の移動を抑制する第 1 の化合物 2 と，貴金属粒子 1 と第 1 の化合物 2 を内包し，貴金属粒子 1 の移動を抑制すると共に第 1 の化合物 2 同士の接触に伴う第 1 の化合物 2 の凝集を抑制する第 2 の化合物 3 とからなる。第 1 の化合物は，希土類元素を含む複合物である。

つづく

第 5 章　環境触媒

公報・公開番号（論文誌名・巻・頁）：特開 2009-78203
発明名称（論文名）：排ガス浄化用触媒材，同触媒材の製造方法，及び同触媒材を用いた触媒
筆頭発明者（著者）：蓑島浩二　ほか
出願人（所属）：マツダ
要約：【目的】触媒の排ガス浄化性能の向上及び耐熱性の向上を図る。【構成】CeZr 系複合酸化物粒子 1 に触媒金属粒子 2 が担持されている排ガス浄化用触媒材において，CeZr 系複合酸化物粒子 1 は，該 CeZr 系複合酸化物の一次粒子 3 が二次粒子を形成するように凝集してなるものであり，大半の触媒金属粒子 2 は上記二次粒子の表面に担持され，一部の触媒金属粒子 2 は上記一次粒子間に配置されている。

公報・公開番号（論文誌名・巻・頁）：触媒,, **32**(4), 236（1990）
発明名称（論文名）：排煙脱硝プロセス用酸化チタン系触媒の開発
筆頭発明者（著者）：中島史登
出願人（所属）：バブコック日立
要約：燃焼排ガス中の NO_x を還元除去するための排煙脱硝触媒の過去の開発経緯を概観した。脱硝触媒として，当初 $Pt-Al_2O_3$, V_2O_5, WO_3, $Fe_2O_3-Cr_2O_3$ 等が知られていたが，Fe 系触媒に注目して，開発を検討した。しかし，排ガス中の共存 SO_x によって触媒が硫酸塩化して崩壊し，劣化することが明らかとなり，その回避法を見出せず断念。そこで，SO_x により硫酸塩化しにくい TiO_2 をベースとする触媒に注目し，高濃度 SO_x 共存下でも劣化しない長寿命触媒の開発に成功した。

公報・公開番号（論文誌名・巻・頁）：特表 2010-524677
発明名称（論文名）：遷移金属／ゼオライト SCR 触媒
筆頭発明者（著者）：ポール・ジョセフ・アンダーセン　ほか
出願人（所属）：ジョンソンマッセイ　パブリック　リミテッド　カンパニー
要約：【目的】ディーゼル車排ガス NO_x を効率的に除去する長寿命の尿素 SCR 触媒を開発する。【構成】尿素 SCR 触媒として Cu-ZSM-5，Cu-beta ゼオライト触媒が広く使用されてきたが，排ガス中の共存炭化水素により被毒を受ける。そこで，炭化水素被毒に耐性のある Cu-SAPO-34 ゼオライト触媒を開発した。Cu-SAPO-34 は酸強度が低く，炭化水素の吸着が抑制されるためと考えられる。

つづく

触媒劣化—原因，対策と長寿命触媒開発—

公報・公開番号（論文誌名・巻・頁）：US 2010/0267548A1
発明名称（論文名）：Small pore molecular sieve supported copper catalysts durable against lean/rich aging for the reduction of nitrogen oxides
筆頭発明者（著者）：P. J. Andersen　ほか
出願人（所属）：Johnson Matthey Public Limited Company
要約：【目的】ディーゼル車排ガス NO_x を除去する LNT（吸蔵還元）と NH_3-SCR の二段触媒システムの触媒耐久性を向上させる。【構成】LNT と NH_3-SCR の二段触媒システムでは，リッチ・リーン交互変換条件での耐久性が要求される。後段の NH_3-SCR 触媒として Cu-SAPO-34 や Cu-SSZ-13 ゼオライト触媒を用いると，リッチ・リーン耐久後でも触媒劣化が抑制される。その理由は，Cu イオンの脱離が抑制されるためと考えられる。

公報・公開番号（論文誌名・巻・頁）：*Appl. Catal. B*, **40**, 51（2003）
発明名称（論文名）：Selective catalytic reduction of NO under lean conditions by methane and propane over indium/cerium-promoted zeolites
筆頭発明者（著者）：H. Berndt　ほか
出願人（所属）：Institut für Angewandte Chemie Berlin-Adlershof e. V　ほか
要約：In と Ce を担持した MFI, MOR ゼオライト触媒はメタンやプロパンを還元剤とする NO 選択還元に高活性を示す。その水熱条件下の耐久性を検討した。CeO_x の役割は NO を NO_2 に酸化することであり，NO_2 は Lewis 酸-$(InO)^+$ サイト上でメタンと反応し，さらに Broensted 酸上で反応が進むことがわかった。本反応には，水蒸気と炭化水素の競争吸着の影響があり，水蒸気が反応を阻害したが，プロパンの反応はメタンの反応より水熱劣化の影響を受けにくかった。

公報・公開番号（論文誌名・巻・頁）：*J. Catal.*, **214**, 100（2003）
発明名称（論文名）：Relations between structure and catalytic activity of Ce-In-ZSM-5 catalysts for the selective reduction of NO by methane I. The In-ZSM-5 system
筆頭発明者（著者）：T. Sowade　ほか
出願人（所属）：Ruhr-Universität　ほか
要約：メタン還元剤による NO 選択還元に活性を示す In-ZSM-5 の触媒調製法の影響を調べ，In 種の触媒活性に与える役割を明らかにした。触媒活性サイトはゼオライト細孔内の In-oxo 種であり，その活性は In の配位状態の影響を受ける。また，ゼオライト結晶外の InO_x は副反応のメタン完全酸化を促進することがわかった。ゼオライトの B 酸点も選択還元の進行に必須であった。

つづく

第5章　環境触媒

公報・公開番号（論文誌名・巻・頁）：*Appl. Catal. B.*, **65**, 185（2006）
発 明 名 称（論 文 名 ）：MFI zeolite as a support for automotive catalysts with reduced Pt sintering
筆頭発明者（著者）：T. Kanazawa
出願人（所属）：Toyota Motor Corporation
要約：ガソリン自動車三元触媒として担持Pt触媒が活性を示すが，高温でのエージングでPtのシンタリングが進み触媒が劣化する。Ptの担体として，一次粒子の間隙にメソ孔を有するMFI型ゼオライトを用いると，Ptがメソ孔に固定され，800℃での高温エージング時のPtのシンタリングが抑えられて，耐久性が向上した。Pt触媒の担体としてメソ孔を有しない通常のアルミナを用いると，シンタリングが進み活性が大幅に低下した。

公報・公開番号（論文誌名・巻・頁）：*Appl. Catal. B*, **34**, 299（2001）
発明名称（論文名）：Influence of low concentration of SO_2 for selective reduction of NO by C_3H_8 inlean-exhaust conditions on the activity of Ag/Al_2O_3 catalyst
筆頭発明者（著者）：S. Satokawa　ほか
出願人（所属）：TokyoGasCo., Ltd.
要約：プロパン還元剤によるNO選択還元反応にAg/Al_2O_3は高い触媒活性を示すが，共存SO_2により劣化した。触媒劣化の原因はAgの硫酸塩化である。本触媒は，550℃以上の反応温度であれば，10 ppnのSO_2共存下でも定常活性を維持するが，500℃以下では劣化が進んだ。硫酸塩化により劣化した触媒は600℃以上の温度で再生可能である。500℃，1 ppmSO_2共存条件では，600℃で定期的に触媒再生することにより，長時間の活性を維持することができた。

公報・公開番号（論文誌名・巻・頁）：*Appl. Catal. B*, **42**, 179（2003）
発明名称（論文名）：Promotion effect of H_2 on the low temperature activity of the selective reduction of NO by light hydrocarbons over Ag/Al_2O_3
筆頭発明者（著者）：S. Satokawa　ほか
出願人（所属）：Tokyo Gas Co. Ltd.　ほか
要約：軽質炭化水素還元剤によるNO選択還元反応にAg/Al_2O_3触媒が高い活性を示すが，その性能の改善を検討した。その結果，水素を反応ガスに添加すると低温でのNO還元活性が大幅に向上した。水素の効果の原因は炭化水素の活性化であった。また，Ag/Al_2O_3触媒はSO_2共存下の反応で劣化が進むが，H_2を添加するとSO_2共存下での劣化が大幅に抑制されることがわかった。

つづく

公報・公開番号（論文誌名・巻・頁）：*Catal. Commun.*, **7**, 423（2006）
発明名称（論文名）：Enhanced activity of Ba-doped Ir/SiO$_2$ catalyst for NO reduction with CO in the presence of O$_2$ and SO$_2$
筆頭発明者（著者）：M. Haneda　ほか
出願人（所属）：National Institute of Advanced Industrial Science and Technology
要約：Ir/SiO$_2$ 触媒は CO 還元剤による酸素雰囲気下の NO 選択還元に高い活性を示すが，SO$_2$ が共存しないと活性が低かった。その原因は活性種である Ir 金属の酸化劣化を SO$_2$ が抑制するためであることがわかった。触媒性能の改善のため，Ir/SiO$_2$ に対して多くの金属成分の添加効果を調べたところ，アルカリ金属とアルカリ土類金属の添加が活性向上効果を示し，特に Ba が有効であった。触媒解析の結果，添加効果の原因は，活性種である 0 価の Ir 金属を反応ガス中で安定に保持するためであることがわかった。

公報・公開番号（論文誌名・巻・頁）：*Topics in Catalysis*, **42-43**, 153（2007）
発明名称（論文名）：Improved lean deNOx performance of Cu-ZSM-5 through alternative synthesis conditions for ZSM-5
筆頭発明者（著者）：M. Berggrund　ほか
出願人（所属）：Chalmers University of Technology
要約：ZSM-5 ゼオライトの水熱合成時における Al 源の影響と水酸化カルシウムの共存効果を検討するとともに，このゼオライトに Cu をイオン交換した触媒のプロペンによる NO 選択還元活性を調べた。水熱合成時に水酸化カルシウムを共存させると，Al のゼオライト骨格への導入が促進されたが，Cu のイオン交換は抑制された。AlCl$_3$ を用いて調製した Cu-ZSM-5 は Al(NO)$_3$ を用いて調製したものよりも高い触媒活性を示した。

公報・公開番号（論文誌名・巻・頁）：*Catal. Lett.*, **130**, 79（2009）
発明名称（論文名）：Influence of Synthesis Conditions for ZSM-5 on the Hydrothermal Stability of Cu-ZSM-5
筆頭発明者（著者）：M. Berggrund　ほか
出願人（所属）：Chalmers University of Technology
要約：ZSM-5 ゼオライトの水熱合成時における Al 源として Al(NO$_3$)$_3$ でなく AlCl$_3$ を用いると，より安定性の高いゼオライトができた。これは，Al 間距離の近い Alpair が多くできるためである。一方，Al(NO$_3$)$_3$ を用いて ZSM-5 を調製する際に水酸化カルシウムを共存させると，Cu-ZSM-5 の水熱安定性が向上した。

つづく

第 5 章　環境触媒

公報・公開番号（論文誌名・巻・頁）：*Chem. Commun.*, 1196 (2003)
発明名称（論文名）：Control of Aldistribution in ZSM-5 by conditions of zeolite synthesis
筆頭発明者（著者）：V. Gábová　ほか
出願人（所属）：J. Heyrovsk´y Institute of Physical Chemistry, Academy of Sciences of the Czech Republic
要約：ゼオライト中の Al 分布はその性能や耐久性に大きな影響を与えるが，水熱合成時の Al 源と Si 源を選択することにより，ZSM-5 ゼオライト中の Al の分布を制御することができた。Al 源として，Al(NO$_3$)$_3$ や Al-sec-butoxide を用いると孤立した SingleAl が多く，AlCl$_3$ や Al(OH)$_3$ を用いると，Al 間の距離が近い Alpair の割合が増加した。一方，Si 源を変えても Al 分布に大きな影響を与えなかった。

公報・公開番号（論文誌名・巻・頁）：技術情報協会
発明名称（論文名）：触媒の劣化原因解析と防止対策
筆頭発明者（著者）：青野紀彦
出願人（所属）：キャタラー
要約：Pd は酸化雰囲気下で PdO に酸化されるとシンタリングしにくいが，PdO が Pd に分解すると容易にシンタリングする。本論文では，高温での PdO の分解抑制に Ba 添加が有効であることを見出した。

公報・公開番号（論文誌名・巻・頁）：特開 2015-73936
発明名称（論文名）：触媒の製造方法
筆頭発明者（著者）：多井豊
出願人（所属）：産業技術総合研究所
要約：【目的】耐熱性の高い触媒を得ることができる触媒の製造方法を提供する。【構成】触媒担体の表面上に貴金属塩と還元剤とを共存させる第一工程，還元剤で貴金属塩から貴金属への還元反応を行い，貴金属粒子を前記触媒担体表面上に析出させる第二工程を順次行って触媒を製造する。

公報・公開番号（論文誌名・巻・頁）：サイエンス＆テクノロジー
発明名称（論文名）：工業触媒の劣化対策と再生，活用ノウハウ
筆頭発明者（著者）：室井高城
出願人（所属）：アイシーラボ
要約：溶鉱炉の排ガスには約 1% の CO が含まれており，触媒酸化による熱回収がなされている。Pt/ハニカムを触媒とし，反応温度の制御により活性低下を抑制することができた。

つづく

公報・公開番号（論文誌名・巻・頁）：*Catal. Today.*, 11, 517 (1992)
発明名称（論文名）：Deactivation regeneration and poison-resistant catalysts: commercial experience in stationary pollution abatement
筆頭発明者（著者）：James Chen, Ronald M. Heck, Robert J. Farrauto
出願人（所属）：Engelhard Co.
要約：本論文では固定発生源からの実排ガス浄化に用いられて失活した触媒をキャラクタリゼーションし，劣化原因と再生方法を検討した。これらの結果より，プラントでの適切な作動条件について提案している。VOCの酸化反応を250-350℃で行った際にPtハニカム触媒に金属成分が付着するが，アルカリ洗浄により再生することができる。

公報・公開番号（論文誌名・巻・頁）：USP3,988,423
発明名称（論文名）：Method for removing harmful materials from waste gas
筆頭発明者（著者）：Ohrui; Tetsuya　ほか
出願人（所属）：住友化学
要約：プロピレンのアンモ酸化によるアクリロニトリル製造工程では炭化水素，CO，NO_xなどの有害汚染物質が発生する。排ガスの処理工程を多段化して反応温度を変えることによりシンタリングを抑制し，排ガス処理効率が向上した。

公報・公開番号（論文誌名・巻・頁）：触媒, 54, 179 (2012)
発明名称（論文名）：高温耐熱性を有する貴金属クリオゲル触媒の開発
筆頭発明者（著者）：尾崎俊彦
出願人（所属）：産業技術総合研究所
要約：Pt担持触のアルミナ担体の調製法として，ゾル-ゲル過程で凍結乾燥により分散媒を除去したクリオゲルを用いることにより耐熱性を向上させることができた。

公報・公開番号（論文誌名・巻・頁）：*Env. Sci. Tech.*, 50, 9773 (2016)
発明名称（論文名）：Soxtolerant Pt/TiO_2 catalysts for CO oxidation and the effect of TiO_2 supports on catalytic activity
筆頭発明者（著者）：平健治　ほか
出願人（所属）：新日鐵住金
要約：コークス炉からの排ガスに含まれるCOの触媒酸化による熱回収において，SO_2が共存するとPt/TiO_2上に蓄積し，触媒活性が低下する。この際，細孔径が大きいTiO_2担体を用いることで細孔閉塞を抑制し，CO酸化活性が維持されることを見出した。

つづく

第5章　環境触媒

公報・公開番号（論文誌名・巻・頁）：特開 2016-117065
発明名称（論文名）：ガス流からの水素及び一酸化炭素不純物の除去
筆頭発明者（著者）：ティモシー　クリストファー　ゴールデン
出願人（所属）：エア　プロダクツ　アンド　ケミカルズ　インコーポレイテッド
要約：【目的】水素及び一酸化炭素不純物を含む乾燥ガスから水素及び一酸化炭素不純物を除去するための方法を提供する。【構成】水素及び一酸化炭素不純物は，水素及び一酸化炭素不純物を含み二酸化炭素を少なくとも実質的に含まない乾燥ガスを，十分な滞留時間，例えば1.5秒において，酸化マンガン及び酸化銅の混合物を含む触媒の層に通過させることにより除去される。それによって，水素を除去するための高価な貴金属触媒の使用を回避することができる。加えて，酸素含有再生ガスを用いた触媒の再生は触媒の有効性を低下させない。

公報・公開番号（論文誌名・巻・頁）：触媒, **41**, 105（1999）
発明名称（論文名）：NO_x 吸蔵還元型触媒における硫黄被毒現象の解析
筆頭発明者（著者）：池田靖夫　ほか
出願人（所属）：トヨタ自動車
要約：NO_x 吸蔵還元触媒は吸蔵元素が SO_2 と反応して硫酸塩となることで吸蔵能が低下する。硫黄の脱離には水素が有効であることが見いだされるとともに，水蒸気改質反応活性の高い材料の共存により硫黄脱離が促進されることが報告された。

公報・公開番号（論文誌名・巻・頁）：*Top. Catal.*, **30/31**, 267（2004）
発明名称（論文名）：Influence of catalyst support geometry and wall thickness on NOx trap desulfation: rich/lean wobbling strategies and hexagonal cell supports for high SO_2 selectivity during desulfation
筆頭発明者（著者）：Alain Sassi　ほか
出願人（所属）：PSA Peugeot Citroen
要約：NO_x 吸蔵還元触媒は $BaSO_4$ の生成により吸蔵能が低下する。リッチガス導入などの再生サイクルに際して，ハニカム基材のセル形状を四角形から六角形へ変えることで $BaSO_4$ の分解効率が向上することが報告された。

つづく

公報・公開番号（論文誌名・巻・頁）：特開 2011-11195
発明名称（論文名）：パティキュレート燃焼触媒
筆頭発明者（著者）：青木晃　ほか
出願人（所属）：三井金属鉱業
要約：【目的】高耐熱性，低温スス燃焼性，NOx 濃度に依存せず酸素のみでスス燃焼可能な触媒を開発する。【構成】Ag85-20 atm％と Pd, Pt, Au の少なくとも 1 種の貴金属 15-80 atm％との合金からなる触媒により，高耐熱性，低温スス燃焼性，NO_x 濃度に依存せず酸素のみでスス燃焼可能な触媒を開発した。Ag と貴金属の合金化が重要であると考えられる。

公報・公開番号（論文誌名・巻・頁）：触媒, **54**, 228（2012）
発明名称（論文名）：自動車排ガス浄化用 Ag 触媒：高活性化とシンタリング抑制の方策
筆頭発明者（著者）：清水研一　ほか
出願人（所属）：北海道大学触媒化学研究センター　ほか
要約：NO_x, CO, スス の除去触媒である Ag の耐久性向上について検討された。高温耐久性は担体の Al_2O_3 とのアルミネート形成によってシンタリングが抑制された。また，Ag は SnO_2 との相互作用により Ag の高分散が保たれると推察された。

公報・公開番号（論文誌名・巻・頁）：特開 2002-1131
発明名称（論文名）：電子線照射装置におけるオゾン触媒再生装置
筆頭発明者（著者）：山川隆
出願人（所属）：三菱重工業
要約：【目的】MnO_2 等を主成分とするオゾン分解触媒の再生を有効に行う方法の開発。【構成】オゾン含有ガスの加熱によりオゾン触媒のベーキングを適宜行うことによってオゾン触媒の再生を行うもの。高酸化状態の表面を分解する作用によると考えられる。

公報・公開番号（論文誌名・巻・頁）：*Appl. Catal. B*, **75**, 1（2007）
発明名称（論文名）：Palladium-catalyzed aqueous hydrodehalogenation in column reactors: Modeling of deactivation kinetics with sulfide and comparison of regeneration
筆頭発明者（著者）：Naoko Munakata　ほか
出願人（所属）：Stanford University
要約：水中の脱トリクロロエチレン用 Pd 触媒は硫化物によって被毒を受け，硫化物濃度と暴露時間に失活は影響される。失活した触媒の再生には次亜塩素酸ナトリウム処理が効果的である。再生時間は硫化物被毒の濃度と暴露時間に依存して長くなる。

第6章　石油・エネルギー

井上朋也[*1]，多胡輝興[*2]，中嶋直仁[*3]，松下康一[*4]，今川健一[*5]

公報・公開番号（論文誌名・巻・頁）：特許1021364
発明名称（論文名）：石油留分中の砒素の除去方法
筆頭発明者（著者）：森彰一郎
出願人（所属）：三菱油化（三菱ケミカル）
要約：分解ガソリンに過酸化物を添加しAsを高沸の酸化物として水素化工程の前段で除去する。Asは水素化工程の入口で0.1 ppmまで除去される。

公報・公開番号（論文誌名・巻・頁）：特公昭60-45938，特許1319056
発明名称（論文名）：シュウ酸ジエステルの水素添加触媒の製造法
筆頭発明者（著者）：宮崎晴彦
出願人（所属）：宇部興産
要約：シュウ酸ジエステルから，エチレングリコールへ変換する際，毒性のCrを用いず，Cuアンミン錯体とコロイダルシリカの混合溶液を乾固・H_2還元により，高活性の触媒を得る。

公報・公開番号（論文誌名・巻・頁）：特許2117720
発明名称（論文名）：水蒸気改質用の触媒
筆頭発明者（著者）：沼口徹
出願人（所属）：石油産業活性化センター，東洋エンジニアリング
要約：多孔質α-Al_2O_3担体に，Ru，もしくはRhが高分散に担持された触媒を開発。同触媒は，メタン等の低級炭化水素の水蒸気改質に高活性を示す。さらに，金属触媒種を高分散担持することにより，炭素析出による活性低下が抑制される。

つづく

[*1] Tomoya Inoue　（国研）産業技術総合研究所　集積マイクロシステム研究センター
[*2] Teruoki Tago　東京工業大学　物質理工学院　応用化学系　教授
[*3] Tadahito Nakashima　クラリアント触媒㈱　テクニカルセンター
[*4] Koichi Matsushita　JXTGエネルギー㈱
[*5] Kenichi Imagawa　千代田化工建設㈱　研究開発センター　水素Gr
　　　　　　　　　　　グループリーダー

公報・公開番号（論文誌名・巻・頁）：特開平 5-3843, 特許 2680489
発明名称（論文名）：排ガス再結合器用触媒
筆頭発明者（著者）：村上一男
出願人（所属）：東芝
要約：沸騰水型原子力発電所の排ガス中の水素と酸素の再結合において，γ族アルミナ担体による担体強度の低下，触媒の性能劣化を防止するため，最も安定な α-アルミナを使用する。

公報・公開番号（論文誌名・巻・頁）：特開平 8-24596, 特許 2846269
発明名称（論文名）：脱酸素反応器用粒状充填材，およびそれを用いたコークス炉ガスの脱酸素方法
筆頭発明者（著者）：浅見幸雄
出願人（所属）：川崎製鉄（JFE ケミカル）
要約：コークス炉ガスからの水素製造設備の前処理プロセスである，脱酸素反応器における脱酸素触媒の粉化を防止するため，ガス上流側に 1) シリカ－アルミナ系であり，2) 粒子の気孔率が 20〜60％である粒状充填材を充填する。

公報・公開番号（論文誌名・巻・頁）：特許 3389412, 触媒, **42**, 63（2000）
発明名称（論文名）：天然ガス水蒸気改質用高活性触媒
筆頭発明者（著者）：沼口徹
出願人（所属）：東洋エンジニアリング
要約：CaO を含有させたメソ－マクロバイモダル細孔を有する Al_2O_3 担体へ Ni を高分散担持。Ni の分散度の維持により，天然ガス水蒸気改質において高い活性を長時間維持が可能となる。

公報・公開番号（論文誌名・巻・頁）：特許 3135539
発明名称（論文名）：炭化水素水蒸気改質用触媒
筆頭発明者（著者）：沼口徹
出願人（所属）：東洋エンジニアリング
要約：Ni を α-Al_2O_3 担体，もしくは CaO-Al_2O_3 に担持し，一部を担体と固溶した $NiAl_2O_3$ を形成させる。メタンと水蒸気による炭素処理により，Ni，および $NiAl_2O_3$ に炭素を含有させる。炭素処理により，水蒸気改質活性が向上する。

つづく

第6章　石油・エネルギー

公報・公開番号（論文誌名・巻・頁）：特開平 10-52646，特許 3905948
発明名称（論文名）：高シリカゼオライト系触媒
筆頭発明者（著者）：川瀬正嗣
出願人（所属）：山陽石油化学
要約：軽質炭化水素から芳香族炭化水素を製造する反応に用いられる，耐コーキング性および耐再生劣化性に優れた触媒を開発した。触媒は高シリカゼオライトと亜鉛成分とアルミン酸亜鉛を含む。特定の SiO_2/Al_2O_3 モル比，特定の粒子径，特定の酸点の割合および特定の酸点を有するゼオライトを使用することが重要である。

公報・公開番号（論文誌名・巻・頁）：特開平 10-309466，特許 3232326
発明名称（論文名）：銅系触媒およびその製造法
筆頭発明者（著者）：武内正己
出願人（所属）：工業技術院長（産業技術総合研究所）
要約：CO_2 と水素からメタノールを製造する反応に対し触媒活性が良好で，しかも耐久性が顕著にすぐれた銅系触媒として，1）酸化銅，酸化亜鉛，酸化アルミニウムおよび酸化ケイ素を必須成分とし，酸化ジルコニウム，酸化ガリウム，酸化パラジウムからなる金属酸化物を 480～690℃で焼成したものを用いる。

公報・公開番号（論文誌名・巻・頁）：特開平 11-61154，特許 4096128
発明名称（論文名）：脱硫剤の製造方法および炭化水素の脱硫方法
筆頭発明者（著者）：増田正孝
出願人（所属）：大阪瓦斯
要約：水蒸気改質プロセスなどにおける炭化水素原料の脱硫触媒として 1）銅化合物および亜鉛化合物のアルカリ物質水溶液との混合により得られた沈澱を焼成し，2）この成形物に鉄またはニッケルの元素を含浸させ，さらに焼成し，3）得られた酸化物焼成体を水素還元したものを用いる。

公報・公開番号（論文誌名・巻・頁）：特開平 11-169729
発明名称（論文名）：n-ヘキサン脱水素環化触媒（ハロゲン修飾 Pt/L 型ゼオライト）の成形法
筆頭発明者（著者）：福永哲也
出願人（所属）：出光興産
要約：L ゼオライトにシリカバインダーを加え，成型焼成した後，Pt 塩，フッ化アンモニウムと塩化アンモニウムの混合溶液を滴下含浸する。真空乾燥と焼成（300℃，空気雰囲気）を経て，触媒を調製する。

つづく

公報・公開番号（論文誌名・巻・頁）：特許 4358405
発明名称（論文名）：炭化水素の改質用触媒及び水蒸気改質方法
筆頭発明者（著者）：大橋洋
出願人（所属）：出光興産
要約：Ru/Al$_2$O$_3$ を基材とした触媒を用に，灯油の水蒸気改質を実施。当該触媒へ，ZrO$_2$, MgO, Co に加えて，アルカリ金属（Li や Na）を添加することで，水蒸気改質活性の向上と長寿命化が達成された。

公報・公開番号（論文誌名・巻・頁）：特開 2000-79340, 特許 3135539
発明名称（論文名）：改良された炭化水素用水蒸気改質触媒
筆頭発明者（著者）：沼口徹
出願人（所属）：東洋エンジニアリング
要約：触媒活性低下が少ない炭化水素用水蒸気改質触媒として，Ni/α-Al$_2$O$_3$ あるいは Ni/CaO-Al$_2$O$_3$ を開発した。Ni 含有率は 3-20 wt% である。Ni の一部は NiAl$_2$O$_4$ を形成している。本触媒は炭素処理によって Ni および NiAl$_2$O$_4$ の格子定数が増大している。

公報・公開番号（論文誌名・巻・頁）：特許 3223270
発明名称（論文名）：エタノール製造法
筆頭発明者（著者）：森川茂
出願人（所属）：通商産業省　基礎産業局長
要約：シリカにチタニア，あるいはジルコニアを担持した後，リン酸を含浸担持した，リン酸担持触媒を開発。同触媒はエチレン水和によるエタノール合成に高活性を示すと共に，リン酸の溶出が抑制された。

公報・公開番号（論文誌名・巻・頁）：特開 2001-270705
発明名称（論文名）：炭化水素の水蒸気改質方法
筆頭発明者（著者）：福永哲也
出願人（所属）：出光興産
要約：前段で α-Al$_2$O$_3$ を用い炭化水素の分解を 700℃で行い，後段で Ru-ZrO$_2$-MgO-CoO$_x$-α-Al$_2$O$_3$ を用い 650℃で反応を行うことで，カーボンの析出を抑制することで，低いスチーム／カーボン比でも高活性・長寿命を示す水蒸気改質方法。

つづく

第6章　石油・エネルギー

公報・公開番号（論文誌名・巻・頁）：特許3664502
発明名称（論文名）：エチレンおよびプロピレンの製造方法
筆頭発明者（著者）：角田隆
出願人（所属）：旭化成工業（旭化成）
要約：Ag/H-ZSM-5触媒により，ナフサから低級オレフィンと芳香族を製造する。Ag/H-ZSM-5に水蒸気処理を施すことにより，低級オレフィン収率と触媒の安定性の向上が達成。

公報・公開番号（論文誌名・巻・頁）：特許3912077，触媒，**49**，404（2007）
発明名称（論文名）：水素の選択的酸化触媒，水素の選択的酸化方法，及び炭化水素の脱水素方法
筆頭発明者（著者）：西山貴人
出願人（所属）：三菱化学（三菱ケミカル）
要約：γ-Al_2O_3粉末を核とし，Nb_2O_5で造粒した後，Ptを担持する。脱水素反応で生成する水素を選択酸化。特に，エチルベンゼン脱水素における生成水素を選択酸化除去することで，平衡を生成物側にシフトさせる。

公報・公開番号（論文誌名・巻・頁）：特許4648566
発明名称（論文名）：オートサーマルリフォーミング触媒および燃料電池用燃料ガスの製造方法
筆頭発明者（著者）：安斉巌
出願人（所属）：JX日鉱日石エネルギー（JXTGエネルギー）
要約：γ-Al_2O_3にCeO_2とMgO（各硝酸塩水溶液）を含浸担持し焼成後，さらにRuを含浸担持する。脱硫灯油を原料としたオートサーマル改質により燃料電池用の水素を製造。

公報・公開番号（論文誌名・巻・頁）：特開2003-26613，特許3985038
発明名称（論文名）：低級炭化水素から芳香族炭化水素と水素を製造する方法
筆頭発明者（著者）：張戦国
出願人（所属）：産業技術総合研究所
要約：メタン等の低級炭化水素からベンゼン，ナフタレン等の芳香族炭化水素と水素を同時に且つ触媒活性の低下を招くことなく製造するため，原料の低級炭化水素と，水素含有ガスまたは水素ガスをそれぞれ周期的に且つ交互に触媒と接触させる。

つづく

公報・公開番号(論文誌名・巻・頁):特開 2003-33517
発明名称(論文名):ベータアルミナの製造方法
筆頭発明者(著者):緒方靖士
出願人(所属):触媒化成工業(日揮触媒化成)
要約:表面積が大きく耐熱性に優れた触媒担体としての,表面積の大きいベータアルミナを,繊維状擬ベーマイト形アルミナ水和物と,ランタン,セリウム,マグネシウム,カルシウム,バリウム,ストロンチウム,カリウム,ナトリウムから選ばれた少なくとも一種の金属成分を含む水溶液とを混合,乾燥,焼成して製造する。

公報・公開番号(論文誌名・巻・頁):特開 2004-220949,特許 4342803
発明名称(論文名):固体高分子形燃料電池付改質装置システム及びその運転方法
筆頭発明者(著者):小宮純
出願人(所属):東京瓦斯
要約:経時劣化した改質触媒をそのまま使用して長期間にわたり継続して運転できる固体高分子形燃料電池付改質装置システムとして,累積改質用炭化水素系燃料量及び起動-停止回数のいずれか一方または両方の運転情報から改質触媒の経時劣化度合を推定し,当該劣化度合に見合うように改質用水流量を増加させる制御を行う。

公報・公開番号(論文誌名・巻・頁):特開 2004-307236,特許 4130603
発明名称(論文名):水素製造システム,その起動及び停止方法
筆頭発明者(著者):藤原直彦
出願人(所属):東京瓦斯
要約:停止開始から停止状態,起動開始から定常運転までシステム内を常に還元雰囲気とすることにより,改質触媒及び CO 変成触媒の劣化を抑制して起動-停止を繰り返して長期間にわたり運転を続けることができる水素製造システム,その運転方法及び燃料電池システムを得る。

公報・公開番号(論文誌名・巻・頁):特許 4420127
発明名称(論文名):二酸化炭素改質用触媒およびその製造方法
筆頭発明者(著者):斉藤芳則
出願人(所属):村田製作所
要約:炭素析出を抑制した,炭化水素の二酸化炭素改質用触媒として,Ca,Sr および Ba からなる群より選ばれる少なくとも1種のアルカリ土類金属の炭酸塩と,炭化水素系原料ガスの分解反応を促進する触媒金属とを含む混合物を主成分とし,さらに,$ATiO_3$(A は Ca,Sr および Ba からなる群より選ばれる少なくとも1種のアルカリ土類金属)を含む。

つづく

第 6 章　石油・エネルギー

公報・公開番号（論文誌名・巻・頁）：特許 4685668
発明名称（論文名）：炭化水素流動接触分解用触媒組成物およびその製造方法
筆頭発明者（著者）：渡部光徳
出願人（所属）：日揮触媒化成
要約：フォージャサイト型ゼオライト系ＦＣＣ触媒に，ZSM-5 などのペンタシル型ゼオライトを含有する FCC 触媒（アディティブ触媒）において，ガソリンのオクタン価や低級オレフィンの量を高めるためにペンタシル型ゼオライトの含有量を増やすことが有効であるが，アディティブ触媒を構成する微小球状粒子中のリン含有量を，中心部分よりも表面部分に多くすることによって，摩耗強度を維持した。

公報・公開番号（論文誌名・巻・頁）：特開 2005-199264，特許 4759243
発明名称（論文名）：合成ガス製造用触媒およびこれを用いた合成ガスの製造方法
筆頭発明者（著者）：皆見武志
出願人（所属）：千代田化工建設
要約：炭素数 1～5 の炭化水素を用いた接触部分酸化反応による合成ガス製造用触媒を開発した。代表的な触媒は $Rh/MgO-CeO_2-ZrO_2/Al_2O_3$ である。この触媒は高い転化率，選択率を示し，炭素析出に対する耐性が高い。

公報・公開番号（論文誌名・巻・頁）：特開 2005-254083，特許 4878736
発明名称（論文名）：重質油水素化処理触媒及びその製造方法
筆頭発明者（著者）：岩本隆一郎
出願人（所属）：石油産業活性化センター，出光興産
要約：MgO と Al_2O_3 から成る単体に Mo，NiH_3PO_4 を担持。繰り返し利用可能な重質油の脱硫触媒が得られる。触媒調製時の金属添加順が重要。

公報・公開番号（論文誌名・巻・頁）：特開 2006-055820
発明名称（論文名）：合成ガス製造用触媒，合成ガス製造用触媒の調製方法，および合成ガスの製造方法
筆頭発明者（著者）：八木冬樹
出願人（所属）：千代田化工建設
要約：耐カーボン製に優れ，触媒劣化を抑制した合成ガス製造用触媒。成形した MgO 担体の外表面から 1500 μm の範囲内に担持量（10～5000 wt-ppm）の 85 mol% の Ru を担持させることで，Ru の有効利用を図ると共に，触媒の強度も向上できる。

つづく

公報・公開番号（論文誌名・巻・頁）：特開 2007-302629
発明名称（論文名）：金触媒の劣化抑制方法
筆頭発明者（著者）：林利生
出願人（所属）：日本触媒
要約：金触媒を用いてアルコールを酸素酸化する反応では，鉄が触媒毒となり，転化率や選択率が低下する。工業的規模の反応では，ステンレス製反応器からの鉄の溶出が問題となる。反応器の材質選定や反応器内壁の処理を適切に行うことによって，鉄による劣化を抑制することができた。

公報・公開番号（論文誌名・巻・頁）：特開 2008-246312
発明名称（論文名）：合成ガス製造触媒及びそれを用いた合成ガス製造方法
筆頭発明者（著者）：今川健一
出願人（所属）：千代田化工建設
要約：接触部分酸化による合成ガス製造用触媒。フォーム状触媒担体に対して，担体の吸水量相当の触媒金属溶液を含浸させ，ついで，凍結乾燥により触媒を調製することで，触媒金属の凝集を抑制する。

公報・公開番号（論文誌名・巻・頁）：特開 2008-272646
発明名称（論文名）：水素化処理触媒再賦活方法および水素化処理触媒製造方法
筆頭発明者（著者）：岡本康昭
出願人（所属）：島根大学
要約：6属金属を活性種として担持させた水素化処理触媒の再生方法。6属金属の酸化物を10 wt%～60 wt% 含む劣化した水素化処理触媒に酸化処理を施し，次いで，クエン酸を6属金属1モル当たり 0.1～3.0 モル含浸させて乾燥する。クエン酸の添加により Mo の硫化が促進され，Co の硫化が完了する前に MoS2 層を形成することで，CoMoS が効果的に形成される。

公報・公開番号（論文誌名・巻・頁）：特表 2009-519815，特許 5909036
発明名称（論文名）：水素化処理触媒の製造方法
筆頭発明者（著者）：セシリア　ラドロウスキー
出願人（所属）：Advanced Refining Tecnologies
要約：200℃より高く，キレート剤の実質的な分解を引き起こす温度より下で，かつ短期間で，乾燥することにより得られるキレート含有 CoMoP 脱硫触媒。

つづく

第6章　石油・エネルギー

公報・公開番号（論文誌名・巻・頁）：特開 2010-023022
発明名称（論文名）：フィッシャー・トロプシュ合成用触媒，及びその製造方法，並びにその触媒を用いる炭化水素類の製造方法
筆頭発明者（著者）：佐藤 一仁
出願人（所属）：コスモ石油
要約：Mn，ルテニウム，コバルトの3種を用いることで，これら1種または2種用いるよりも，活性を向上できる，フィッシャー・トロプシュ合成用触媒およびその製造方法。

公報・公開番号（論文誌名・巻・頁）：特開 2011-116576
発明名称（論文名）：水素製造装置
筆頭発明者（著者）：彦坂英昭
出願人（所属）：日本特殊陶業
要約：水素分離膜を用いた炭化水素の改質装置。原料ガスを改質する改質触媒層と水素分離膜に加え，改質触媒と水素分離材料との反応防止層および水素分離膜の表面保護層を備え，反応防止層中の水素透過性金属量が改質触媒側から水素透過側に向けて増加させることで，水素分離膜のはく離を抑制する。

公報・公開番号（論文誌名・巻・頁）：特開 2011-148720
発明名称（論文名）：ブタジエンの製造方法
筆頭発明者（著者）：ヘン・パラー
出願人（所属）：三井化学
要約：エチレンを二量化してn-ブテンを得る第一工程と，n-ブテンを酸化脱水素してブタジエンを得る第二工程からなる。第一工程には，アルミナおよびシリカからなる担体に極少量のニッケルを担持した触媒を用いる。第二工程には，モリブデンとビスマスを主成分とする複合金属酸化物触媒を用いる。

公報・公開番号（論文誌名・巻・頁）：特開 2011-177626, 特許 5676120
発明名称（論文名）：活性化フィッシャー・トロプシュ合成触媒の製造方法及び炭化水素の製造方法
筆頭発明者（著者）：永易圭行
出願人（所属）：JX日鉱日石エネルギー（JXTGエネルギー）
要約：分子状水素気流中300～600℃での水素還元工程と，分子状水素を含まず一酸化炭素を含む気流中200～400℃でのCO還元工程とを備えるフィッシャー・トロプシュ合成触媒の製造方法。

つづく

公報・公開番号（論文誌名・巻・頁）：USP 7863489B2，特表 2011-529496，特許 5611205
発明名称（論文名）：Direct and Selective Production of Ethanol from Acetic Acid Utilizing a Platinum/Tin Catalyst
筆頭発明者（著者）：V. J. Johnston
出願人（所属）：Celanese
要約：担体上に白金及びスズを担持した触媒を用い，気相で酢酸を水素化することにより高い選択率および収率でエタノールを合成できる。反応温度は約 250℃である。この手法は工業的スケールで実施できる。

公報・公開番号（論文誌名・巻・頁）：特開 2012-1441
発明名称（論文名）：エタノール製造方法，およびエタノール製造システム
筆頭発明者（著者）：御山稔人
出願人（所属）：積水化学
要約：水素と一酸化炭素を含むバイオマスガスと触媒とを用いてエタノールを製造する方法であり，1または2ステップの反応によりエタノールを合成できる。1ステップ目では Rh-Mn/SiO$_2$ 触媒を用いバイオマスガスからエタノールを含む生成物を得る。2ステップ目では水素化触媒を用い1ステップ目の生成物に含まれるアセトアルデヒド等を水素化し，エタノールを得る。

公報・公開番号（論文誌名・巻・頁）：特開 2012-7098，特許 5610875
発明名称（論文名）：軽油超深度脱硫触媒
筆頭発明者（著者）：関浩幸
出願人（所属）：JX 日鉱日石エネルギー，他
要約：Si，Ti，Al の酸化物担体に，CoMo クエン酸（and/or P）を担持する未焼成型脱硫触媒。二硫化モリブデン層が，平均長 3.5 nm を超え，7 nm 以下，かつ，平均積層数が 1.0 を超え，1.9 以下である。

公報・公開番号（論文誌名・巻・頁）：特開 2012-5976，特許 5610874
発明名称（論文名）：炭化水素油の水素化脱硫触媒及びその製造方法
筆頭発明者（著者）：関浩幸
出願人（所属）：JX 日鉱日石エネルギー，他
要約：Si，Ti，Al の酸化物担体に，CoMo クエン酸を担持する未焼成型脱硫触媒。二硫化モリブデン層が，平均長 3.5 nm を超え，7 nm 以下，かつ，平均積層数が 1.0 を超え，1.9 以下である。

つづく

第6章　石油・エネルギー

公報・公開番号（論文誌名・巻・頁）：特開 2012-37413，特許 5824199
発明名称（論文名）：検知用素子及び接触燃焼式ガスセンサ
筆頭発明者（著者）：香田弘史
出願人（所属）：日本写真印刷
要約：Pd&Pt の水素ガスセンサーにおいて，Si 化合物（シロキサン等）の被毒劣化の問題に対して，触媒の高表面積化により，応答性と耐久性を両立させた。

公報・公開番号（論文誌名・巻・頁）：特開 2012-201633
発明名称（論文名）：単環芳香族炭化水素の製造方法
筆頭発明者（著者）：柳川真一朗
出願人（所属）：JX 日鉱日石エネルギー
要約：原料油中のナフテノベンゼン含有比率を 10 wt% 以上となるよう調整し，結晶性アルミノシリケートを含む触媒と接触させることで，流動接触分解（FCC）から生成するライトサイクル油（LCO）から，単環芳香族（ベンゼンなど）を効率よく製造する。

公報・公開番号（論文誌名・巻・頁）：特開 2013-7527，特許 5811750
発明名称（論文名）：プロピレン製造用触媒の製造方法及びプロピレンの製造方法
筆頭発明者（著者）：原雅寛
出願人（所属）：三菱ケミカル
要約：エチレンを原料とするプロピレン製造方法において，C5 以上成分の副生を抑制し，高い選択率でプロピレンを製造するためのプロピレン製造用触媒の製造法。汎用性の高い炭化水素溶媒存在下，10 重量%以上 25 重量%以下の水分を含む CHA 型構造を有するゼオライトをシリル化処理することにより，シリル化された CHA 型構造を有するゼオライトを含む触媒。

公報・公開番号（論文誌名・巻・頁）：特開 2013-32987
発明名称（論文名）：水素センサ装置
筆頭発明者（著者）：菅野周一
出願人（所属）：日立オートモーティブシステムズ，本田技研工業
要約：燃料電池自動車に搭載される水素センサ装置の前段に設置する，シロキサン除去装置。Si 系シール材などから生成するシロキサンを分解し，同シロキサンから生成する SiO_2 を吸着させる。

つづく

触媒劣化—原因，対策と長寿命触媒開発—

公報・公開番号（論文誌名・巻・頁）：特開 2014-217793，特許 6102473
発明名称（論文名）：合成ガス製造用触媒，該触媒の再生方法，及び合成ガスの製造方法
筆頭発明者（著者）：藤本泰弘
出願人（所属）：三菱化学
要約：炭素析出を抑制した，炭化水素の二酸化炭素改質用触媒および触媒の再生方法。Mn を含む複合酸化物（$X1_xX2_yMn_zO_\partial$：X1 は第 2 族元素，X2 は第 3 族元素，第 5 族元素，第 13 族元素のいずれか）を用いることで，析出した炭素質の酸化除去能力の向上と，二酸化炭素による触媒の再生が可能となる。

公報・公開番号（論文誌名・巻・頁）：WO2011/149996 A2
発明名称（論文名）：Nanowire Catalysts
筆頭発明者（著者）：E. C. Scher
出願人（所属）：Siluria Technologies
要約：ナノサイズのワイヤー状多結晶酸化物触媒を開発した。アスペクト比は 10 以上である。本触媒は，バクテリオファージをテンプレートとし，金属塩と好適なアニオンを反応させることにより調製される。本手法を用いて調製した Li/MgO 触媒をメタンの酸化的カップリング反応によるエチレン合成に用いると，約 20% のメタン転化率，約 60% の C2 選択率であった。

公報・公開番号（論文誌名・巻・頁）：WO2012-107718 A2
発明名称（論文名）：Catalyst
筆頭発明者（著者）：Francis Daly
出願人（所属）：Oxford Catalysts（Velocys）
要約：SiO_2 担体に Ti イソプロポキシドを含浸・乾燥後，硝酸 Co のクエン酸水溶液に Re を担持する。さらに Pt 担持することで，均一金属粒子径となり，活性が高い。

公報・公開番号（論文誌名・巻・頁）：US7011740B2，US7153479B2
発明名称（論文名）：Catalyst recovery from light olefin FCC effluent/Catalyst regenerator with a centerwell
筆頭発明者（著者）：Tallman Michael/ Peterson Robert B
出願人（所属）：Kellogg Brown & Root, Inc
要約：オイルを追加添加することで，スラリーオイルの流動性を向上させる，あるいは，触媒と空気の接触効率の向上により発熱量を確保することで，FCC 触媒の劣化を抑制する。

つづく

第6章　石油・エネルギー

公報・公開番号（論文誌名・巻・頁）：US7491315B2, US7611622B2
発明名称（論文名）：Dual riser FCC reactor process with light and mixed light/heavy feeds / FCC process for converting C3/C4 feeds to olefins and aromatics
筆頭発明者（著者）：Eng Curtis N./Niccum Phillip K.
出願人（所属）：Kellogg Brown & Root LLC
要約：オレフィン及び軽質ナフサの接触分解を別個のライザーで行い，触媒再生のみを同一再生器にて実施する。US7611622B2では，Ga-ZSM-5を触媒に用いて，BTX収率を向上。

公報・公開番号（論文誌名・巻・頁）：US2012/0165589 A1
発明名称（論文名）：A Process for the Dehydration of Ethanol to Produce Ethene
筆頭発明者（著者）：S. R. Partington
出願人（所属）：BP
要約：エタノールからエチレンを合成するにあたって，リンタングステン酸触媒を用いるプロセスを開発した。エチレンガス中に微量含まれるC4炭化水素を分離するには高コストなプロセスが必要である。本発明のプロセスでは，C4炭化水素濃度を生成エチレン量に対して1000 ppm wt以下に抑制できる。リンタングステン酸触媒は含浸法により調製される。

公報・公開番号（論文誌名・巻・頁）：US2014/0018592 A1
発明名称（論文名）：Molded catalyst for the conversion of methanol to aromatics and process for producing the same
筆頭発明者（著者）：CHEN Xiqiang
出願人（所属）：SINOPEC
要約：メタノールからBTX合成において，ZSM-5ゼオライトと，Ag, Zn, Gaの内少なくとも1種からなる触媒を用いることで，高収率でBTXが得られる。

公報・公開番号（論文誌名・巻・頁）：*J. Jpn. Petrol. Inst.*, **45**, 127 (2002)
発明名称（論文名）：Catalyst Deactivation during the Hydrotreatment of High Aliphatic and Low Sulfur Atmospheric Residue
筆頭発明者（著者）：H. Higashi
出願人（所属）：Kagoshima University
要約：高脂肪族・低硫黄油の常圧残さ油の水素化脱硫・脱メタル反応において，使用されるモリブデン，コバルトおよびニッケル触媒の硫化について，硫黄含有量の高い残さ油を混合して処理することにより，触媒の硫化状態を保ち，水素化脱硫・脱メタル活性が向上させた。

つづく

公報・公開番号（論文誌名・巻・頁）：*J. Jpn. Petrol. Inst.*, **47**, 107 (2004)
発明名称（論文名）：Promotion of Catalytic Activities and Suppression of Deactivation by Water in the Hydrotreatment of Atmospheric Residue
筆頭発明者（著者）：H. Mizutani
出願人（所属）：Cosumo Oil ほか
要約：常圧残油の水素化処理プロセスに水を添加することにより，NiMo 系触媒の水素化脱硫・脱金属活性が向上し，劣化が抑制された。水は，コーク前駆体の触媒表面からの脱離を促進するとともに，触媒活性点へのアスファルテンの吸着と生成物脱離のサイクルを促進すると推察された。

公報・公開番号（論文誌名・巻・頁）：*J. Jpn. Petrol. Inst.*, **47**, 303 (2004)
発明名称（論文名）：Promotion of Catalytic Activity and Suppression of Deactivation by Solvent Addition in the Hydrotreating of Atmospheric Residue
筆頭発明者（著者）：H. Mizutani
出願人（所属）：Cosumo Oil ほか
要約：常圧残油の水素化処理プロセスに対する溶媒の添加効果を調べた。水の添加は特異的に水素化脱硫活性を向上させた。分解軽油（LCO）やテトラリンの添加も水素化脱硫活性を向上させた。一方，フェノールの添加は水素化脱硫活性を低下させた。

公報・公開番号（論文誌名・巻・頁）：*J. Jpn. Petrol. Inst.*, **50**, 262 (2007)
発明名称（論文名）：キレート剤を用いた高活性 Co/SiO$_2$ Fischer-Tropsch 合成触媒の調製：調製の各過程における Co 種の構造に及ぼすキレート剤の影響
筆頭発明者（著者）：望月 剛久，他
出願人（所属）：東北大学
要約：キレート剤を添加することで，微小クラスターCo 種が SiO$_2$ に担持された触媒を開発。通常の含浸法触媒と比較し，FT 合成転化率が 3 倍向上する。

公報・公開番号（論文誌名・巻・頁）：*Std. Surf. Sci. Catal.*, **147**, 1 (2004)
発明名称（論文名）：Most Recent Developments in Ethylene and Propylene Production from Natural Gas Using the UOP/Hydro MTO Process
筆頭発明者（著者）：J. Q. Chen
出願人（所属）：UOP ほか
要約：UOP/Hydro MTO プロセスにおいてメタノール原料に対するエチレン＋プロピレンの収率は 75～80% である。本プロセスと ATOFINA/UOP オレフィンクラッキングプロセスを組み合わせ，フィードを一部循環して運転すると，メタノール原料に対するエチレン＋プロピレンの収率は 85～90% に達する。UOP/Hydro MTO プロセスは連続触媒再生式反応器を用いることにより，炭素析出による SAPO-34 触媒の活性低下に対処している。

つづく

第6章　石油・エネルギー

公報・公開番号（論文誌名・巻・頁）：*J. Mol. Catal. A: Chemical*, **292**, 1（2008）
発明名称（論文名）：Deactivation of FCC catalysts
筆頭発明者（著者）：F. Ramôa Ribeiroc..
出願人（所属）：Centre for Biological and Chemical Engineering, Instituto Superior Técnico, Portugal
要約：FCC触媒，およびUSYゼオライトについて，コーク析出，N，O，S含有分子の吸着，脱アルミニウムによる劣化に関する総説。

公報・公開番号（論文誌名・巻・頁）：*J. Mol. Catal. A: Chemical*, **305**, 69（2009）
発明名称（論文名）：Prevention of zeolite deactivation by coking
筆頭発明者（著者）：M. Guisnet
出願人（所属）：Centre for Biological and Chemical Engineering, Instituto Superior Técnico, Portugal
要約：コーク析出のメカニズム，析出コークの分析法と併せて，コーク生成の防止法に関する総説。

公報・公開番号（論文誌名・巻・頁）：*Journal of Catalysis.*, **276**, 268（2010）
発明名称（論文名）：A combined in situ time-resolved UV-Vis, Raman and high-energy resolution X-ray absorption spectroscopy study on the deactivation behavior of Pt and Pt-Sn propane dehydrogenation catalysts under industrial reaction conditions
筆頭発明者（著者）：Bert M. Weckhuysen
出願人（所属）：Utrecht Univ.
要約：Pt/Al_2O_3によるプロパン脱水素反応において，SnとPtの合金化することが，コーク生成およびシンタリング抑制に有効である。

公報・公開番号（論文誌名・巻・頁）：*Journal of Catalysis.*, **279**, 183（2011）
発明名称（論文名）：Coke steam reforming in FCC regenerator: A new mastery over high coking feeds
筆頭発明者（著者）：Avelino Corma
出願人（所属）：Universidad Politecnica de Valencia
要約：FCC（流動接触分解）の再生工程において，コーク燃焼に加え水蒸気改質反応を行うことで，触媒再生を行いながら，水素を取り出すことができる。

つづく

公報・公開番号（論文誌名・巻・頁）：*Journal of Catalysis.*, **279**, 397（2011）
発明名称（論文名）：Direct observation of catalyst behaviour under real working conditions with X-ray diffraction：Comparing SAPO-18 and SAPO-34 methanol to olefin catalysts
筆頭発明者（著者）：David S. Wragg
出願人（所属）：Univ. Oslo
要約：SAPO-18 を用いることで，類似構造の SAPO-34 と比較して，コーク生成が抑制されるため，MTO 反応に有効である。

公報・公開番号（論文誌名・巻・頁）：*Journal of Catalysis.*, **280**, 50（2011）
発明名称（論文名）：Effect of boron promotion on the stability of cobalt Fischer-Tropsch catalysts
筆頭発明者（著者）：Kong Fei Tan
出願人（所属）：National University of Singapore
要約：DFT 計算により，FT 合成用 Co 触媒のカーボン生成に対して，ホウ素の添加効果があることを推算し，実際に 0.5 wt% のホウ素添加した触媒では，劣化速度が 1/6 以下に抑制出来ることを報告。また，XPS 及び TPH（Temperature programmed Hydrogenation）により，ホウ素のカーボン析出抑制効果を評価した。

公報・公開番号（論文誌名・巻・頁）：*Applied Catalysis A: General.*, **397**, 62（2011）
発明名称（論文名）：Silicon carbide foam composite containing cobalt as a highly selective and re-usable Fischer-Tropsch synthesis catalyst
筆頭発明者（著者）：Cuong Pham-Hu
出願人（所属）：CNRS, et al.
要約：SiC または Al_2O_3/SiC 高空隙構造体を担体に用いた Co 担持 FT 合成用触媒。熱伝導性を抑制したことで，高性能触媒となる。

公報・公開番号（論文誌名・巻・頁）：*Journal of Catalysis.*, **277**, 54-63（2011）
発明名称（論文名）：Effect of boric oxide doping on the stability and activity of a Cu-SiO$_2$ catalyst
for vapor-phase hydrogenation of dimethyl oxalate to ethylene glycol
筆頭発明者（著者）：Youzhu Yuan
出願人（所属）：Xiamen University
要約：B-Cu-SiO2 触媒を用いることによりシュウ酸ジメチルが効率的にエチレングリコールに転換した。この触媒は担持銅触媒を尿素によるゲル化により調製したのち，ホウ酸をあと含浸することで調製している。

つづく

第6章　石油・エネルギー

公報・公開番号（論文誌名・巻・頁）：*Catalysis Today.*, **233**, 8（2014）
発明名称（論文名）：Conversion of methanol to aromatics in fluidized bed reactor
筆頭発明者（著者）：Tong Wang
出願人（所属）：Tsinghua University ほか
要約：流動床反応器によるメタノールからの BTX の製造。Zn/ZSM-5 を使用し，250～475℃にて反応特性を評価。2ステージの流動床において，バックミキシングを抑制することで芳香族の生産性が向上する。

公報・公開番号（論文誌名・巻・頁）：*Beilstein J. Nanotechnol*, **5**, 760（2014）
発明名称（論文名）：Carbon dioxide hydrogenation to aromatic hydrocarbons by using an iron/iron oxide nanocatalyst
筆頭発明者（著者）：Hongwang Wang
出願人（所属）：Kansas State University
要約：CO_2 と H_2 からの芳香族の製造向け Fe/Fe_3O_4 ナノ触媒。480℃，0.1 MPa，$CO_2/H_2=1/1$ の条件にて，生成物中の 40 wt% がメチシレンとなることを報告。

公報・公開番号（論文誌名・巻・頁）：石油学会51回年会予稿集，S01（2008）
発明名称（論文名）：ライトナフサからの芳香族製造用ハロゲン修飾 Pt/L 型ゼオライト触媒の開発
筆頭発明者（著者）：勝野尚
出願人（所属）：出光興産，シェブロン
要約：ライトナフサ芳香族化触媒（Pt/L 型ゼオライト）にハロゲン（F, Cl）を添加。未処理触媒と比較し活性（約9倍）と耐久性（約2倍）が向上。商業触媒（Aromax®Ⅱ_触媒）の製造にも成功し，大型商業プラントの操業に繋げた。

第7章　石油化学・合成化学

清水研一[*1]，今　喜裕[*2]，中村陽一[*3]，川原　潤[*4]，
二宮　航[*5]，木村　学[*6]，米本哲郎[*7]

公報・公開番号（論文誌名・巻・頁）：特許第2591786号
発明名称（論文名）：4-アミノフェノール製造用の改良水素化方法
筆頭発明者（著者）：ジェイムズ・ツ・フエン・カオ　ほか
出願人（所属）：ノランコ・インコーポレーテッド
要約：溶媒の硫酸中に含まれているSO_2によりPt/C触媒が被毒される。過酸化水素によりSO_2を酸化させると触媒が再生する。

公報・公開番号（論文誌名・巻・頁）：特公昭62-23726
発明名称（論文名）：1,3-ブタジエンの回収方法
筆頭発明者（著者）：飯尾章　ほか
出願人（所属）：日本合成ゴム
要約：アセチレン類化合物の選択水素化において，Pd/Al_2O_3触媒上のPdが担体から脱離し，活性が低下する。触媒にTeを添加すると脱離が抑制できる。

つづく

---

* 1　Kenichi Shimizu　北海道大学　触媒科学研究所　触媒材料研究部門　教授
* 2　Yoshihiro Kon　（国研）産業技術総合研究所　触媒化学融合研究センター
　　　　　　革新的酸化チーム　研究チーム長
* 3　Yoichi Nakamura　（国研）産業技術総合研究所　触媒化学融合研究センター
　　　　　　革新的酸化チーム　特別研究員
* 4　Jun Kawahara　三井化学㈱　研究開発本部　生産技術研究所
　　　　　　プロセス基盤技術グループ　主任研究員
* 5　Wataru Ninomiya　三菱ケミカル㈱　大竹研究所　化成品研究室　MMAグループ
　　　　　　主席研究員
* 6　Manabu Kimura　広栄化学工業㈱　研究開発本部　研究所
* 7　Tetsuro Yonemoto　住友化学㈱　石油化学品研究所　触媒・プロセスIユニット
　　　　　　石油化学品チーム　主席研究員

第7章 石油化学・合成化学

公報・公開番号（論文誌名・巻・頁）：特表 2002-523230
発明名称（論文名）：ニッケル触媒
筆頭発明者（著者）：レーシンク・ベルナルド・ヘンドリク　ほか
出願人（所属）：エンゲルハード コーポレーション
要約：高 Ni 含有量の Ni 触媒は，高温で使用すると，Ni が焼結して表面積を失う。Ni 触媒の製造において，少量の SiO_2 を添加すると焼結耐性が向上する。

公報・公開番号（論文誌名・巻・頁）：特公平 7-45014
発明名称（論文名）：アジリジン化合物製造用触媒の再生方法
筆頭発明者（著者）：常木英昭　ほか
出願人（所属）：日本触媒
要約：P を含有する触媒の存在下，アルカノールアミンを反応させると P の飛散により，次第に活性が低下する。劣化した触媒を気体状態の揮発性燐化合物と接触させることで触媒に燐を補給することができ，触媒の再生が容易かつ迅速に達成される。

公報・公開番号（論文誌名・巻・頁）：特開平 13-314771
発明名称（論文名）：アルカノールアミン製造用触媒の再生方法
筆頭発明者（著者）：常木英昭　ほか
出願人（所属）：日本触媒
要約：アンモニアとアルキレンオキシドとの反応において有機物が触媒に付着することにより活性が低下する。アンモニアを流通させて触媒に付着した有機物を分解・抽出することで，簡便に触媒を再生できる。

公報・公開番号（論文誌名・巻・頁）：*Catal. Surv. Jpn.*, **2**, 71（1998）
発明名称（論文名）：Synthesis of pyridine bases: general methods and recent advances in gas phase synthesis over ZSM-5 zeolite
筆頭発明者（著者）：S. Shimizu　ほか
出願人（所属）：広栄化学工業，住友化学
要約：ゼオライトを用いたピリジン合成反応では，コーク蓄積により活性が低下する。触媒再生時に，空気中に少量のアルコールを添加することにより，コークを効率的に除去することが可能となり触媒寿命が改善する。

つづく

公報・公開番号（論文誌名・巻・頁）：特許第 3463089 号
発明名称（論文名）：水素化用触媒，水素化方法及び軽油の水素化処理方法
筆頭発明者（著者）：葭村雄二　ほか
出願人（所属）：産業技術総合研究所
要約：硫黄化合物や窒素化合物に対して耐性を有する長寿命の水素化用触媒を提供することが課題として挙げられる。重希土類元素で修飾した超安定化Y型ゼオライト担体にPd及び／又はPtを担持した触媒は高い水素化活性を有するだけでなく優れた耐硫黄被毒性や耐窒素被毒性を有する。

公報・公開番号（論文誌名・巻・頁）：触媒.，**53**, 409（2011）
発明名称（論文名）：エマルション法によるナノサイズゼオライト合成
筆頭発明者（著者）：多湖輝興　ほか
出願人（所属）：北海道大学
要約：ゼオライトを用いたオレフィン生成反応では，オレフィンの細孔内の移動度が遅いため，細孔内でコークが生成しやすく劣化する。ゼオライトをナノサイズ化することで外表面の割合を増やしコーク付着の影響を低減させ，劣化を抑制することができる。

公報・公開番号（論文誌名・巻・頁）：特開 2001-96173
発明名称（論文名）：触媒再生方法
筆頭発明者（著者）：森徳春　ほか
出願人（所属）：日本触媒
要約：コーキングで劣化した触媒を反応管に充填されたまま再生する方法。15 容積％以上の酸素含有気体を触媒の耐熱温度以上にならないように流通させる。

公報・公開番号（論文誌名・巻・頁）：*Chem. Eng. J.*, **27**, 177-186（1983）
発明名称（論文名）：A Multiple-reaction Model for Burning Regeneration of Coked Catalysts
筆頭発明者（著者）：K. Hashimoto and T. Masuda
出願人（所属）：Kyoto University
要約：コーキングで劣化した触媒上の炭素と水素の酸化を考慮した焼成再生反応速度式の導出（等温，速度論支配時に成立）。

つづく

第7章　石油化学・合成化学

公報・公開番号（論文誌名・巻・頁）：特開昭 56-51420
発明名称（論文名）：塩化水素ガス中に含まれるアセチレンの水素添加方法及び 1,2-ジクロルエタンの製造方法
筆頭発明者（著者）：大島浩　ほか
出願人（所属）：鐘淵化学工業
要約：鉄の含有量 1,000 ppm 以下の炭化珪素担体にパラジウムを担持させた触媒が良好な触媒活性，触媒寿命，エチレン選択性を示す。

公報・公開番号（論文誌名・巻・頁）：*Appl. Catal. A: Gen.*, **87**, 219-229（1992）
発明名称（論文名）：Deactivation of ruthenium catalysts in continuous glucose hydrogenation
筆頭発明者（著者）：B. J. Arena
出願人（所属）：UOP
要約：グルコースの水素化反応における Ru/Al$_2$O$_3$ 触媒の劣化要因は，Ru の凝集，Al$_2$O$_3$ の変化の他，Fe，S およびグルコン酸の触媒上への蓄積である。

公報・公開番号（論文誌名・巻・頁）：特開平 1-190704
発明名称（論文名）：水素化石油樹脂の製造方法
筆頭発明者（著者）：岡崎巧　ほか
出願人（所属）：荒川化学工業
要約：Pd 担持触媒を固定床反応器に充填し，水素ガスと溶融した石油樹脂を反応器上部あるいは反応器下部より並流で下方あるいは上方へ流し連続して水素化を行ない，芳香核の 50％以上を水素化した。

公報・公開番号（論文誌名・巻・頁）：特開昭 61-204148
発明名称（論文名）：コハク酸の製造法
筆頭発明者（著者）：松崎克己　ほか
出願人（所属）：川崎化成工業
要約：無水マレイン酸またはマレイン酸を水性媒体中で貴金属触媒を用いて水素化しコハク酸を製造する方法において，無水マレイン酸またはマレイン酸を予め陽イオン交換樹脂で処理した後に水素化反応を実施。

つづく

公報・公開番号（論文誌名・巻・頁）：USP4,048,096
発明名称（論文名）：Surface impregnated catalyst
筆頭発明者（著者）：Thomas Charles Bissot
出願人（所属）：Du Pont
要約：担体，担体表面からおよそ 0.5 mm 以下の表層に分散した Pd-Au 合金およびアルカリ金属酢酸塩からなる表面担持型触媒により，酢酸ビニル製造において従来よりも高い生産性を達成した。

公報・公開番号（論文誌名・巻・頁）：*PETROTECH*, **4**(1), 36-46
発明名称（論文名）：1,4-ブタンジオールの製造法について
筆頭発明者（著者）：竹平勝臣　ほか
出願人（所属）：工業技術院
要約：液相ジアセトキシル化（1,4-ブタンジオール製造工程）における Pd 系担持触媒に Te を添加すると活性向上と成分溶出の抑制を実現。

公報・公開番号（論文誌名・巻・頁）：触媒, 50, 185-186 (2008)
発明名称（論文名）：ゼオライトを用いる触媒プロセス開発
筆頭発明者（著者）：石田浩
出願人（所属）：旭化成ケミカルズ
要約：C4 ラフィネートからプロピレンを製造する（オメガプロセス）。ZSM5 の修飾により芳香族化抑制とコーク燃焼再生時の脱 Al 抑制（レドックス剤）を達成。

公報・公開番号（論文誌名・巻・頁）：特開平 11-169719
発明名称（論文名）：芳香族のアルキル化用 Al-β ゼオライト触媒
筆頭発明者（著者）：上野英三郎　ほか
出願人（所属）：旭化成
要約：ベンゼンとエチレンからエチルベンゼンを製造する β ゼオライト触媒の本来の特性を損なうことなく，優れた耐劣化性を発揮する触媒。β ゼオライトを $Al(NO_3)_3$ でイオン交換し，結晶格子外に Al イオンを持つ触媒で耐劣化性が向上。

つづく

第7章　石油化学・合成化学

公報・公開番号（論文誌名・巻・頁）：特開平 10-114708
発明名称（論文名）：カルボン酸エステルの連続的製造方法
筆頭発明者（著者）：丁野昌純　ほか
出願人（所属）：旭化成
要約：メタクロレインの酸化エステル化反応によるメタクリル酸メチル製造触媒（Pd-Pb/SiO$_2$-Al$_2$O$_3$-MgO）の副生物の生成抑制。1）反応溶液 pH を弱酸に保持，2）Pb を定常的に補充，3）酸素分圧を一定値以下にすることで，メトキシ体やギ酸メチル，メタクリル酸やプロピレンの副生が抑えられる。

公報・公開番号（論文誌名・巻・頁）：*J. Catal.*, **262**, 314 (2009)
発明名称（論文名）：Bimetallic PdAu-KOac/SiO$_2$ catalysts for vinyl acetate monomer (VAM) synthesis : Insights into deactivation under industrial conditions
筆頭発明者（著者）：Marga-Martina Pohl　ほか
出願人（所属）：Leibniz-Institute for Catalysis e.V.　ほか
要約：酢酸，エチレン，酸素からの酢酸ビニル合成用触媒（PdAu-KOAc/SiO$_2$）劣化原因解析。各種構造解析から Pd 溶出が主な劣化原因と推定。

公報・公開番号（論文誌名・巻・頁）：*PETROTECH*, **28**(10), 731 (2005)
発明名称（論文名）：脱硫機能を有するライトナフサ異性化触媒の開発
筆頭発明者（著者）：渡辺克哉　ほか
出願人（所属）：コスモ石油
要約：FCC ガソリンの異性化（イソパラフィン製造）用耐 S 被毒触媒の開発。Pt-SO$_4$-ZrO$_2$-Al$_2$O$_3$ に Pd を添加する。Pd は Al$_2$O$_3$ 上に存在し Pt と合金は形成していない。Pt-SO$_4$-ZrO$_2$-Al$_2$O$_3$ と Pd/Al$_2$O$_3$ の共存効果で耐 S 被毒が向上。

公報・公開番号（論文誌名・巻・頁）：特開 2004-181357
発明名称（論文名）：金微粒子の剥離抑制方法
筆頭発明者（著者）：林利生　ほか
出願人（所属）：日本触媒
要約：エチレングリコールの直接酸化エステル化反応用 7.8％ Au-Ti-SiO$_2$ 触媒の劣化抑制。Au に対して原子比 0.001～0.2 の範囲で Pd などを添加することで，Au の剥離が抑制され耐久性が向上。

つづく

公報・公開番号（論文誌名・巻・頁）：特開平5-213831A
発明名称（論文名）：炭酸ジアルキルの製造方法
筆頭発明者（著者）：ハインツ・ラントシヤイト　ほか
出願人（所属）：Bayer
要約：一酸化炭素と亜硝酸メチルからジメチルカーボネートを合成する触媒（1%Pd-1.2%CuCl-CG）の劣化抑制。Pd(II)→Pd(0)の還元が劣化原因であり，微量の塩素化合物を原料に添加することでPd価数を維持し，ジメチルカーボネートの選択率が維持される。

公報・公開番号（論文誌名・巻・頁）：ゼオライト，21(4), 124（2004）
発明名称（論文名）：ゼオライトを用いたアダマンタン合成
筆頭発明者（著者）：小島昭雄　ほか
出願人（所属）：出光興産　ほか
要約：テトラヒドロジシクロペンタジエンの骨格異性化によるアダマンタンの製造用触媒（HYゼオライト）のコーキング抑制。触媒にPtを添加し，反応に水素を共存させることで，コーク前駆体を水素化分解しコーキングを抑制。

公報・公開番号（論文誌名・巻・頁）：特表2009-511245
発明名称（論文名）：水熱安定性の多孔性分子ふるい触媒及びその製造方法，炭化水素原料油からの軽質オレフィンの製造方法
筆頭発明者（著者）：Choi; Sun　ほか
出願人（所属）：SK Energy　ほか
要約：軽質ナフサの接触分解による低級オレフィンの製造用触媒（ZSM-5）の劣化抑制。不溶性のアルカリ土類金属塩およびリン酸塩で処理することで，脱アルミが抑制され，劣化が抑制される。

公報・公開番号（論文誌名・巻・頁）：特開昭54-21966
発明名称（論文名）：接触気相酸化方法
筆頭発明者（著者）：高田昌博　ほか
出願人（所属）：日本触媒
要約：o-キシレン酸化（無水フタル酸製造）用触媒の劣化を抑える反応器の設計。固定床多管式熱交換型反応器の熱媒を遮蔽板で上段と下段に分け，それぞれを個別に温度制御することで，ホットスポットの生成を抑え触媒の劣化を抑制できる。

つづく

第 7 章　石油化学・合成化学

公報・公開番号（論文誌名・巻・頁）：特開昭 55-113730
発明名称（論文名）：アクロレイン及びアクリル酸の製造方法
筆頭発明者（著者）：門脇幸重　ほか
出願人（所属）：三菱油化
要約：プロピレンの酸化によりアクロレイン及びアクリル酸を製造する方法の生産性を高める。多管式固定床反応器の入口側に低活性・高選択性触媒を充填し，出口側に高活性・低選択性触媒を充填することで，原料ガス中のプロピレン濃度を高くしても発熱が抑えられるため，爆発範囲を回避するためのスチーム量を減らすことができ，Mo 昇華量が少なくなることで触媒寿命が改善する。

公報・公開番号（論文誌名・巻・頁）：特開平 1-128942
発明名称（論文名）：1,1,1,2-テトラフルオロエタンの製造法
筆頭発明者（著者）：森川真介　ほか
出願人（所属）：旭硝子
要約：水素化脱塩素反応によるフロン代替化合物製造用触媒の劣化抑制。HC（副生物）に耐性を有する不活性カーボン担体を用いる。Pd に Re を添加し合金化することで，Pd のシンタリングを抑制し寿命が改善。

公報・公開番号（論文誌名・巻・頁）：特開平 11-5031
発明名称（論文名）：ナフタレンの気相接触酸化用触媒
筆頭発明者（著者）：信澤達也　ほか
出願人（所属）：川崎製鉄　ほか
要約：ナフタレン酸化（無水フタル酸製造）用触媒（V_2O_5-アルカリ-硫黄化合物/SiO_2）の劣化抑制。触媒に Re を添加すると，水蒸気共存下での SiO_2 の凝集が抑制され触媒が長寿命化。

公報・公開番号（論文誌名・巻・頁）：特開昭 62-067033
発明名称（論文名）：触媒の劣化防止方法
筆頭発明者（著者）：永原肇　ほか
出願人（所属）：旭化成工業
要約：ベンゼンの部分水素化によるシクロヘキセンの合成。反応器接液部表面より溶出する鉄がルテニウム触媒上に蓄積し，劣化する。ニッケルメッキを施すことで劣化抑制。

つづく

公報・公開番号（論文誌名・巻・頁）：触媒, **33**(2), 111（1991）
発明名称（論文名）：Pd系多元触媒によるアルコールの接触酸化
筆頭発明者（著者）：木村洋　ほか
出願人（所属）：花王
要約：ポリエチレングリコールアルキルエーテルカルボン酸合成に使用する酸素の吸着でPd/カーボン触媒の劣化が起こる。Se添加で劣化抑制。

公報・公開番号（論文誌名・巻・頁）：触媒, **41**(1), 53（1999）
発明名称（論文名）：炭酸ジメチルの新規製造法
筆頭発明者（著者）：松崎徳雄
出願人（所属）：宇部興産
要約：亜硝酸メチルと一酸化炭素による炭酸ジメチル製造用担持Pd触媒の劣化抑制。原料ガス中への数ppmの塩化水素ガスの添加，触媒へのCu, Bi, Feのハロゲン化物の添加でPd(II)を安定化し劣化を抑制した。

公報・公開番号（論文誌名・巻・頁）：触媒, **47**(3), 196（2005）
発明名称（論文名）：ジエタノールアミンの形状選択的新製法
筆頭発明者（著者）：常木英昭
出願人（所属）：日本触媒
要約：酸化エチレンとアンモニアによるジエタノールアミンの選択合成に使用するLa-バインダーレスゼオライトの高沸物による細孔閉塞に伴う劣化抑制。閉塞した重合物をNH_3で洗浄することで触媒を再生した。

公報・公開番号（論文誌名・巻・頁）：特許3707607号
発明名称（論文名）：エチレンおよびプロピレンの製造方法
筆頭発明者（著者）：角田隆　ほか
出願人（所属）：旭化成ケミカルズ
要約：C4ラフィネートからのフロピレン合成に使用するゼオライトの劣化抑制。プロトン型ゼオライトは，カーボン質生成に伴う劣化が早い。非プロトン型ゼオライトを用いることにより，カーボン質の生成を抑制した。

つづく

第7章　石油化学・合成化学

公報・公開番号（論文誌名・巻・頁）：触媒, 49(6), 402-403 (2007)
発明名称（論文名）：新規酢酸エチル製造プロセスの開発
筆頭発明者（著者）：内田博　ほか
出願人（所属）：昭和電工
要約：エチレンと酢酸からの酢酸エチル直接合成用ヘテロポリ酸触媒の劣化抑制。ブテン類の生成とブテンの二量化・重合による活性点の被毒から触媒劣化が生じる。Li の微量添加による触媒酸強度の調整によりブテン類の生成を抑制した。

公報・公開番号（論文誌名・巻・頁）：WO2008/114771
発明名称（論文名）：ゼオライト成形触媒を用いる炭化水素の変換方法
筆頭発明者（著者）：ヘン パラー　ほか
出願人（所属）：三井化学
要約：C4〜C5 留分から，エチレンとプロピレンを得る接触分解反応に供する ZSM-5 固定床触媒の劣化抑制。酸量と反応条件の最適化に加え，ポリマー添加状態で触媒調製することで均一細孔を付与。拡散効率向上と触媒強度を両立しコーク副生による劣化を抑制。触媒寿命が 55 時間から 110 時間に向上。

公報・公開番号（論文誌名・巻・頁）：アロマティックス., 54, 25-27, 特開 2002-95736
発明名称（論文名）：ジフェニルアミン類の新製法の開発
筆頭発明者（著者）：入内島忍　ほか
出願人（所属）：日興リカ
要約：Pd/C 触媒を用いたメチルフェノールとメチルアニリンからのジメチルフェニルアミン製造触媒。フェノールとアニリンを 1：1 の比にし，水素とアンモニアを触媒量添加するとタールの生成を抑えられ，触媒劣化を抑制，高選択的な製造方法を示す。

公報・公開番号（論文誌名・巻・頁）：特開平 5-246935
発明名称（論文名）：有機液体からのハロゲン化物不純物の除去
筆頭発明者（著者）：マーク・オー・スケイツ　ほか
出願人（所属）：ヘキスト・セラニーズ・コーポレーション
要約：エチレン，酢酸，酸素から酢酸ビニルを製造する工程において，Au・Pd 触媒を被毒するハロゲン系化合物（酢酸中のヨウ素化合物）を除去する方法。ホスフィンやスカベンジャーの代わりに，金属塩配位ポリマー樹脂（銀配位 Reillex425 ポリビニルピリジン）を用いることで，ハロゲン化合物を樹脂マトリクス中にトラップし，不純物を単一工程で除去できる。

つづく

触媒劣化―原因,対策と長寿命触媒開発―

公報・公開番号(論文誌名・巻・頁):特開 2002-102706
発明名称(論文名):メタクリル酸製造用触媒の再活性化方法
筆頭発明者(著者):春日洋人 ほか
出願人(所属):日本触媒
要約:メタクロレインの気相接触酸化によるメタクリル酸製造に用いる P, Mo 含有ヘテロポリ酸の固定床触媒の再生方法。従来の再生方法は劣化触媒を反応管から抜き出す多工程法。本法では含窒素ヘテロ化合物(ピリジンなど)を加熱した触媒床に流通して触媒を再生する。

公報・公開番号(論文誌名・巻・頁):*Journal of Catalyst*, **98**, 102-114 (1986)
発明名称(論文名):The interaction of V_2O_5 with TiO_2 (Anatase): Catalyst Evolution with Calcination Temperature and o-Xylene Oxidation
筆頭発明者(著者):Ramzi Y. Saleh ほか
出願人(所属):Exxon Chemical Company
要約:o-キシレンの気相接触酸化で無水フタル酸を合成する V_2O_5/TiO_2 固定床触媒。従来法は,反応中(300-400℃),TiO_2 結晶構造変化により活性低下。適温(300-575℃)で長時間焼成すると,TiO_2 がアナターゼ型を保持し,触媒劣化を低減できる。

公報・公開番号(論文誌名・巻・頁):特開昭 60-126233
発明名称(論文名):低級オレフィンの製造方法
筆頭発明者(著者):庄司宏 ほか
出願人(所属):工業技術院
要約:メタノールの脱水縮合によるプロピレン合成(MTP)用 ZSM-5 固定床触媒。高温(540℃)の反応において従来触媒(Ca, Ba, Sr の塩化物を混合して作成した ZSM-5)は活性低下する。Ca, Ba, Sr のいずれか一種類以上を酢酸塩で HZSM-5 に混合・乾燥・焼成することで,カーボン生成を抑制し,触媒劣化を抑制。

公報・公開番号(論文誌名・巻・頁):特開 2008-80301
発明名称(論文名):アルカリ土類金属化合物含有ゼオライト触媒およびその調製方法,並びに,低級炭化水素の製造方法
筆頭発明者(著者):志賀正武 ほか
出願人(所属):日揮
要約:MTP 用 ZSM-5 固定床触媒。従来,反応中の高温,水蒸気によりゼオライト上に炭素質が析出し触媒活性を低下させていた。Si/Al 75 のプロトン型 MFI 型ゼオライトに,ベーマイト,$CaCO_3$ を混練,空気焼成し,カルシウムを含有させると,ゼオライトの水蒸気耐性と触媒寿命が向上。

つづく

第7章　石油化学・合成化学

公報・公開番号（論文誌名・巻・頁）：特開平 4-217928
発明名称（論文名）：低級オレフィンの製造方法
筆頭発明者（著者）：ミヒャエル　シュナイダー
出願人（所属）：ジュートヒエミー　アクチエンゲゼルシャウト
要約：MTP 用ゼオライト（ZSM-5）固定床触媒。アルカリ含有量 380 ppm 未満，ZnO 含有量 0.1 重量％未満，CdO 含有量 0.1 重量％未満，BET 表面積 300-600 m^2/g に設定したプロトン含有 ZSM-5 は触媒寿命が長い。

公報・公開番号（論文誌名・巻・頁）：US-A1-4,440,871
発明名称（論文名）：Crystalline Silicoaluminophosphates
筆頭発明者（著者）：Brent M. Lok　ほか
出願人（所属）：Union Carbide Corporation
要約：MTP 用 SAPO-34 固定床触媒の製造方法。オルトリン酸と水を混合し，シリカゾルと水酸化4級アンモニウム塩を加え，アルミナ，SAPO-34 種物質添加後，水熱合成（Na 含有量 ca. 340 ppm）。

公報・公開番号（論文誌名・巻・頁）：特開平 10-28865
発明名称（論文名）：カルボン酸エステル製造用触媒の改良製法
筆頭発明者（著者）：山松節男　ほか
出願人（所属）：旭化成工業
要約：メタクロレインとメタノールから酸化エステル化によりメタクリル酸メチルを製造する懸濁床触媒。従来の Pd 系触媒は生成速度と目的物の選択性が不十分。Pd Pb の組成比を精密制御した金属間化合物をシリカ系担体に担持した触媒は反応速度と選択率が高く，Pb の流出による活性低下や環境影響が起きない。

公報・公開番号（論文誌名・巻・頁）：特開 2010-221083
発明名称（論文名）：貴金属担持物及びそれを触媒として用いるカルボン酸エステルの製造方法
筆頭発明者（著者）：稲葉良幸　ほか
出願人（所属）：旭化成ケミカルズ
要約：アルデヒドとアルコールの酸化エステル化によりカルボン酸エステルを製造する懸濁床触媒。従来の Si-Ai-Mg 複合酸化物担体は，反応成績が高いものの，懸濁反応において，割れ，欠け，粒子成長，細孔径の拡大の問題があった。本複合酸化物に金を担持した触媒を用いて，前記問題点を全て克服する触媒を供する。

つづく

触媒劣化—原因，対策と長寿命触媒開発—

公報・公開番号（論文誌名・巻・頁）：特開 2012-197272
発明名称（論文名）：共役ジエンの製造方法
筆頭発明者（著者）：竹尾弘，折田宗市，竹内健，梶谷英伸
出願人（所属）：三菱化学
要約：MoBiCo 複合酸化物による安定したブタジエン製造に効果的な反応器の設計。従来，触媒からMoが気化し反応器表面にコークが析出することで安定した製造ができなかった。反応器内の冷却伝面の表面粗度が3μm以下，かつ反応温度と冷媒温度の温度差が5～220℃の範囲にてMo酸化物の析出が抑制される。

公報・公開番号（論文誌名・巻・頁）：特願 2011-78962
発明名称（論文名）：触媒の再生法
筆頭発明者（著者）：林幹夫，原雅寛，山口正志
出願人（所属）：三菱化学
要約：メタセシス反応用ゼオライト触媒。コークを完全に除去する従来の手法では，反応初期のプロピレン選択率が低かった。0.01 MPa 以上の水素で触媒を再生すると，活性に必要なコークを変質させることなく残し，高いプロピレン選択率を反応初期から維持。

公報・公開番号（論文誌名・巻・頁）：特開平 4-131136
発明名称（論文名）：酢酸アリル製造触媒の再生法
筆頭発明者（著者）：吉川裕子，佐野健一，山田賢二，西野宏
出願人（所属）：昭和電工
要約：気相酢酸アリル合成に用いる Pd 担持触媒。従来法では，反応時間に伴い触媒活性が低下した。純水あるいは酢酸で触媒を洗浄することで，Pd 表面に付着する樹脂化物やアルカリ金属塩が除去され，高活性な触媒を再生できる。

公報・公開番号（論文誌名・巻・頁）：触媒,. 33, 9 (1991)
発明名称（論文名）：スチレン製造用高性能
筆頭発明者（著者）：運永秀美
出願人（所属）：日産ガードラー触媒
要約：エチルベンゼンの脱水素（スチレン合成）用 Fe-K 触媒。従来の触媒は K 含有量が高く耐久性が悪いため触媒寿命が低かった。Mg を添加することで酸化鉄の粒子成長が抑制され，表面積も増加し，耐久性および触媒寿命が向上する。

つづく

第7章 石油化学・合成化学

公報・公開番号（論文誌名・巻・頁）：特開平 3-207454
発明名称（論文名）：触媒の再生方法
筆頭発明者（著者）：清水信吉，丹羽敬和，阿部伸幸
出願人（所属）：広栄化学工業，住友化学工業
要約：ピリジン合成用ゼオライト（Tl-ZSM-5）触媒。従来は再生温度が不十分でありゼオライト上の炭素質を完全に除去できなかった。メタノールを用いる事で，低温にて触媒表面の炭素質物質を除去できるようになり，50回再利用後も初期活性を維持。

公報・公開番号（論文誌名・巻・頁）：特開 2008-229403
発明名称（論文名）：ε-カプロラクタム製造用触媒の再生方法及びε-カプロラクタムの製造方法
筆頭発明者（著者）：杉田啓介，北村勝
出願人（所属）：住友化学
要約：ε-カプロラタム合成に用いるゼオライト触媒。従来，低下した触媒活性を向上し再生する方法はなかった。アルコール，第3アミン及び水を含むガスと接触させることにより触媒活性を向上させ再生できる。

公報・公開番号（論文誌名・巻・頁）：WO2006-093058
発明名称（論文名）：オレフィン類の製造法
筆頭発明者（著者）：TAKAI, Toshihiro，KUBOTA, Takeshi
出願人（所属）：三井化学
要約：メタセシス反応によるオレフィン製造用タングステン触媒の劣化抑制。実用的な低温領域による反応プロセスが求められる。アルカリ金属を共触媒とし，反応系中へ微量の水素ガスを供給することで，200℃にてブテン転化率75％以上，プロピレン選択率95％以上を達成。

公報・公開番号（論文誌名・巻・頁）：特開 2012-92092
発明名称（論文名）：ブタジエンの製造方法
筆頭発明者（著者）：野村晃司，緑川英雄，矢野浩之
出願人（所属）：旭化成ケミカルズ
要約：ブタジエン合成用 MoFeBi 複合酸化物触媒。従来は酸素雰囲気下で再生しても初期の性能を示さず，詳細な条件も未定であった。触媒を温度280℃～550℃で酸素濃度0.1％以上の気体に接触させて再生することで，触媒が還元されず，初期活性を再現。

つづく

公報・公開番号（論文誌名・巻・頁）：特開昭 63-44741
発明名称（論文名）：システアミンの製法
筆頭発明者（著者）：榎宮卓次，岡村新二
出願人（所属）：宇部興産
要約：シスタミン合成用触媒の調製。従来の合成プロセスは，原料の毒性の高さ，低収率，多量の副生成物が生成されるといった問題があった。活性炭担持 Pd 触媒を利用すると，システアミンをシスタミンの水素還元にて効率的に合成できる。

公報・公開番号（論文誌名・巻・頁）：特願 2004-203753
発明名称（論文名）：クメンの製造方法
筆頭発明者（著者）：辻純平，瀬尾健男
出願人（所属）：住友化学
要約：クミルアルコールの水素化によるクメン製造用銅触媒の長寿命化。従来，反応経過に伴い銅触媒が劣化し活性が低下していた。原料中の水分濃度を 0.6 wt% 以下にすることで銅触媒の変質を抑制し，高選択的かつ長期（50 h）にわたりクメンを合成可能。

公報・公開番号（論文誌名・巻・頁）：特開 2009-221030
発明名称（論文名）：シリカ成形体
筆頭発明者（著者）：赤岸賢治，矢野浩之，宮崎隆介
出願人（所属）：旭化成ケミカルズ
要約：エチレンからのプロピレン合成に利用いるシリカ成形体。従来のシリカ成形体は，流動層反応に使用する上で耐摩耗性が不十分であった。H_3PO_4 と ZSM-5 をシリカゾルに加え調製する事で，強度および流動性が向上し，流動層反応にてプロピレンを高収率かつ安定に製造できる。

公報・公開番号（論文誌名・巻・頁）：特願 2010-120933
発明名称（論文名）：共役ジオレフィンの製造方法
筆頭発明者（著者）：緑川英雄，矢野浩之，木下尚志
出願人（所属）：旭化成ケミカルズ
要約：流動層反応器の利用へ向けた，ブタジエン製造用 MoBiFe 複合酸化物触媒の調製。従来はオレフィンの高い反応性により，固定層反応式を利用。シリカに MoFeBi 複合酸化物を担持した触媒を用い，反応温度・酸素濃度を特定の範囲とすることで，温度制御が容易な流動層反応器による製造が可能となる。

つづく

第7章　石油化学・合成化学

公報・公開番号（論文誌名・巻・頁）：特願 2011-178719
発明名称（論文名）：ブタジエンの製造方法
筆頭発明者（著者）：林利生，後安康秀，池永裕一，川原潤
出願人（所属）：三井化学
要約：ブテンの酸化脱水素反応によるブタジエン合成用触媒。従来の触媒は，触媒活性や安定性，触媒寿命の観点から不十分であった。MoBiFe 複合酸化物にシリカを 3～10 重量％含有させることで，長時間（1000 h），高収率，高選択性でブタジエンを製造できる。

公報・公開番号（論文誌名・巻・頁）：特開平 11-61154
発明名称（論文名）：脱硫剤の製造方法および炭化水素の脱硫法
筆頭発明者（著者）：増田正孝，永瀬真一，高見晋
出願人（所属）：大阪瓦斯
要約：長期安定利用へ向けた脱硫反応用 Ni(Fe)-Cu-Zn 系触媒。従来の Cu-Zn 系触媒では使用量が多く，Fe(Ni)系脱硫剤は大きな発熱を伴う。Cu-Zn 触媒に Ni(Fe)を担持し還元した Ni(Fe)/Cu-Zn 触媒を用いることで，少量の使用量で長時間安定して ppb 未満までの脱硫が可能となる。

公報・公開番号（論文誌名・巻・頁）：US005986158A
発明名称（論文名）：Akzo Nobel NV
筆頭発明者（著者）：Emanuel Hermanus Van Broekhoven, Francisco Rene Mas Cabre, Pieter Bogaard, Gijsbertus Klaver, Marco Vonhof.
出願人（所属）：Produce for Alkylating Hydrocarbons
要約：アルキレートガソリンの製造用 Pt/USY 触媒。従来の触媒再生法では，反応器の冷却や加熱を伴う吸着物質の除去が必要。反応ガスであるイソブタンに水素を共存させ触媒へ供給することで，反応条件と同一条件で触媒を再生できる。

公報・公開番号（論文誌名・巻・頁）：触媒, 46,175（2004）
発明名称（論文名）：硫化カルボニル（COS）を液体炭化水素供給原料から除去する方法
筆頭発明者（著者）：武田大，川村和茂，乗京逸夫
出願人（所属）：千代田化工建設
要約：排煙脱硫プロセスに用いる活性炭触媒の長寿命化。従来の活性炭触媒では表面上で希硫酸が生成し，脱硫活性が急激に低下する。活性炭に撥水処理を施した場合，希硫酸を連続的かつ速やかに触媒から脱離させ，再生処理なしで 15000 h にわたり触媒活性を維持する。

つづく

触媒劣化―原因,対策と長寿命触媒開発―

公報・公開番号(論文誌名・巻・頁):Catal Lett., 141 (2011)
発明名称(論文名):Oxidative Dehydrogenation of Propane with CO2 Over Cr/H[B]MFI Catalysts
筆頭発明者(著者):Qingjun Zhu, Makoto Takiguchi, Tohru Setoyama, Toshiyuki Yokoi, Junko N. Kondo, Takashi Tatsumi
出願人(所属):東京工業大学
要約:CO_2によるプロパンの酸化的脱水素化反応に用いるCr/H[B]MFI触媒。従来の手法では,触媒表面に析出するコークにより反応開始1hで活性劣化してしまう。水蒸気処理にて触媒の酸サイトを減少させると,初期活性は下がるが耐久性は向上し,60h以上触媒活性を維持。

公報・公開番号(論文誌名・巻・頁):特許 4142733
発明名称(論文名):均一型高分散金属触媒及びその製造方法
筆頭発明者(著者):岡田佳己,真壁利治,斉藤政志,西嶋裕明
出願人(所属):千代田化工建設
要約:アルカン脱水素反応による水素製造に用いる担持Pt触媒。従来,Pt化合物がアルミナ外周部のみに担持され,シンタリングや炭素析出により触媒が劣化。担体に予め硫黄(化合物)を均一に分散させることで,Ptがアルミナ内部まで担持され,触媒活性および寿命が向上する。

公報・公開番号(論文誌名・巻・頁):特開 2004-307418
発明名称(論文名):シクロヘキサノンオキシムの製造方法
筆頭発明者(著者):老川幸,深尾正美
出願人(所属):住友化学
要約:シクロヘキサノンのアンモオキシム化に用いるチタノシリケート触媒の劣化抑制。反応時間の経過に伴い触媒が劣化。劣化触媒と未使用触媒を併用することで転化率及び収率の低下を抑制し,未使用触媒の利用頻度を減少できる。

公報・公開番号(論文誌名・巻・頁):特開 2007-302629
発明名称(論文名):金触媒の劣化抑制方法
筆頭発明者(著者):林利生
出願人(所属):日本触媒
要約:アルコールの酸化反応に用いる金触媒。従来は,鉄が金触媒表面に被毒することで活性が低下してしまう。反応器の材質を変え,供給原料中の鉄濃度を低くするなど,鉄が金に対して0.3wt%以上蓄積しない反応雰囲気を調整することで,数百時間の連続合成が可能。

つづく

第7章　石油化学・合成化学

公報・公開番号（論文誌名・巻・頁）：明電時報, 325(4), 1 (2009)
発明名称（論文名）：MTBプロセスの要素技術開発—温室効果ガスからプラスチックを生み出すクリーン・プロセス—
筆頭発明者（著者）：山本陽，小川裕治，馬洪涛
出願人（所属）：明電舎
要約：Moゼオライト触媒によるメタンの脱水素反応によるベンゼン合成。反応時間に伴い触媒表面に炭素が析出し活性が劣化する問題があった。反応ガスに3％のCO_2を添加すると炭素析出が抑制される。水素による触媒再生も行うことで高活性を維持したまま1000h以上の連続運転を可能とした。

触媒劣化《普及版》―原因，対策と長寿命触媒開発―　　　(B1455)

2018年1月19日　初　版　第1刷発行
2025年2月10日　普及版　第1刷発行

監　修　室井髙城，増田隆夫　　　　　　　Printed in Japan
発行者　金森洋平
発行所　株式会社シーエムシー出版
　　　　東京都千代田区神田錦町1-17-1
　　　　電話03（3293）2065
　　　　大阪市中央区内平野町1-3-12
　　　　電話06（4794）8234
　　　　https://www.cmcbooks.co.jp/

〔印刷　柴川美術印刷株式会社〕　　　Ⓒ T. MUROI, T.MASUDA,2025

落丁・乱丁本はお取替えいたします。

本書の内容の一部あるいは全部を無断で複写（コピー）することは，法律で認められた場合を除き，著作者および出版社の権利の侵害になります。

ISBN978-4-7813-1791-5　C3043　¥4500E